施工现场十大员技术管理手册

机 械 员

(第二版)

潘全祥 主编

中国建筑工业出版社

图书在版编目(CIP)数据

机械员/潘全祥主编. —2 版. —北京:中国建筑工业出版社,2005

(施工现场十大员技术管理手册)

ISBN 7-112-07356-1

Ⅰ.机... Ⅱ.潘... Ⅲ.建筑机械—技术手册 Ⅳ.TU6-62

中国版本图书馆 CIP 数据核字(2005)第 046167 号

施工现场十大员技术管理手册

机 械 员

(第二版)

潘全祥　主编

*

中国建筑工业出版社出版、发行(北京西郊百万庄)

新 华 书 店 经 销

北京市安泰印刷厂印刷

*

开本:787×1092 毫米　1/32　印张:12　字数:270 千字
2005 年 7 月第二版　2005 年 7 月第十一次印刷
印数:24401—29400 册　定价:**19.00** 元

ISBN 7-112-07356-1
(13310)

版权所有　翻印必究

如有印装质量问题,可寄本社退换

(邮政编码 100037)

本社网址:http://www.china-abp.com.cn
网上书店:http://www.china-building.com.cn

本书为施工现场十大员技术管理手册之一,主要介绍了混凝土机械,桩工机械,挖掘、起重机,地下连续墙施工机械等四部分内容,各部分内容突出了施工安全技术、管理法规检评标准及机械使用和维修方法。

本书采用文字、图、表相结合,实践性、针对性强,适用于施工现场机械员,既可作为施工现场机械员参考工具书,也可作为其培训教材。

* * *

责任编辑:郦锁林
责任设计:赵 力
责任校对:王雪竹 李志瑛

《机械员》(第二版)编写人员名单

主　　编　潘全祥
编写人员　马连深　郭朝峰　刘　飞
　　　　　袁国强　马爱华　张艳霞
　　　　　刘友全　赵立惠　郭华如

第二版说明

我社 1998 年出版了一套"施工现场十大员技术管理手册"(一套共 10 册)。该套丛书是供施工现场最基层的技术管理人员阅读的,他们的特点是工作忙、热情高、文化和专业水平有待提高,求知欲强。"丛书"发行 6~7 年来不断重印,总印数达 40~50 万册,可见,丛书受到读者好评。

当前,建筑业已进入一个新的发展时期:为建筑业监督管理体制改革鸣锣开道的《中华人民共和国建筑法》、《中华人民共和国招标投标法》、《建设工程质量管理条例》、《建设工程安全生产管理条例》,……等一系列国家法律、法规已相继出台;2000 年以来,由建设部负责编制的《建筑工程施工质量验收统一标准》GB 50300—2001 和相关的 14 个专业工程施工质量验收规范也已全部颁布,全面调整了建筑工程质量管理和验收方面的要求。

为了适应这一新的建筑业发展形势,我社诚恳邀请这套丛书的原作者,根据 6~7 年来国家新颁布的建筑法律、法规和标准、规范,以及施工管理技术的新动向,对原丛书进行认真的修改和补充,以更好地满足广大读者、特别是基层技术管理人员的需要。

中国建筑工业出版社
2004 年 8 月

第一版说明

目前,我国建筑业发展迅速,全国城乡到处都在搞基本建设,建筑工地(施工现场)比比皆是,出现了前所未有的好形势。

活跃在施工现场最基层的技术管理人员(十大员),其业务水平和管理工作的好坏,已经成为我国千千万万个建设项目能否有序、高效、高质量完成的关键。这些基层管理人员,工作忙、有热情,但目前的文化业务水平普遍还不高,其中有不少还是近期从工人中提上来的,他们十分需要培训、学习,也迫切需要有一些可供工作参考的知识性、资料性读物。

为了满足施工现场十大员对技术业务知识的需求,满足各地对这些基层管理干部的培训与考核,我们在深入调查研究的基础上,组织上海、北京有关施工、管理部门编写了这套"施工现场十大员技术管理手册"。它们是《施工员》、《质量员》、《材料员》、《定额员》、《安全员》、《测量员》、《试验员》、《机械员》、《资料员》和《现场电工》,书中主要介绍各种技术管理人员的工作职责、专业技术知识、业务管理和质量管理实施细则,以及有关专业的法规、标准和规范等,是一套拿来就能教、能学、能用的小型工具书。

中国建筑工业出版社
1998年2月

第 二 版 前 言

在现代化建筑施工中,安全、高效、降低工人劳动强度、改善生产环境,关键是实现机械化。为了满足广大施工人员从事建筑机械化施工和搞好安全生产、文明施工的迫切需要,本书从施工现场的实际出发,通俗易懂,系统地、多方位地介绍各种现场施工机械。

由于建筑行业的迅速发展,建筑施工中采用了大量的新技术、新设备,既提高了生产率又满足了安全生产的需要。为适应形势的发展,我们对《机械员》第一版进行修订,第三部分增加了QTZ63塔式起重机,并增加了第四部分——地下连续墙施工机械。

由于本书编者水平有限,书中可以商榷和修正的地方,恳请读者指正。

编者

2005 年 4 月

第一版前言

在现代化建筑施工中,安全、高效、降低工人劳动强度、改善生产环境,关键是实现机械化。为了满足从事建筑施工的广大基层技术人员和施工人员搞好安全生产、文明施工的迫切需要,本书从施工现场的实际出发,通俗易懂,系统地、多方位地介绍各种现场施工机械。

全书共分三章,重点介绍混凝土机械,详细介绍混凝土、称量设备、搅拌装置、运输机械、料斗设备、混凝土泵、喷射机、振捣器、桩工机械、挖掘、起重机。本书各部分内容突出了施工安全技术、管理法规及有关施工计算和测试方法、机械使用和维修方法。

编写方法上采用文字、图、表相结合,实践性、针对性强,对搞好工地安全生产、文明施工有较强的实用性。

本书在编写过程中,得到北京市建委和北京市城建总公司、北方交通大学有关同志的帮助,在此谨表感谢。由于本书编者水平有限,书中可以商榷和修正的地方,恳请读者指正。

目 录

1 混凝土机械 …………………………………………… 1
　1.1 绪论 ………………………………………………… 1
　　1.1.1 混凝土机械的种类 …………………………… 1
　　1.1.2 混凝土机械的发展 …………………………… 3
　1.2 称量设备 …………………………………………… 6
　　1.2.1 杠杆秤 ………………………………………… 6
　　1.2.2 电子秤 ………………………………………… 7
　　1.2.3 量水设备 ……………………………………… 7
　1.3 混凝土搅拌装置 …………………………………… 12
　　1.3.1 搅拌装置的组成 ……………………………… 12
　　1.3.2 搅拌装置的工艺流程 ………………………… 12
　　1.3.3 运输设备的选择 ……………………………… 17
　1.4 混凝土搅拌机械 …………………………………… 23
　　1.4.1 概述 …………………………………………… 23
　　1.4.2 自落式搅拌机 ………………………………… 30
　　1.4.3 强制式搅拌机 ………………………………… 40
　　1.4.4 新型搅拌机 …………………………………… 45
　1.5 料斗设备 …………………………………………… 47
　　1.5.1 给料机 ………………………………………… 48
　　1.5.2 料斗装置的自动化 …………………………… 48
　1.6 混凝土搅拌装置的总体设计 ……………………… 57
　　1.6.1 双阶式搅拌站的设计 ………………………… 57

- 1.6.2 移动式搅拌站的设计 …………………… 66
- 1.7 混凝土泵及布料装置 ………………………… 71
  - 1.7.1 混凝土输送设备的类型及特点 …………… 71
  - 1.7.2 活塞式混凝土泵 …………………………… 73
  - 1.7.3 其他型式的混凝土泵 ……………………… 98
  - 1.7.4 混凝土泵的布料装置 ……………………… 105
  - 1.7.5 混凝土泵在使用中的一些注意事项 ……… 115
- 1.8 混凝土喷射机 ………………………………… 117
  - 1.8.1 概述 ………………………………………… 117
  - 1.8.2 干式喷射机 ………………………………… 119
  - 1.8.3 湿式喷射机 ………………………………… 133
  - 1.8.4 混凝土喷射机的应用 ……………………… 137
- 1.9 混凝土振捣器 ………………………………… 141
  - 1.9.1 概述 ………………………………………… 141
  - 1.9.2 插入式内部振捣器 ………………………… 145
  - 1.9.3 附着式外部振捣器 ………………………… 151

2 桩工机械 ………………………………………… 153
- 2.1 绪论 …………………………………………… 153
  - 2.1.1 桩基础 ……………………………………… 153
  - 2.1.2 桩工机械及其发展 ………………………… 155
- 2.2 柴油锤 ………………………………………… 158
  - 2.2.1 概述 ………………………………………… 158
  - 2.2.2 柴油锤的构造 ……………………………… 159
- 2.3 振动锤 ………………………………………… 172
  - 2.3.1 概述 ………………………………………… 172
  - 2.3.2 振动锤的构造 ……………………………… 174
- 2.4 其他型式打桩机械 …………………………… 181

2.4.1 落锤 …………………………………………… 181
  2.4.2 蒸汽锤 ………………………………………… 182
 2.5 灌注桩成孔机械 ……………………………………… 186
  2.5.1 概述 …………………………………………… 186
  2.5.2 长螺旋钻孔机 ………………………………… 192
  2.5.3 钻扩机 ………………………………………… 199
 2.6 桩架 …………………………………………………… 204
  2.6.1 万能桩架 ……………………………………… 205
  2.6.2 履带式打桩架 ………………………………… 211
3 挖掘、起重机 ……………………………………………… 217
 3.1 安全技术操作规程 …………………………………… 217
  3.1.1 挖掘机安全技术操作规程 …………………… 217
  3.1.2 起重机安全技术操作规程 …………………… 219
  3.1.3 起重机的作业信号 …………………………… 223
 3.2 挖掘、起重机的操作法 ……………………………… 228
  3.2.1 挖掘机的操纵装置 …………………………… 228
  3.2.2 发动机的启动方法 …………………………… 233
  3.2.3 挖掘机的操纵方法 …………………………… 235
 3.3 挖掘机、起重机的保养、调整及故障排除 ………… 243
  3.3.1 挖掘机、起重机的技术保养 ………………… 243
  3.3.2 挖掘、起重机的冬季保养 …………………… 254
  3.3.3 挖掘机的调整 ………………………………… 256
  3.3.4 挖掘、起重机的润滑 ………………………… 264
  3.3.5 挖掘、起重机一般故障排除 ………………… 283
 3.4 起重机、挖掘机施工技术 …………………………… 288
  3.4.1 起重机施工技术 ……………………………… 288
  3.4.2 单斗挖掘机的施工技术 ……………………… 303

- 3.4.3 土方的开挖顺序和方法 ·················· 317
- 3.4.4 提高生产率的技术措施 ·················· 323
- 3.4.5 联合作业的施工组织 ····················· 328
- 3.4.6 冬季土方施工 ···························· 330
- 3.5 QTZ63 塔式起重机 ························· 333
  - 3.5.1 QTZ63 塔式起重机概述 ·················· 333
  - 3.5.2 起重机构造简介 ························· 335
  - 3.5.3 电气驱动系统及操作注意事项 ··········· 340
  - 3.5.4 塔式起重机的使用 ······················· 344
  - 3.5.5 塔式起重机的维护保养 ·················· 348
- 4 地下连续墙施工机械 ···························· 352
  - 4.1 地下连续墙的施工过程 ····················· 352
  - 4.2 地下连续墙的施工工艺 ····················· 353
- 附录 ··· 356
  - 附录1 《特种作业人员安全技术培训考核大纲》 ··· 356
  - 附录2 施工机械的保养和修理 ················· 367

1 混凝土机械

1.1 绪 论

1.1.1 混凝土机械的种类

混凝土的施工工艺过程如下：

配料→搅拌→运输→捣固→养护

这些工序以前都是用手工来完成的。例如：用人工量斗按物料的体积比进行配料，人工搅拌，人力运输及捣固等，这种落后的生产方式造成人力、财力和时间的浪费。由于人工搅拌很难搅拌均匀，只得往拌合料中多加水泥和水，也就是使拌合料的和易性好。这样既省力省时间且易搅拌均匀，同时捣固也容易。但多加水和水泥降低了混凝土的质量，再则由于材料表观密度波动范围很大，体积配料不可能实现设计的配合比。所以用手工操作不能制成高质量的混凝土结构和构件。大规模经济建设需要提高工程质量，迅速地改变混凝土施工的落后状态。我国从配料到捣固等一系列工序都已基本采用了机械。养护是使已捣固成型的混凝土在一定温度的潮湿环境中硬化，不需要采用机械。混凝土施工的机械化提高了生产率，改善了工人的劳动条件，提高了工程质量，降低了成本。

为了进一步提高某些重要的、受力大的混凝土结构的强度，根据前面曾经讲过的一条原则，即尽可能地减少水泥浆的用量和用小水灰比,也就是采用坍落度更小、工作度更高的干硬性混凝土。干硬性混凝土的施工对机械设备提出了更高的要求。它要求配料更精确,搅拌更均匀,振捣更强烈,所以称量设备中采用了各种电子称,以保证称量的准确、迅速。同时还附加上砂含水率的测量仪器,自动测量砂的含水率,把这部分水从总的用水量中扣除,把砂量补足。这样就精确地保证原设计的水灰比和砂率不会因材料含水率的变化而改变。

实践证明,用常见的自落式搅拌机搅拌干硬性混凝土不仅搅拌时间长,而且搅拌不均匀。所以,搅拌干硬性混凝土是用一种特殊的强制搅拌机。

干硬性混凝土的振捣是用高频振捣器,这种振捣器对塑性混凝土同样有效。

在混凝土的水平运输方面,采用自卸汽车时,若运距稍长或道路不好,则混凝土容易发生离析,即石子下沉水泥浆上浮,塑性混凝土尤其严重。所以,在一些施工水平较高的国家都采用搅拌车来运送混凝土。混凝土装入搅拌车的拌筒中,边走边搅,以防止混凝土离析,或在较长时间运输途中凝结硬化。当运距较长时,还可以往搅拌筒中加配好的干料,在运输途中加水,边走边搅,在途中完成搅拌工序。

混凝土的垂直运输,国外大量采用混凝土泵。用混凝土泵配上适当长的输送管道,可以连续不断地向施工地点运送混凝土。采用泵送混凝土可以节省劳动力,降低工程造价,但在目前混凝土泵只能输送坍落度较大的塑性混凝土(坍落度至少在80mm以上)。

近来在地下工程中采用一种叫"混凝土喷射机"的施工机械。它是把混凝土从一个内喷嘴中以高速射出,使混凝土在隧洞、巷道等地下构筑物内形成一个支护层。

上述各种混凝土施工机械可归纳如下：
(1)配料设备:杠杆秤,电子秤；
(2)搅拌设备:自落式搅拌机,强制式搅拌机；
(3)运输设备:混凝土搅拌车,混凝土泵；
(4)振捣设备:混凝土振捣器；
(5)喷射设备:混凝土喷射机；
这些设备就是这门课程中所要讲述的。

1.1.2 混凝土机械的发展

为了适应经济建设的需要,混凝土施工应向机械化和自动化方向发展。

混凝土是建筑工程中的一种主要材料,用途广,用量大。例如1975年美国生产了2亿 m^3 的混凝土。我国混凝土的生产量也必然逐年增加。如何来组织这样大量混凝土的生产,并做到生产率高、质量好、成本低呢？从一些国家成功的经验来看,应当改变在现场设置搅拌装置的这种传统方法,实行工厂集中搅拌,推行商品混凝土制度。美国1975年生产的2亿 m^3 混凝土中有85%是在工厂生产的。

在现场临时设置的搅拌装置大都机械化程度低、称量设备差、生产效率低、混凝土的质量也低劣,而且浪费材料,占地面积大。因此,许多国家都改变了这种做法,把混凝土的生产集中到工厂里进行。工厂把混凝土作为一种商品提供给各施工现场,这些集中生产混凝土的工厂,都有大型机械化骨料堆场、水泥筒仓,有高度机械化自动化的搅拌楼,把最先进的电子技术应用到配料和质量控制系统中,在生产过程的控制和产品的调度方面应用了计算机。这样的混凝土工厂生产率高、产品质量好、成本低。由于在产品调度方面应用了计算机,所以能及时向所定货工地供应各种混凝土拌合料。商品混凝土制度的推广,大大地推动了搅拌机械的发展,从单独生产搅拌机发展成为生产成套机械化、自动化的搅拌楼和搅拌装置。

在发展搅拌楼的同时,中小型拆装式和移动式搅拌站也得到发展。这是因为建筑工地有时分散偏僻,靠集中的工厂供应不方便。另外这类搅拌站投资少、建设快,而且像搅拌楼一样是机械化自动化,也是一种定型的成套设备。在某些国家已经禁止设备单独的搅拌机来生产混凝土。

搅拌机是生产混凝土的主机。搅拌机的发展与混凝土的发展密切相关。混凝土从塑性混凝土发展到干硬性混凝土,搅拌机就相应地从自落式发展到强制式。强制式搅拌机不仅适用于搅拌干硬性混凝土,而且适用于搅拌轻骨料的混凝土。用自落式搅拌机则不能把轻骨料混凝土搅拌均匀,因此,强制式搅拌机得到很大发展,但是自落式搅拌机并不会被淘汰。这是因为:并不是所有的结构都要用干硬性混凝土,例如基础,大都采用低强度的塑性混凝土;强制式搅拌机磨损和功率消耗大,所以应尽可能采用自落式搅拌机;强制式搅拌机不能搅拌含有较大粗骨料的混凝土,这种混凝土只能用双锥形自落式搅拌机来搅拌,由于目前这种叶片式强制搅拌机磨损严重、能耗大,所以许多国家都在研究新的搅拌方法使能达到同样强烈或更强烈的搅拌作用。

在推广商品混凝土的过程中,必须十分注意混凝土运输设备的发展,给推广商品混凝土创造条件。目前混凝土的运输主要采用自卸卡车和搅拌车。自卸卡车不是专为运送混凝土而设计的,所以在运送混凝土时容易发生离析,运输时间较长还会发生混凝土初凝现象。即使在道路较好的情况下,运输时间也不应超过1h。

混凝土搅拌车是专门用来运输混凝土的。由于混凝土是装在搅拌筒里边走边搅动,所以不容易发生离析现象,它的运输时间可超过1.5h。在发展应用搅拌车时,必须把搅拌车的数量配齐,使之能不间歇地向所需工地供应混凝土。

混凝土运到现场以后,向浇注处运送时,目前我国主要是用井式提升机和塔式起重机。在国外正推广使用混凝土泵。使用混凝土泵可以节省劳力、加快进度、降低施工费用。但由于泵送混凝土是沿着管道输送的,所以它只能泵送坍落度很大的混凝土,不能输送干硬性混凝土,因此对提高混凝土的质量不利。混凝土泵是在牺牲一些混凝土的质量的情况下发展起来的,所以在一些技术发达的国家里,混凝土泵的发展很不平衡。许多人也正在为使混凝土泵能输送干硬性混凝土而努力。这一努力从两个方面进行,一是提高混凝土泵的压力,另一方面是向混凝土中掺外加剂的方法。使干硬性混凝土掺外加剂以后,在施工时具有较好的和易性。例如掺加气剂,掺加气剂后,在混凝土里产生许多微小的气泡($200\sim400\mu m$)。这些气泡附着在骨料的表面,减少了骨料之间的摩擦力,从而增加了混凝土的和易性。在振捣时这些小气泡不能被排除,当混凝土硬化后,它们就成了一些封闭的小气泡留在混凝土中。这些小气泡的存在理论上应使混凝土的强度下降,但由于采用了干硬性混凝土而获得的强度增高值远远大于这一下降,总的来说是提高了强度。这些小气泡堵塞切断了存在于混凝土中的毛细管,从而提高了混凝土的抗渗性和抗冻性。因此掺加外加剂不单是为了增加混凝土的和易性,同时也提高了混凝土的物理力学性能。外加剂的种类很多,如减水剂、促凝剂、缓凝剂、防水剂、防锈剂等。外加剂的用量只不过占水泥用量的1%,但是对于改善混凝土的工艺性和物理力学性能却起着很好的作用,所以在研制混凝土机械时应注意外加剂的作用。这样往往能获得事半功倍的效果。

振捣发展的重点是内部振捣器。为了提高干硬性混凝土的振捣效果,振捣器从低频发展到高频(8000～13000次/min)。在构造上从偏心轴式发展成行星式。这种振捣器是利用行星机构把软轴传入的转速提高3～4倍。由于它不是靠提高软轴转速来提高频率,所以软轴的寿命长。另外它的激振力不是经由轴承而是由行星滚轮直接通过滚道传出来,轴承受力小,这也是这种振捣器寿命长的一个原因。

振捣器目前在原理上没有什么新的突破,只是从减轻工人的体力劳动上考虑,尽可能地减轻其重量。

混凝土喷射机在我国已开始发展,砂浆喷射机在我国早已广泛采用。

1.2 称量设备

1.2.1 杠杆秤

称量设备是混凝土生产过程中一项重要工艺设备,它控制着各种混合料的配比。精确、高效的称量设备不仅能提高生产率,而且是优质高强混凝土的可靠保证。

称量设备根据其操作方式不同又可分为手动的和自动的。手动的工人劳动强度大,劳动条件差,易出错。随着电子工业的迅速发展,各种类型的自动秤和电子秤已广泛应用于称量设备中。

一般要求各种材料的称量精度,见表1-1。

表 1-1

	水 泥	水	细骨料	粗骨料	外加剂
(%)	1	1	2	2	1

称量的误差对混凝土的强度有很大影响。

杠杆秤的特点是：使用可靠，维修方便，可以用手动，也可以自动控制。但其体积大，耗钢量大，制造费用高。

杠杆秤是由秤斗和杠杆两部分组成的，其原理和一般杆秤一样，不再赘述。

自动化杆秤，其常用"水银接点"作为控制元件。开始给料时，杆是水平的，水银接点安装在其上，两根导线通过水银导电。当达到重量后，主秤杆开始倾斜，水银因倾斜而流动，两导线断开，电路被切断，给料机或闸门关闭。

1.2.2 电子秤

电子秤由电阻式传感器、稳压电源、测量电桥、放大器和可逆电机等部分组成。

在电子秤的刻度上可以装上接电点，使指针不仅能指示料的重量，而且能控制给料设备，使整个称量过程自动化。

由可逆电机带动的指针在条形刻度盘上移动。称量时，指针移动到控制闸门或给料机停止供料的电接点，当开启闸门向称斗内供料，指针从零开始移动，当指针与精称电接点时，开始精称过程，当指针与给料机停止供料的电接点接触时闸门关闭，称量结束。

由于传感器可以做较远距离的传输，所以可以把若干台电子秤的测量与指示部分集中装在操纵台上，使操作人员能方便地监视各种物料的称量，防止大的误差。

1.2.3 量水设备

称量水（或其他附加剂）时可用重量法，也可以用体积法。因为水在温度等外界条件变化时，体积的变化很小。所以，称量水的设备有配水箱、自动水表和称量器等几种。

1. 配水箱

配水箱是以体积定量的量水设备。整个系统由水泵、五通阀和配水箱组成。配水箱的构造如图 1-1 所示。配水箱的进水与放水由五通阀控制。五通阀与水泵、水箱及搅拌机的连接见图 1-2。在配水箱进水时,五通阀截断出水管路,水泵将水经虹吸管注入配水箱。箱内空气经空气阀排出。当整个配水箱装满水时,水将空气阀顶起,关闭出气孔,以免水外溢。这时配水箱已满,不能再继续进水。

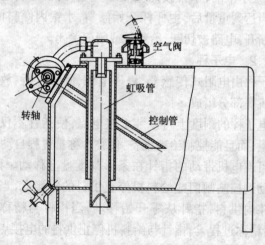

图 1-1 配水箱

在放水时,操纵五通阀,接通放水管路。配水箱内的水被水泵经虹吸管吸出注入搅拌机中。这时空气阀开启,配水管内的水面下降。当水面降至控制管口以下时,空气由控制管进入虹吸管的顶部,虹吸作用被破坏。配水箱不再向搅拌机内供水。由此可见,改变控制管管口的高低即可改变供水量。控制管在构造上是可绕轴心转动,以调节管口的高低。控制管转动时,同时带动一指针指示水量。

配水箱构造简单,使用可靠,经常用在一些移动式搅拌机上。在固定式搅拌装置中也可以采用配水箱量水。这时用气缸控制五通阀。

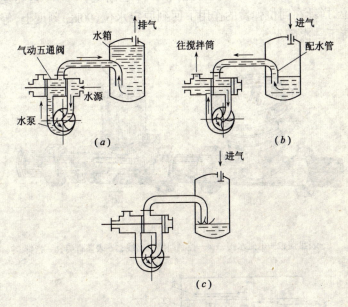

图 1-2 五通阀接管图

2. 自动水表

自动水表是一种构造简单体积很小的量水设备。图 1-3 是水表的外形图,图 1-4 是其构造简图。

开始工作前,把表盘盖打开,将指针拨到所需水量刻度上(例如 90kg),拧紧指针定位螺钉,关上表盖,这时按启动按钮,电磁水阀打开,开始供水。水流经水表时,推动螺旋叶轮旋转。在电磁水阀通电的同时,控制一对小齿轮的电磁铁 Y_2 也通电,使其控制的一对小齿轮与相应的大齿轮啮合。这时叶轮可通过一套传动装置带动指针反向旋转（向刻度小的方向），当转至"0"位时，指针轴上的一凸轮碰断微动开关 P，电磁水阀关闭，停止供水。与此同时 Y_2 也断电，一对小齿轮复位，指针在回位弹簧的作用下回到原定水位（90kg）刻度上，等待下一次配水。

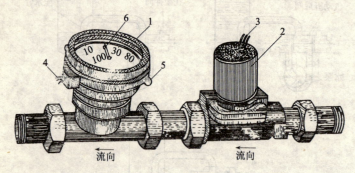

图 1-3　自动水表

1—表盘盖；2—电磁水阀；3、4—控制回路引出线；5—表盖螺钉；6—指针

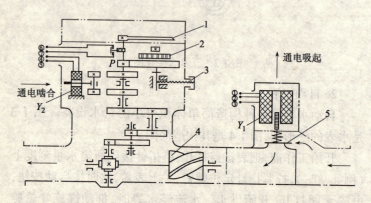

图 1-4　自动水表构造

1—指针；2—指针回位弹簧；3—指针定位螺钉；
4—螺旋叶轮；5—电磁水阀；P—微动开关

由于自动水表体积小,构造简单,使用方便,在一些搅拌站上常采用自动水表作为量水设备。

3. 量水秤

在成套的自动化搅拌装置中,水的称量也和其他物料的称量一样用杠杆秤和电子秤。只是对秤斗门特殊处理密封,以防止水泄漏。另外还采用一种特殊的给水阀,以保证称量的精度。

图1-5是一种自动调节给水量的水阀。这种水阀的闸门1用气缸2控制。在气缸2中有两个活塞3和4,活塞3与活塞杆5固接在一起,而活塞4可沿活塞杆作一定距离的滑动,受凸肩的限制。

阀门的工作过程如下:开始称量时(粗称),0.7MPa电压缩空气同时进入中腔和下腔,这时阀门大开。当进行精制时,切断下腔的压缩空气,活塞4在中腔压缩空气的压力称下移。活塞3在上腔压缩空气(0.3MPa)的作用下也下移一段距离,将阀门关小。当达到重量后切断中腔的压缩空气,活塞在上腔压缩空气的作用下,再下移,并将闸门关死。图中弹簧6起缓冲作用,并在压缩空气源发生故障时,将闸门关住。7是与秤斗门连锁的水银接点。

为了保证称量的精度,应

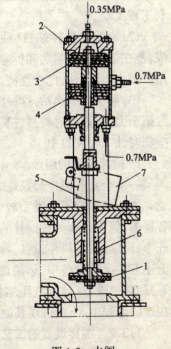

图1-5 水阀

使进入水阀的水保持一定的压力。为此不直接用水泵向阀内供水,而是由一个高位水箱向阀内供水。

1.3 混凝土搅拌装置

1.3.1 搅拌装置的组成

1. 搅拌装置的类型

搅拌装置的类型可分三类:

(1)固定式搅拌楼:这是一种大型混凝土搅拌装置,生产能力大。它主要用在商品混凝土工厂、大型预制构件厂和水利工程工地。

(2)装拆式搅拌站:这种搅拌站是由几个大型组件拼装成,能在短时期内组装和拆除,可随施工现场转移。这种搅拌站投资少,建设快,比较经济,适用于混凝土用量不大的工地。

(3)移动式搅拌站:这种搅拌站是把装置安装在一台或几台拖车上,可以随时转移,机动性好。这种搅拌站主要用于一些临时性工程项目中。

2. 搅拌装置的组成

一个全套的搅拌装置是由许多台主机和一些辅助设备组成。由于搅拌装置的类型较多,所以它的组成部分也是各种各样的,但无论哪一种搅拌装置,它最基本的组成部分有以下五个:运输设备、料斗设备、称量设备、搅拌设备和辅助设备。上述五种类型设备中,运输设备(像皮带运输机、斗式提升机等)和辅助设备(像空气压缩机、水泵)都是通用设备,不包括在这门课程中,下面讲述其他三种设备。

1.3.2 搅拌装置的工艺流程

1. 工艺流程的分类

搅拌装置根据其组成部分在竖向上布置方式的不同分为单阶式和双阶式。其工艺流程见图1-6。在单阶式中,材料经一次提升进入贮料斗,然后靠自重下落经过各工序。在双阶式中,材料第一次提升进入贮料斗,经称量配料集中后,第二次提升装入搅拌机中。

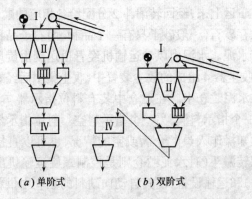

(a)单阶式　　　(b)双阶式

图1-6　混凝土搅拌装置工艺流程

Ⅰ—运输设备;Ⅱ—料斗设备;Ⅲ—称量设备;Ⅳ—搅拌设备

单阶式由于从贮料斗开始完全是靠自重使材料下落经过各个工序,因此便于自动化。材料从一道工序到下一道工序时间短,所以效率高。单阶式搅拌装置本身占地面积小。大型搅拌装置都采用单阶式。特别是为水利工程服务的大型搅拌装置系采用单阶式。在一套搅拌装置中安装3~4台大型搅拌机,每小时可生产几百立方米混凝土。但单阶式的建筑高度大,要配备大型运输设备。

双阶式的优点是:建筑物的高度小,只需用小型的运输设备,整套设备简单,投资少,建设快。在双阶式中因为材料配好集中后要经过二次提升,所以效率低。在一套装置中一般只能装一台搅拌机。双阶式一般自动化程度较低,往往是采用累计计量装置,并且由于建筑高度小,容易架设安装。因此拆装式的搅拌装置都设计成双阶的,而移动式搅拌站则必须采用双阶式工艺流程。

2. 单阶式搅拌装置

图1-7是一种单阶式搅拌装置的示意图。砂石材料由皮带运输机1运上来,经回转漏斗2分配给各相应的贮斗6。其中四个贮存砂石(一般砂子只有一个品种,而石子品种较多),两个贮存水泥。水泥由风动运输机经管道送到由旋风收尘器3和布袋收尘器4组成的收尘装置中,收尘集中后经螺旋运输机5送入水泥贮仓中。在贮仓中装有料位指示器7。每仓两个,其中一个指示料满,另一个指示料空。料位指示器可以发出信号通知操作人员贮仓满或空的情况,也可以直接发出指令控制回转漏斗(对水泥贮仓则是控制螺旋运输机出料口的板式闸门)和运输设备,使其自动向缺料的贮仓中供料。搅拌装置运转时所需的大宗材料是贮存在堆场和筒仓里。搅拌装置本身的贮斗只存放少量的材料以保证配料称量不致中断。在寒冷地区,冬季有时在贮仓里对材料进行预热加温。

在砂石贮斗的下部装有闸门9,在水泥贮斗的下部装有给料机8,每个贮斗下面各有一台自动秤12。在搅拌装置的上部还有贮水槽10和附加剂贮槽11,水和附加剂也经自动秤12进行称量,砂石、水泥材料称量完毕后卸入集中斗13。在集中斗下部有一叉形管14,叉形管的两个口分别通向两台搅拌机15。搬动叉形管上部的一块摆动的挡板,即可把其中一个口堵上,而使物料全部经另一口投入一台搅拌机。在干料进行搅拌的同时,称量完毕的水与附加剂也经管道16和一三通管进入同一台搅拌机中,搅拌好的混凝土卸入料斗17。

单阶式搅拌装置自动化程度高,配料和卸料时间短。所以在一台搅拌装置中,除了如图 1-7 所示装有两台搅拌机外,还可以装三台或四台搅拌机。这时搅拌机在平面上布置成辐射型,如图 1-8 所示。当装有三台或四台搅拌机时,向搅拌机中供料则采用回转漏斗(回转分料管)。

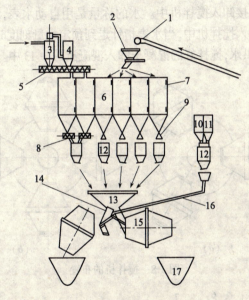

图 1-7 单阶工艺流程

3. 双阶式搅拌装置

单阶式搅拌装置在工艺流程、设备配置方面比较一致。双阶式搅拌装置的设备配置方案则比较多。图 1-9 仅是一例。

图 1-9 中,1 是上料皮带运输机。砂石材料经皮带机运上来以后由分料小车分配到贮仓 3。水泥由风动运输机经管道输入收尘器 2,收尘后装入水泥筒仓 4。在砂石贮斗的下部装有闸门 8,用以控制材料的卸出、砂石材料的称量是在一条悬挂皮带机

9上进行的,皮带机的两侧有较高的挡板。进行称量时皮带是停止的,砂石材料卸到皮带机上进行累计称量,整个称量过程是自动化的。称量完毕后,开动皮带机把配好的料装入提升斗10,由提升斗把料装入搅拌机12。水泥的称量用水泥秤11,在进行称量时,水泥经螺旋运输机5、7和斗式提升机6进入称斗,称完后直接卸入搅拌机中。水的称量是用自动水表,水泵把水经水表注入搅拌机中,当水表指针走到预定水量刻度时,水闸关闭,停止供水,搅拌好的混凝土卸入混凝土贮斗13中。

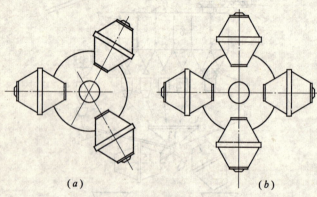

图1-8 搅拌机的布置

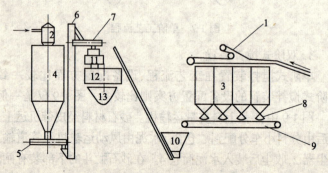

图1-9 双阶工艺流程

1.3.3 运输设备的选择

任何一种搅拌装置都有两套运送材料的系统。一套是运送砂石骨料的;另一套是运送水泥的。

1. 骨料运输设备

(1)皮带运输机:皮带机是搅拌装置中最常用的骨料运输设备,而且是单阶式搅拌楼惟一可采用的运输设备。这是因为皮带机运输速度快,而且是连续不断的,所以生产率很高;它可以沿着一定斜度(对平面皮带为 18°,对瓦楞面皮带为 26°)把骨料送到几十米的高处;皮带机运输平稳,没有噪声,消耗的功率小;工作可靠,维护容易。但皮带运输机也有一个很大的缺点,就是它不能自己上料,必须用其他设备为它上料,或者把皮带机受料的部分装在地沟里,使材料从上面流到皮带机上。由于这种原因,在一些小型双阶式搅拌站中,往往不采用皮带机,而用像拉铲、抓斗这样一些自己能获取材料的运输设备。

在设计搅拌装置时,可根据搅拌装置的生产能力参考表 1-2 来选择皮带运输机。

表 1-2

装机容量 (m^3)	生产率 (m^3/h)	皮带宽 (mm)	皮带速度 (m/min)	皮带机生产率 (t/h)
0.75	45	500	75	120
1.0	60	650	75	180
1.5	90	650	80	250
1.75	105	650	100	300
2.25	124	800	100	350

注:砂石表观密度为 $1.4 \sim 1.6 t/m^3$。

(2)拉铲:拉铲是一种非常简单的获取和运送砂石材料的机械。铲斗的构造如图 1-10 所示。拉铲是用双筒卷扬机牵引的。图 1-11 是两种专门用于牵引拉铲的双筒卷扬机。图 1-11(a)是一种采用直齿传动,用离合器控制的卷扬机。卷扬机的两个卷筒——牵引卷筒和回程卷筒具有相同的转速,但牵引卷筒直径较小,所以牵引速度小于回程速度。一般拉铲的牵引速度在 1~1.25m/s,而回程速度为其 1.5 倍。

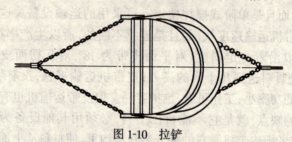

图 1-10 拉铲

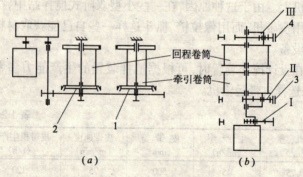

图 1-11 拉铲卷扬机

图 1-11(b)是一种采用行星传动的卷扬机。它有两个直径相同的卷筒。这一卷扬机构有三个行星排Ⅰ、Ⅱ和Ⅲ。电动机通过行星排Ⅰ减速后驱动主轴。行星排Ⅱ、Ⅲ的太阳轮都装在这一主轮上,由于行星排Ⅱ、Ⅲ的齿轮都没有固定,所以主轴不能带动任何一个卷筒工作。卷筒的工作是由制动带

3、4来控制的,当拉紧制动带3,Ⅱ号行星排的齿轮被固定,由太阳轮输入的功率经行星架输出驱动牵引卷筒工作,这时回程卷筒是在轴上空转的,它放出钢绳,当拉紧制动带4时,则回程卷筒工作。Ⅱ、Ⅲ行星排转动比之比应在1.5左右。

由于拉铲构造简单,使用方便,而且也容易实现自动化操作,所以在一些小型双阶式搅拌站中经常采用。拉铲装置的类型有多种多样。如:地锚拉铲,配重车拉铲,悬臂拉铲,桥式拉铲等。下面对这些类型的拉铲做一简单介绍。

1)配重车拉铲:它是由卷扬机,拉铲和配重车组成。拉铲前面的牵引钢绳经过平台上的导向滑轮后绕在牵引卷筒上,拉铲后面的回程钢绳,先引向配重小车,经过小车上的反向滑轮后再引向平台,经导向滑轮,然后绕在回程卷筒上。开动卷扬机,牵引铲斗沿料垛侧面通过,把料送到受料槽中,然后再使回程卷筒工作,把铲斗拉回到起始位置。铲斗往复运动把料送入受料斗,拉铲的往复工作可以用人控制,也可以装上行程开关自动往复工作。在拉铲往返运动过程中,也可以装上行程开关自动往复工作。在拉铲往复工作的同时,小车也自动地缓慢行驶,小车的行驶是由装在小车上的反向滑轮驱动,反向滑轮通过一套曲柄摇杆棘轮机构使车轮转动。调整摇杆的长短即可调节小车的速度,小车的速度应当调节到这样一个程度:使铲斗始终贴着料垛的侧面行走,这样即能保证每次铲斗都能充满,又使堆料场地整洁。

2)地锚拉铲:其装置和配重车拉铲相似,它是把反向滑轮装在一个固定的地锚上,当把一处的材料运送完以后,再把反向滑轮装在另一个地锚上。这种型式的拉铲虽然省去一套配重车和轨道,但工作情况远不如前述那种。

以上两种都是把材料从堆料场运至受料槽,由于提升高度小,受料容量也比较小。为了保证配料不致中断,所以拉铲要不停地工作,而且每一种材料都必须配一套拉铲。因场地的限制,所以使用这两种拉铲时,一般只有一种砂和一种石子。

3) 悬臂拉铲:悬臂拉铲,其安装卷扬机构的平台是装置在一个塔架上,悬臂装在平台上,这一平台可以在塔架上回转。反向滑轮装在悬臂的端部,其工作情况和上面讲的相似。其特点是:可以把材料堆高,所以它在受料槽上面形成容积较大的"活"料"堆",这些材料可以靠自重从出料口卸出。对砂石来说,材料从堆上坍落,其形成与平面成50°角的斜面。由于有这一"活料"的存在,所以一套悬臂拉铲可以兼顾好几种材料。把180°范围内共分成六个区域,每个区域之间用隔板隔开。因此,采用悬臂拉铲时,材料的品种可以增多,可以配制更多品种的混凝土。此外,悬臂拉铲把堆料和贮存供给料结合在一起,大大缩小了砂石堆场的占地。悬臂拉铲可以自动化操作,悬臂拉铲的臂长一般在 8~16m,最长可达 20m。

4) 桥式拉铲:悬臂拉铲的受力不好,所以当臂架在 12~20m 时常做成桥式。桥式就是在臂架的末端装一立柱,立柱下部装上行走轮。这样大大改善了臂架受力情况,但由于堆料不可能很整齐,行走轮有时要在料堆上行走,使行走发生困难,所以桥式并不常用。

在选用拉铲时,可以参考表 1-3 所列参数。

表 1-3

铲斗容量 (L)	牵引速度 (m/s)	牵引力		电机功率 (kW)	理论产量 (运距)(m) (m^3/h)
		正常 (kg)	最大 (kg)		
150	0.9	400	1000	3.7	20(8)
250	0.7	700	1400	6.0	25(8)

续表

铲斗容量 (L)	牵引速度 (m/s)	牵引力 正常(kg)	牵引力 最大(kg)	电机功率 (kW)	理论产量 (运距)(m) (m³/h)
300	0.9	900	1400	9.0	30(12)
450	1.0	1200	2000	11.2	45(16)
450	1.0	1500	3000	14.9	50(20)
600	1.2	2000	5000	22.4	75(20)

(3)抓斗：目前最常用的是龙门架抓斗，另外也可以用塔吊抓斗或其他自行式起重机上面装的抓斗，抓斗也是一种较灵活的运送骨料的设备。可以自行抓取、输送，但它所用设备较大，而效率不高。

(4)装载机：装载机是配合移动式搅拌装置最理想的运输工具，它运载量一般都比较大（比拉铲、抓斗都大），而且运行速度快，自装自卸，使用非常方便。虽然卸料高度不大，但仍然足以满足移动式搅拌装置的要求，因为移动式搅拌装置装机容量较小，因而贮仓也较小，一般有3m卸料高度的装载机即可满足要求。装载机还可在固定搅拌站用于倒垛和上料。

2. 水泥运输设备

水泥运输设备基本上有两种类型。一种是由斗式提升机和螺旋输送机组成的机械输送系统；另一种是风动输送系统。

(1)机械输送系统：在由螺旋输送机和斗式提升机组成的输送系统中，前者是水平运输，后者是作垂直运输，它们的安装情况见图1-9。这两种机械都具有工作平稳，没有噪声，造价低，维护容易，密封性好等优点。螺旋输送机叶片磨损较大，因而能量消耗多，轴上的扭矩也较大。所以，螺旋输送机只适用于作20m以内的水平运输，或作短距离倾角不大于50°

的向上输送。斗式提升机的输送高度很大,可达 40～50m。

螺旋输送机和斗式提升机的选择可分别参考表 1-4 和表 1-5 中的数据。运送水泥一般选择深式带传动式提升机。

GX型螺旋输送机主要技术性能　　表1-4

叶片直径	φ200		φ250		φ300		φ400	
转速(r/min)	60	89	55	76	48	68	48	68
生产率(t/h)	6.8	10.1	12.1	16.8	18.3	26.0	43.4	61.5
电机功率(kW)	许用最大水平输送距离(m)							
1.0	19.3	12.5	13.0	9.5	9.0	6.0		
1.6	31.0	20.5	20.5	15.0	14.0	10.0	6.5	4.5
2.6		33.5	33.5	24.0	23.0	16.5	10.5	7.5
4.2				39.0	37.0	26.0	16.5	12.0
6.6							26.0	18.5

HL型斗式提升机主要技术性能　　表1-5

型号	HL-300		HL-400		HL-450	
	S	Q	S	Q	S	Q
斗容 (L)	5.2	4.4	10.5	10.0	14.2	12.8
斗距 (mm)	500	500	600	600	640	640
生产率(m³/h)	28	16	47	30	60	54
电机功率(kW)	许用最大提升高度(m)					
5.5	19.66	25.66	13.52	17.72	10.00	10.64
7.5	27.16	30.16	18.32	24.32	13.84	15.12
10	30.16	—	24.32	30.32	18.96	20.24
13	—	—	—	—	24.72	26.64

注:1. S—深斗,Q—浅斗。
　　2. 提升速度为 1.25m/s。

(2)气动输送设备:气动输送装置是使水泥悬浮在空气中,把这种混合气体沿管道输送。这种输送装置的优点是占地面积小,空间位置没有特殊要求,容易布置,速度快,运送量大,而且没有噪声,管理人员少,维护费用低。但是,它消耗能量比较大,几乎是斗式提升机的一倍。能量消耗大的原因,一是由于水泥和管壁的摩擦;二是由于作为风源的空气压缩机的效率比较低。

气动输送装置由三个主要部分组成:(1)喂料机;(2)输送管道;(3)收尘器。

1.4 混凝土搅拌机械

1.4.1 概述

搅拌是混凝土生产工艺过程中极重要的一道工序,配制混凝土的各种材料经搅拌后成为均匀的拌合料。因为混凝土配合比的设计是按细骨料恰好填满粗骨料的间隙,而水泥胶泥又均匀地分布在粗细骨料的表面。所以,搅拌得不均匀就不能获得最密实的混凝土。因此,对混凝土搅拌的均匀程度规范上都有规定。对混凝土拌合料中各组成成分的均匀程度是用取样对比的方法。从拌合料中取若干样品,分别测定其中骨料、水泥的含量,取其平均差值作为不均匀度。一般要求水泥含量的不均匀度在1%以下,骨料在5%以下。这种测定方法是关于混凝土拌合料宏观方面不均匀度的测定。实验证明,用机械搅拌混凝土,一般在很短时间内(10~20s)就可达到宏观上的均匀。但对这种拌合料仔细观察时,发现有些骨料表面是干燥的,另外还有一些干的小水泥团。所以,只是宏观上达到均匀要求的拌合料,还不能认为是搅拌均匀了,还必须进行微观分析。

对混凝土拌合料微观均匀度的直接测定,目前还没有一种好的方法。现在是用间接的办法来判断。这就是采用比较试样硬化后强度的不均匀度的方法来测定其微观不均匀度。这个方法是基于这样一个假设:微观越均匀的拌合料,硬化后强度越均匀,而且也越高。经过大量实验得知:用自落式搅拌机搅拌塑性混凝土,用强制搅拌机搅干硬性混凝土时,一般在30s内即可达到很高的均匀程度,继续延长搅拌时间,能够得到进一步的改善。但在90s以后,则基本上没有多大的增长了。

把搅拌均匀的混凝土中的水泥浆放在显微镜下,则会发现,水泥颗粒并没有均匀地分散在水中。有10%~30%的水泥颗粒三三两两聚在一起,形成微小的水泥团,如图1-12所示。水泥的这种聚团现象,影响着提高混凝土和易性和提高混凝土的强度。这是因为水泥的水化作用只在水泥颗粒的表面进行。正是由于这样一个原因,水泥必须磨得很细,使单位重量的水泥有尽可能大的表面积(比表面)。如果水泥颗粒聚团,则水化作用的面积减小,使混凝土具有强度的水化生成物减少。所以,必须把聚团的水泥颗粒分开。在实践中发现用机械的方法,要想做到这一点是困难的。现在是用掺加"减水剂"的方法来达到这一目的。这是一种物理化学方法。

减水剂大都是一些高分子盐类,它们在水中电离,形成极活泼的阴离子。这些阴离子附在水泥颗粒的表面,见图1-12(b),使水泥颗粒互相排斥,而达到充分分散的目的。用这种方法来使拌合料达到微观均匀比起用机械的方法要省事得多。掺加减水剂的混凝土拌合料施工时和易性好,硬化后强度高,这都充分证明,掺加减水剂使混凝土更容易搅拌均匀。

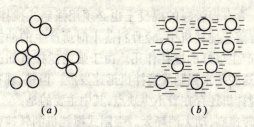

图 1-12 水泥聚团现象

混凝土搅拌机按其搅拌原理可分为自落式和强制式两大类,见图 1-13。

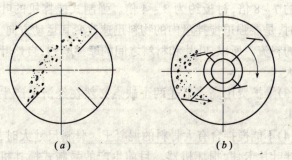

图 1-13 搅拌机工作原理

自落式搅拌机已有相当长的历史。这种搅拌机是靠物料从一定高度落下进行拌合。图 1-13(a)中是这种搅拌机的工作简图。搅拌机的主要工作部分是一个水平搁置的圆筒。圆筒内装有径向叶片。工作时圆筒绕其轴线转动。装入筒内的物料被叶片带至一定高度,然后靠自重落下。如此反复进行。图 1-13(b)中是强制式搅拌机的工作简图。这种搅拌机的主要工作部分是一个圆盘,在盘内装有若干沿盘内圆弧线运动的叶片。装在盘内的物料在叶片的挠动下,形成交叉的料流,进行搅拌。这种搅拌方法比自落式剧烈,它适用于搅干硬性混凝土。含有轻骨料的混凝土也必须用强制式搅拌机搅拌。因为在自落式搅拌机中,轻骨料落下时所产生的冲击能量太小,不能产生很好的搅拌作用。由于强制搅拌有如上这些特点,所以这些年来强制式搅拌机迅速发展。但是,现在采用的强制式搅拌机还存在着不少缺点,其中主要的是:

(1)转速高,动力消耗大。强制式搅拌机的转速要比自落式高2~3倍,动力消耗要大3~4倍。转速高是强制搅拌所必须的。只有在高转速下才能产生强烈的搅拌作用。

(2)叶片、衬板磨损大。强制式搅拌机叶片的磨耗约为自落式的7~8倍,衬板约为3~4倍。强制式搅拌机的叶片在工作时,是要强迫搅拌盘内的物料迅速改变其运动方向,产生交叉的料流。所以,叶片和材料之间的摩擦剧烈,自然叶片的磨耗大。

(3)维护费用高。上述两个缺点必然在经济上产生不好的效果。

(4)不能搅拌含有大骨料的混凝土。骨料尺寸大时,往往把搅拌叶片卡住,损坏机器。目前生产的强制式搅拌机所搅拌的骨料尺寸都在80mm以下。

(5)构造复杂。强制式搅拌机在构造上比自落式复杂。

由于强制式搅拌机有这样一些缺点,所以在选用时,应根据所要求搅拌的混凝土的具体情况,慎重考虑,尽可能选用自落式搅拌机。但是,采用强制搅拌这一方法,还是混凝土搅拌机发展的方向。因为强制搅拌搅拌得均匀而且生产率高。自落式搅拌机的生产率因为受到鼓筒临界转速的限制,很难提高。提高鼓筒的转速将会使物料因离心力的作用而贴在筒壁上,反而降低了搅拌效果。所以,现在许多国家在研究新的强制搅拌方法。

自落式和强制式搅拌机又根据构造上的不同分为若干种,其分类情况见表1-6。

表1-6

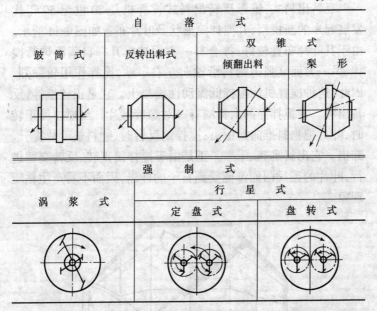

鼓筒式:这是最早出现的一种搅拌机。它工作时是把筒内的材料提升到一个相当的高度,约为筒径的0.7处,然后使物料自由下落。所以,这种搅拌机不能做成大型的。因为筒径增大则材料的落差也跟着增大,从高处落下的大骨料会把叶片、筒壁砸坏。由于这种原因,鼓筒式搅拌机不能用于搅拌含有大骨料的(如100mm粒径的骨料)混凝土。鼓筒式搅拌机卸料也比较困难。当搅拌坍落度较小的混凝土时,卸料常常要辅以人力。虽然鼓筒式搅拌机有这些缺点,但由于它的历史长,经过多次改进,目前定型的机型整机结构布置较为合

理、紧凑,制造也比较容易,使用可靠,维修简便,并已为我国工人所熟悉。我国现生产的搅拌机有90%是鼓筒形的,但在国外已趋于淘汰。

反转出料式:锥形反转出料式搅拌机是20世纪50年代发展起来的新机型,其搅拌筒形状及叶片布置如图1-14所示。由于其叶片布置较好,拌合料一方面被提升靠自落而进行搅拌,另一方面又强迫物料沿轴向左右窜动,搅拌作用较强烈。因此,这种搅拌机能搅拌低流动性混凝土。它是正转搅拌,反转出料。在搅拌筒的出料端有一对螺旋叶片。当搅拌筒正转时,叶片把物料推向筒中央;搅拌筒反转时,物料被叶片提升、卸出。它出料迅速、干净。正是由于搅拌筒正转、反转交替进行,叶片的正反两面都能受到石子的冲击,因而不易产生粘罐现象。

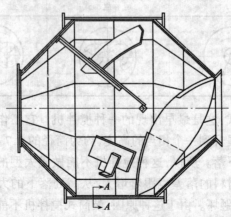

图1-14 反转出料搅拌机鼓筒剖示图

锥形反转出料搅拌机构造简单、重量轻、制造容易。它没有出料槽,不需要倾翻机构,所要控制的只是一台电动机的正、反转，所以，容易实现自动控制，是一种值得发展的新机型。

这种搅拌机的缺点是搅拌筒利用系数较低，这是因为出料叶片占去了一部分容积的缘故。其次，搅拌筒反转出料是在负载的情况下启动，启动电流大，因此不宜做成大容量的。

双锥式：这类搅拌机的搅拌筒由两个截头圆锥组成。两圆锥内部装有叶片，叶片向内倾斜。工作时搅拌筒转动，叶片把物料带起来。由于叶片向内倾斜，所以物料没有被提升多高就沿叶片滑下。左面叶片上的物料向右滑下，右面叶片上的物料向左滑下，在中部形成交叉料流。这种搅拌机由于搅拌时能形成交叉的料流，又因为搅拌筒每转一周，物料在筒中循环次数比鼓筒式多，所以效率高。物料在双锥式搅拌机中提升高度小，所以它可以做成大容量的，同时可以搅拌大直径的骨料。倾翻出料搅拌机有一套使搅拌筒倾翻的机构，卸料时搅拌筒倾斜，便可迅速地把料卸出，低流动性混凝土也能很方便地卸出。这是倾翻式的优点。倾翻式搅拌机中有一种从一端装料，从同一端卸料的，被称为"梨形"搅拌机。梨形搅拌机的一端是封死的。它在工作时，搅拌筒中心线与水平成 $+5°\sim+15°$ 角。在搅拌筒的几何尺寸相同的情况下，梨形搅拌机可以装更多的料。

强制式搅拌机主要分为涡浆式和行星式。这两种搅拌机的搅拌筒都是一个水平放置的圆盘。涡浆式是在盘中央装有一根回转轴。轴上装有若干组叶片。行星式则有两根回转轴，分别带动几个拌合铲。行星式又可分为定盘式和盘转式。在定盘式中，拌合铲除了绕自己的轴线转动（自转）外，两根装拌合铲的轴还共同绕盘的中心线转动（公转）。在盘转式中，两根装拌合铲的轴不做公转运动，而是整个盘做相反方向的运动。在上述三种形式的搅拌机中,涡浆式构造简单,但转轴受力较大,盘中央的一部分容积不能利用,因为拌合铲在那里的线速度太低。行星式构造复杂,但搅拌强度大。在行星式中,盘转式消耗能量较多,结构上由于整个搅拌盘在转动也不够理想。定盘式还消除了离心力对骨料的影响,不容易产生离析现象。所以,盘转式现已逐渐为定盘式所代替。强制式搅拌机都是通过盘底部的卸料口卸料,所以卸料迅速,这是它的一个优点。但是,如果搅拌时卸料口密封不好,水泥浆容易从这里漏掉,所以,强制式搅拌机不适于搅流动性大的混凝土拌合料。

1.4.2 自落式搅拌机

1. 鼓筒式搅拌机

JG250型搅拌机是我国建筑中应用最广的一种搅拌机。其外形见图1-15。这种搅拌机的出料容量为$0.25m^3$,进料容量为400L。所以,过去都称之为400L搅拌机。

JG250型搅拌机由:搅拌筒、进料机构、出料机构、原动机和传动系统、配水系统以及底盘等部分组成。

搅拌筒的构造如图1-16所示。筒的两端各有一进料和卸料口。筒内装有两组叶片,在靠进料口一侧有4块斜向叶片,在靠卸料口一侧有8块弧形叶片。筒壁镶有耐磨衬板。筒的外面有两个轮圈。轮圈支承在四个托轮上。搅拌筒的外面还装有一个大齿圈,是搅拌筒的驱动零件。大齿圈带动搅拌筒在托轮上滚动。

图1-17是搅拌机的传动系统。其原动机一般是用电动机,但也可换装柴油机,动力经三角皮带、齿轮减速器、主动小齿轮带动大齿圈,驱动搅拌筒。水泵和提升进料斗也由同一台原动机驱动。

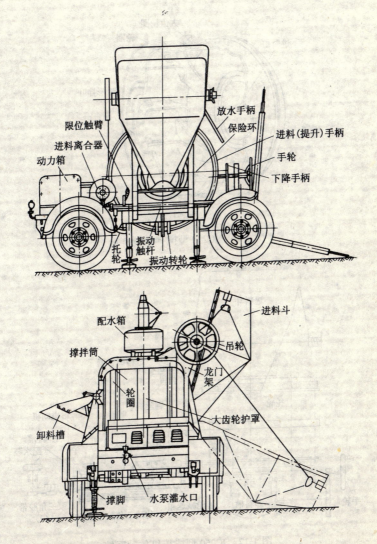

图 1-15 JG250 型自落式混凝土搅拌机

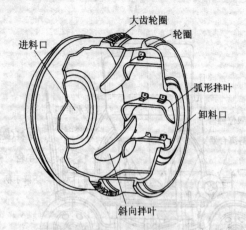

图 1-16　JG250 型搅拌机搅拌筒

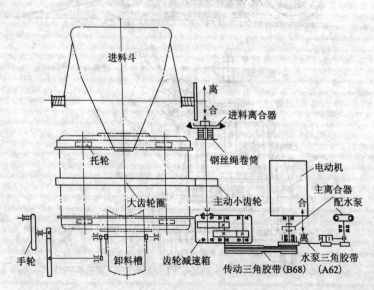

图 1-17　JG250 型搅拌机传动系统

进料斗的升降机构由进料离合器、制动器、钢绳卷筒组成。当上料时,首先合上离合器,卷筒通过钢绳把料斗提起。料斗上升到上止点时,自动限位装置使离合器自动脱开,同时合上制动器。为了使物料迅速全部装入搅拌筒内,在离合器同一轴上有一凸轮机构。凸轮转动时通过一杠杆使进料斗振动,促使物料迅速卸出。

出料机构由卸料槽与手轮组成。

搅拌用水由水泵经三通阀送至装在机器上部的配水箱。配水箱的构造如图1-18所示。配水箱的进水与放水由一三通阀控制。三通阀可使吸水管6与水泵相通,或与搅拌筒相通。进水时,把吸水管与水泵相连,水进入水箱7中,水箱内的空气经空气阀2排出。当水装满时,空气阀浮起,把排气孔堵住,使水不致外溢,同时把指示器1顶起。放水时,转动三通网,把吸水管与搅拌筒相连。水靠自重流入搅拌筒内。水是靠虹吸作用,经吸水管6与活动套管4之间流出。当水位降到活动套管下缘时,虹吸作用被破坏,供水停止。因此,升降活动套管即可改变供水量。水箱外有指针5和刻度,指示供水量。因为拐臂3的上端与指针5安装在同一根轴上,所以调节指针的上下位置,套管4随之升降,水量亦随之减增。

搅拌机的上料全靠人力,卸料的高度也很小。若将搅拌机架高以提高其卸料高度,则上料就更加困难。另外,这种搅拌机的容量也太小。

2. 双锥式搅拌机

图1-19是一种容量为$0.75m^3$的双锥式搅拌机。整台机器装在一个由型钢焊成的底座上。底座上装有两个支架5。支架上部装有滑动轴承座,曲梁6两端的轴颈就装在这两个轴承中。底座的左侧还装有进料斗7。

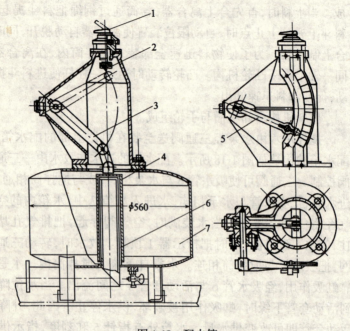

图 1-18 配水箱

曲梁是由钢板焊成,呈一半环形,梁的截面是箱形。曲梁下部装有两个支托滚轮 4,搅拌筒 1 就坐在这些托轮上,并在这些托轮上滚动。为了防止搅拌筒沿轴向串动,在曲梁上部左、右和下部还装有三对支撑滚轮 3。当搅拌筒倾翻卸料时,搅拌筒所产生的轴向力也由这些支撑滚轮来承受。由于这样一种构造,搅拌筒可以很方便地从曲梁上拆下。装在曲梁上的全部滚轮都是可以调整的。驱动搅拌筒的电动机 2 和减速机构都装在曲梁上。电动机可以随曲梁一起转动。这样使在倾翻卸料时,搅拌筒仍在转动,使卸料迅速完全。

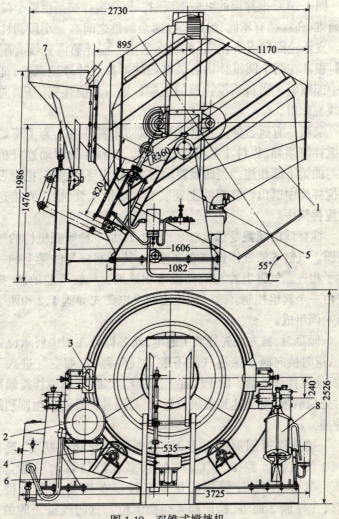

图 1-19 双锥式搅拌机
1—搅拌筒；2—电动机；3—支撑滚轮；4—支托滚轮；5—支架；
6—曲梁；7—进料斗；8—倾翻气缸

图 1-20 是搅拌筒的纵横剖面图。整个搅拌筒是由两个截头圆锥(高度稍有不同)组成。在两个圆锥之间有一小段圆柱体。支承轮圈和大齿轮圈,就装在这里。搅拌筒内壁镶有耐磨衬板。在两个圆锥体内各装有四块叶片。叶片呈弧形,都向中部倾斜。物料从搅拌筒的左端口进入。搅拌完毕后,向右倾翻卸斜。

装料斗有短舌伸入搅拌筒内,以防干料外漏。为了不妨碍搅拌筒倾翻,装料斗是可以转动的。装料斗的驱动连杆机构与曲梁下部相连。当曲梁转动时,装料斗自动回转,把短舌从搅拌筒中退出。装料斗上还装有一根给水管,把水直接送到搅拌筒中。

搅拌筒的倾翻是靠气缸 8。图 1-21 是一种倾翻机构的气路图。气缸 6 的缸体铰结在底座上,其活塞杆与曲梁上的一耳子相连。气缸上腔与贮气罐 5 相连通。气缸下腔的进、排气由一个阀组控制。这一阀组由两个电磁先导阀 1、2 和两个换向阀组成。

倾翻时,首先使先导阀 1 通电,阀芯即处在图中所示位置上,这时换向阀 3 接通气缸下腔进气气路,压缩空气进入下腔,使搅拌筒倾翻。由于气缸上腔接贮气罐,所以搅拌筒倾翻时先快后慢,避免达到极限位置时,与缓冲弹性垫发生剧烈的冲撞。

搅拌筒返回原来位置时,是先使先导阀 1 断电,换向阀 3 使气缸下腔接大气。气缸活塞在贮气罐内压缩空气压力的作用下,使搅拌筒逐渐复位。在恢复到起始位置前,先导阀 2 通电,换向阀 4 变换工位。这时气缸下腔的空气经过一节流小孔排出,排气阻力增大,使搅拌机的复位速度减小。

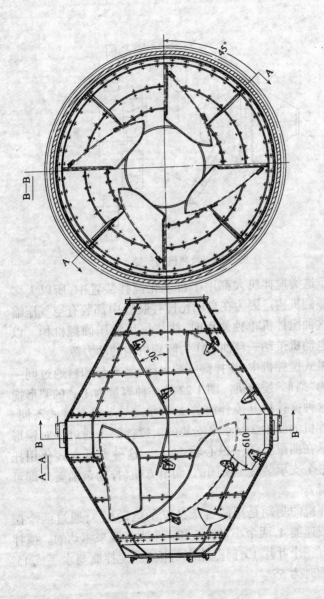

图 1-20 双锥式搅拌机搅拌筒

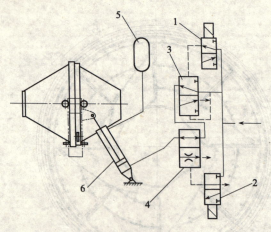

图 1-21　倾翻机构气路

由于这类搅拌机大都用于自动化搅拌装置中,所以大多用气动倾翻机构。因为在自动化搅拌装置中都装有空气压缩机。当这种搅拌机单独使用时,往往采用液压倾翻机构。以一台小电动机带动一台油泵作为倾翻机构的动力源。

双锥式搅拌机中,搅拌筒一端封闭,装料与卸料通过同一端的称为"梨形"搅拌机。图 1-22 是一种容量为 $1m^3$ 的梨形搅拌机。这种搅拌机其搅拌筒的支承方式与上述双锥式不同。这种搅拌机的曲梁 2 是水平安装的。搅拌筒 1 通过一对锥形轴承支承在曲梁上的一根心轴 11 上。这种支承方式比用托轮好。整个支承装置是密闭的,润滑方便(拧动黄油盖口即可进行润滑)。

搅拌机的驱动是用两台 7.5kW 的电动机 3,通过两个摆线针轮减速器 4,两个小齿轮 5 和一个大齿圈来驱动的。搅拌筒内装有三个叶片 10,筒壁镶有衬板 9。搅拌筒与水平成 15°角。倾翻时为 55°。

目前梨形搅拌机的最大容量为6m³。

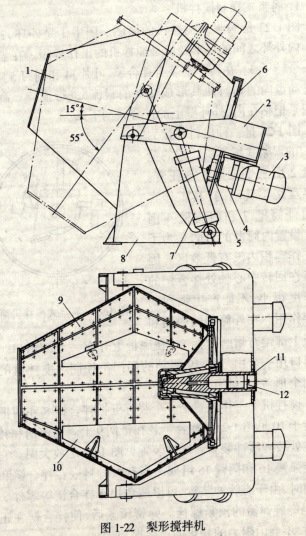

图1-22 梨形搅拌机

1.4.3 强制式搅拌机

1. 涡浆式强制搅拌机

图 1-23 是涡浆式搅拌机的简图。图中 1 是外环，2 是内环。内外环之间的环形腔就是搅拌机的工作容积。在盘中心有一个转子 3。在转子上装有拌合铲(叶片)4 和刮刀 5。拌合铲挠动盘内的物料使其形成交叉的料流，进行搅拌。刮刀的作用是把粘在内、外环壁上的拌合料刮下来。

图 1-24 是一种出料容量为 330L 的涡浆式搅拌机。它的搅拌盘 2 由三个支架 3 支托着。搅拌盘是不转动的，其工作容积由外筒壁 7 和内筒壁 4 围成。设置内筒壁的目的是为了在工作容积内没有低效区。因为靠在回转中心轴处拌合铲的线速度很小，不能产生强烈的搅拌作用。在外筒壁的内面和底板上部镶有耐磨衬板 5。在底板上开有一个卸料口。这个卸料口用一个由气缸 19 驱动的闸门 1 控制。搅拌盘的上面用两个顶盖 17 封闭。

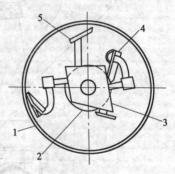

图 1-23 涡浆式搅拌机简图

搅拌机的工作装置是一个装有五把拌合铲 8 和两把刮刀的转子 10 见图 1-25。拌合铲装在铲柄 9 上。在铲柄和转子相连接处装有缓冲装置。缓冲装置见图 1-24 之放大图。它是由螺旋弹簧 16 和摇臂 15 组成。当有大骨料嵌在拌合铲和底板之间时，由于有缓冲装置，可以避免损坏拌合铲等零件。图中 14 是螺旋弹簧的预紧螺栓。弹簧预紧后，使拌合铲在正常工作时，不会因阻力的变化而产生振动。

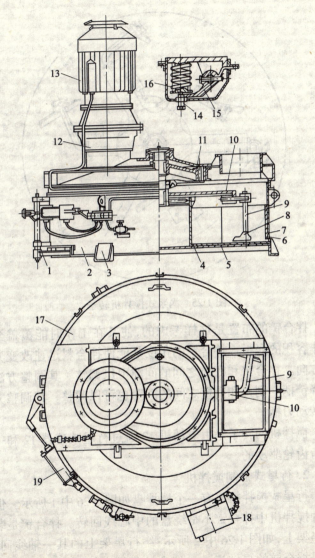

图 1-24 涡浆式搅拌机

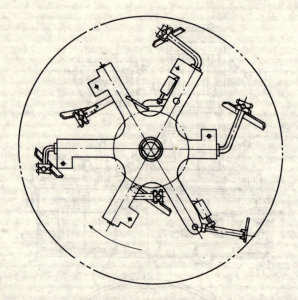

图 1-25 涡浆式搅拌机转子

拌合铲的布置是这样考虑的,使其在工作时能覆盖全部工作容积的底板。拌合铲的角度是能使拌合料迅速改变其运动方向。拌合铲和底板之间的间隙可以调整。其调整方法是升降铲柄。刮刀和筒壁之间的间隙也可以调整。其调整方法是转动刀柄。

搅拌机的转子是由电动机 13 通过行星减速器 12 和一级直齿齿轮驱动的。

2. 行星式强制搅拌机

行星式搅拌机也有一个搅拌盘如图 1-26 中 1 所示。但在这种搅拌机中拌合铲不是绕盘的中心线回转。拌合铲是装在行星架上,如图 1-26 中 2 所示;绕行星架上的其一轴线回转。这是拌合铲的自转运动。拌合铲只做自转运动时,它的覆盖面积如图中虚线所示。为了使拌合铲能覆盖整个工作容积就应使行星架绕盘的中心线转动。为此，采用了两种方法。一种是行星架仍不动，而搅拌盘转动，如图中虚线箭头所示。另一种是盘不转动让行星架作公转运动。不论采取上述哪一种方法都能使拌合铲的工作面能覆盖全部工作容积。

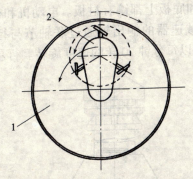

图 1-26　行星式强制搅拌机简图

行星式搅拌机的拌合铲以较高的速度自转，当它转到搅拌盘中心部分时，仍与拌合料之间有较高的相对运动速度。所以，在理论上行星式搅拌机不像涡浆式那样必须有内环。因此，行星式搅拌机搅拌盘的容积利用较好，同时不用装置内刮刀。

在盘转和定盘两种形式中，拌合铲对拌合料的作用是相同的。但是，在盘转式中由于拌合料要随着搅拌盘一起转动，所以缺点较多。因搅拌盘带着全部物料转动，功率损耗要大；由于物料随盘旋转，在离心力的作用下，粗骨料会向外滑动，容易发生离析现象；此外，盘转式在构造上也较复杂，整个搅拌盘要支托在滚轮上，闸门机构也较复杂。由于上述种种原因，盘转式已逐渐被淘汰。

在行星式搅拌机的行星架上可以装一组拌合铲,在大中型搅拌机中往往是对称地装两组拌合铲,以提高效率。另外,在行星架上也装有刮刀。

图 1-27 是一种出料 $0.8m^3$ 的行星式强制搅拌机,是定盘式。搅拌盘 1 的中心有一个直径较小的内环 10。搅拌盘的垂直筒壁内表面和底板上都镶有衬板。电动机和行星减速器 4 装在顶盖上。减速器的输出轴通过联轴节与行星架 2 相连接,带动行星架以每分钟 20 转的速度旋转。行星架是用一对

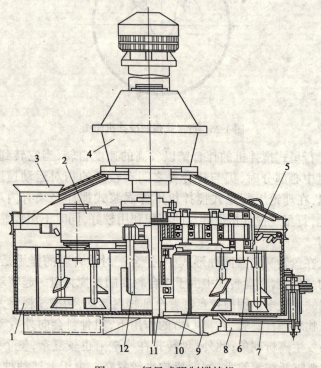

图 1-27 行星式强制搅拌机

向心推力轴承装在盘中线上的一根固定轴 11 上。固定轴的上部有一个固定的小齿轮。这一小齿轮与行星架两侧的小齿轮相啮合,最终将动力传至装在拌合铲铲柄 6 上部的小齿轮。铲柄下部分为两支,而每支上又装有两层拌合铲(如图中 7 所示)。当行星架旋转时,拌合铲将以 4 倍于行星架的速度自转。行星架上还装有内外刮刀,如图中 12。

物料从装料口 3 装入,而水由给水排管 5 注入搅拌盘中,搅拌好的拌合料由闸门 8 卸出。

1.4.4 新型搅拌机

上面讲述的两种不同工作原理的自落式和强制式搅拌机都有一些缺点。自落式搅拌机生产率低,而且不适宜搅干硬性混凝土和采用轻骨料的轻混凝土。强制式搅拌机耗用能量多、工作零件磨损严重,而且不适宜搅拌含有大骨料的混凝土。所以,世界各国都在寻求新的搅拌方法,下面讲述其中几种。

1. 摆板式搅拌机

这种搅拌机国外称为 OMNI 搅拌机。图 1-28 是这种搅拌机的工作示意图。它的主要工作装置是一个圆柱筒和一根带斜盘的轴,圆柱筒的筒底是刚性的,而筒壁是用橡胶制成,是可以变形的。当把带斜盘的轴置于筒底板下时,由于筒壁可以变形,整个搅拌装置就像图上所示情况,底板也呈倾斜状态。当装有斜盘的轴旋转时,则底板将随之摆动,摆板上各点是做上下的简谐运动。由于底板的摆动使筒内的物料以各种不同的加速度向各个方向运动,物料的颗粒不仅以很大的加速度向各个方向运

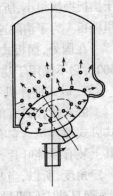

图 1-28 摆板式搅拌机工作原理

动,而且加速度的大小也在不断地变化,这一变化在 0~10g 之间。从整体来看就像气体分子一样做布朗运动。所以,水泥颗粒得以迅速扩散,包裹粗细骨料的表面。即使搅拌零坍落度的混凝土也只需 15~30s 的时间。这是一种与自落式和强制式完全不同的搅拌方法。

这种搅拌机不仅高效,它还有一个突出的特点,这就是没有叶片。叶片,尤其是强制式搅拌机的拌合铲是搅拌机中磨损最严重的零件。没有叶片就大大延长搅拌机的维修周期,降低维修费用,同时也减少了能量的损耗。没有叶片的搅拌机还为搅拌像含有玻璃纤维的这些特种混凝土提供了条件。在普通搅拌机中搅拌含有玻璃纤维的混凝土时,往往把玻璃纤维撕碎,而影响其效果。又如用于搅拌轻骨料混凝土时,不致将骨料挤碎。但是,这种搅拌机不能搅拌流动性很大的混凝土。因为这时,物料只能在筒内晃动,不能产生很好的搅拌效果。

这种搅拌机在其底板的中部有一个"呆滞区"。在那里由于摆板振幅很小,所以物料颗粒的运动不剧烈。物料容易在这里滞留。为了消除这一呆滞区,可在底板中部加一个小圆锥。

在国外,摆板式搅拌机已经有了一个系列。容量从 3L 到 500L,它不仅用于建筑工程中,也用于化工、食品等工业部门。

2. 卧式搅拌机

卧式搅拌机有单轴式和双轴式两种。图 1-29 是一种双轴式卧式搅拌机。它有两个相连的搅拌筒,筒内各有一根转轴,其上装有搅拌叶片,两轴相向转动。由于叶片与轴中心线成一定角度,所以,当叶片转动时,它不仅使筒内物料做圆周运动,而且使它们沿轴向往返窜动,如图上箭头所示。所以,这种搅拌机有很好的搅拌效果。

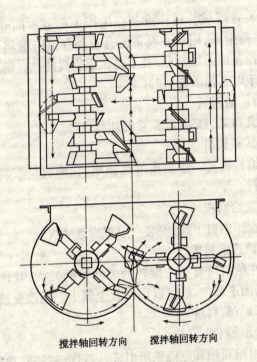

图 1-29 双轴卧式搅拌机

由于物料在卧式搅拌机中的运动速度较为理想,因此,不必用加大叶片线速度的方法来提高搅拌效果。这样就从根本上克服了盘式强制式搅拌机功率大,磨损大的缺点。此外,这种搅拌机还具有容量大,体积小,重量轻,卸料快,清洗方便等优点。所以,近年来在一些国家逐渐推广使用。

1.5 料斗设备

料斗设备是由贮料斗、卸料设备(闸门、给料机等)和一些其他附属装置组成。料斗设备在生产中起着中间仓库的作用,用来平衡生产,用料斗设备配合自动秤进行配料。所以,它是工艺设备的组成部分,并不是大宗物料的贮存场所,料斗设备是用于贮存松散物料的。

1.5.1　给料机

给料机和闸门都是贮料斗的卸料设备。

1. 带式给料机

带式给料机是一条短皮带运输机,在卸料口安装一短皮带运输物料。

2. 螺旋给料机

它是在卸料口下面,安装一短螺旋运输机。

3. 鼓筒式给料机

就是在给料口有一个旋转的带叶片的鼓筒,其优点是给料均匀,密闭不漏气,故可以用在收尘器中。用改变鼓筒转速的方法来调节给料量。

4. 振动给料机

它是由给料槽和电磁铁所组成,通过电磁铁的功能,使物料处于一种悬浮状态,物料在振动中向出口方向流动。

振动给料机也可以用机械振动器。

由于电磁振动给料机的料流均匀,调节方便,现已成功地把这种给料机用作计量器,用来称量砂、石等物料,物料的计量精度可在2%以内。

1.5.2　料斗装置的自动化

在各种混凝土搅拌装置中都有料斗装置。为使整个搅拌装置自动化,则必须使料斗装置也相应地自动化。料斗装置的自动化主要在以下几方面:(1)控制贮料斗中装料情况的自动装置;(2)自动装料装置;(3)自动卸料装置;(4)含水率测定仪;(5)自动去拱器等。

1. 料位指示器

贮料斗中料面的高度是通过料位指示器来了解,或由料位指示器发出指令进行装料或停止装料。料位指示器根据其功能分为两大类:

(1)极限料位测定:测定料面的极限位置。例如指示料空或料满。

(2)连续料位测定:连续测定料面位置,可随时了解贮料情况。

料位指示器的种类很多,它们大多数是极限料位测定器,只能指示料空或料满。

1)薄膜式料位指示器:这种指示器的构造如图 1-30 所示。它主要由橡皮膜 1,金属盘 2 和挺杆 3 组成。指示器装在料斗壁上。当物料压迫橡皮膜时,杆 3 向右移动,触动开关 5 发出信号。

这种指示器适合用于贮存粉末、细粒和半流体材料的贮斗上。用于贮存大块物料的贮斗上时,膜片很容易被打坏。

2)浮球式料位指示器:这种指示器的构造如图 1-31 所示。指示器的外壳装在支架 4 上,外壳下悬有一空心金属球

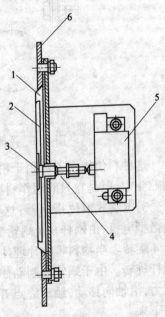

图 1-30 薄膜式料位指示器

3。在逐渐装满贮斗的物料的压力下,球 3 将偏转,从而使开关 1 接通(或断开),发出信号。

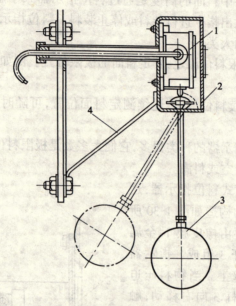

图 1-31　浮球式料位指示器

这种料位指示器可用于粉末材料和各种粒径的块状材料的贮斗中,但是它只能用作料满指示器。

3)电动式料位指示器:这种装置如图 1-32 所示。图中 5 是微型电机,由蜗杆 6 及蜗轮 7 组成的减速机构和轴 3 带动叶片 4 旋转。当物料将叶片埋住后,叶片被制动,但电机仍带动蜗杆旋转。由于蜗轮被制动住,因此,蜗杆就克服端部弹簧的压力,沿轴向移动,触动终点开关 8,发出信号,同时使电动机停下来。

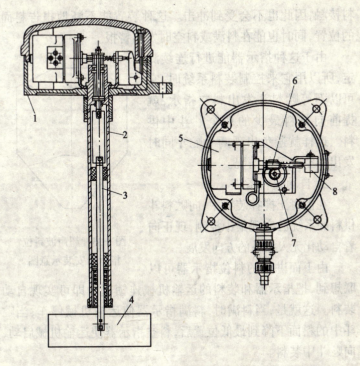

图 1-32 电动式料位指示器

4)超声波料位指示器:这是一种无触点、连续测定式料位指示器。指示器由一个超声波发生器和接收器组成,安装在料斗的顶部,如图 1-33 所示。超声波从发生器发射出来遇到物料以后再反射回来,被接收器接收。从发生器发出超声波,遇到物料再反射回接收器的时间与发生器到料面的距离成正比,所以,测定这一时间即可求得料面的位置。

机械电气式料位指示器时常因温度的变化、潮湿和物料的冲击而失效,而且只有在料满或料空时才能发出指示。超声波料面指示器就不会受温度变化和潮湿的影响。它不与物料接触,因此也不会受到冲击。这种装置能不断地报告料面的位置,同时也能在料满或料空时发出警报。

由于这种指示器能进行连续测定,所以用它来控制装料系统时,它可以不等贮料斗发出料空指示,就提前向材料最少的那个贮斗中供料。这样就避免出现两个贮斗同时发出料空指示的情况。

2. 自动装料系统

在混凝土搅拌装置中,向贮料斗供料的系统已实现集中控制,现正向着自动化无人操纵的方向发展。

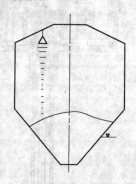

图 1-33 超声波料位指示器安装示意图

由上面讲到的料位指示器可以联想到,把指示器和装料的运输机械连锁起来即可实现自动装料。这就是,当料满时,料满指示器使运输机械停车;当贮斗中的料面下降到最低位置后,料空指示器使运输机械启动,向贮斗中装料。

图 1-34 是一个简单的控制原理图。当贮料斗未装料时,料空指示器 K 和料满指示器 M 均闭合的。这时,若按下运输机的启动按钮 A_1,中间继电器 J 通电,使接触器 C 合上,运输机运转,开始装料。随着物料装入贮斗,料面逐渐升高,首先使 K 断开。但这时运输机并不停车,因为接触器的自锁接点 C 是闭合的。当料上升至最高水平后,M 断开,运输机停

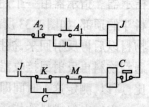

图 1-34 装料控制原理

下来。在贮料斗开始卸料后,料面逐渐下降,M 首先闭合。但

运输机并不启动。只有当料面降至最低位置以后，K闭合，运输机才再次启动。这样既可保证材料的供应，又避免频繁的启动运输机械。

对于那些不适宜在满载情况下启动的运输机械，如皮带运输机，在M断开后，应首先关闭给料闸门，经过一段延时，待运输机上剩余的物料全部进入贮斗后，再行停车。

在搅拌楼中，经常是以一台运输机向几个料斗中运送不同种类的材料，如图 1-35 所示。这时就要由一台回转漏斗来担任分配材料的任务，如图中所示。回转漏斗是由电动机驱动的，它可以由操作人员在中心控制台操纵，或者由一个自动控制系统，根据贮斗中材料多少的情况，自动

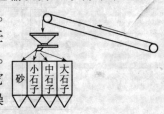

图 1-35　回转漏斗安装示意

选择位置，图 1-36 是一种回转漏斗的构造图。图中 1 是漏斗，2 是转轴，3 是传动装置（包括两级蜗轮蜗杆和一级直齿传动）。4 是一个随漏斗一起转动的触头，5 是行程开关。当漏斗转动，其触头 4 碰断预先选定的行程开关时，漏斗自动停止，并发出信号，显示所对准的料斗。

图 1-37 是一个有四个位置的回转漏斗的控制线路图。图中 K 是转换开关，有五个位置。在中间位置时，漏斗无固定的停止位置，这是用于检修。其他四个位置左 1、2；右 1、2 分别相应于砂、小石子、中石子和大石子。若欲将漏斗对准砂贮斗，则应将转换开关转向左 1。这时按下启动按钮 A，漏斗开始回转。当触头（图 1-37 中 4）碰断行程开关 $1X$ 时，接触器 C 脱开，漏斗停下来。与此同时 $1X$ 之常开接点闭合，点燃信号灯 $1H$。信号灯有两盏，分别装在操纵台上和材料仓库中，使

操作人员和装料人员都能了解漏斗的位置。转换开关设在操纵台上。操作人员只须转动该开关即可改变漏斗的位置。

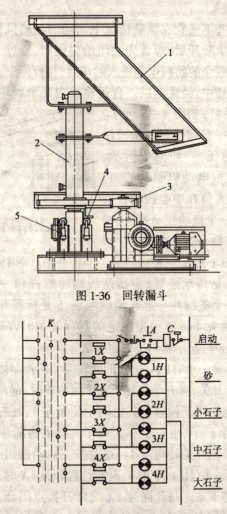

图 1-36　回转漏斗

图 1-37　回转漏斗控制原理

3. 砂含水率测定仪

(1)砂含水率测定的意义

混凝土的水灰比是根据所要求的混凝土的强度等因素,经过计算确定的。在配制混凝土的过程中,准确地实现设计的水灰比是保证混凝土质量的关键。所以,水和水泥的称量都要求有较高的精度。

但是,仅仅准确地控制水的称量是不够的。因为,除了配制混凝土的用水外,砂、石中还含有水分。这些水也随同砂、石一起进入搅拌机中。如果不把这部分水考虑进去,那么就不能准确地实现设计的配合比,不能保证混凝土的质量。

事先测定砂、石的含水率,从配制的水中扣除,这样可以部分地解决这一问题,但不能完全解决。因为砂、石的含水率在生产过程中会产生波动,而其中砂子的含水率会在很大的范围内波动,因此,要进行连续测定。在现代电子技术的条件下,现在不仅能进行连续测定,而且实现了用水量和砂量的自动修正。

砂、石中所含的水只存在于其表面和颗粒之间的毛细管中。所以,细粒材料,也就是比表面大的材料,就会有较高的含水率。砂子粒度小,比表面大,而且在砂粒之间形成了许多毛细管。所以砂子的含水率可达12%,细砂甚至可达20%。干砂和湿砂的含水率就相差得非常悬殊。而石子由于粒度大,比表面小,在颗粒之间只有粗大的空隙,不能形成毛细管。含水率最大也不过4%。也就是说干、湿石子的含水率波动范围不大,也就不用对石子的含水率进行修正。

(2)砂含水率测定仪

1)取样法:过去曾经采用在砂贮斗下开一取样孔,取样用烘干的方法进行含水率的测定。这种方法固然很准确,但它不能连续测定,更不能自动对砂和水的用量进行修正。这种方法全靠手工操作,故现在已不采用。

2)导电率法:湿砂是导电的,因为天然水是导电的。而且砂的含水率越大则其导电率越高。但是,湿砂的导电率不仅与其含水率的大小有关,而且与水中盐类的离子浓度有关。因此,当砂中所含水的水质经常变化时,就无法准确地测定砂子的实际含水率,这种方法的应用也受一定限制。

3)中子测水仪:中子测水仪是一种先进的测量砂含水率的方法。这种测水仪的主要组成部分是快中子源和慢中子计数仪以及放大输出部分。快中子源和慢中子计数仪都装在料仓下部,而经由放大器将信号输出。

快中子源是一个装有低能放射性元素的容器。把它装入料仓后,其中的放射性元素就不断地向周围放射出快中子。这些快中子在与水中氢原子核相碰撞后,损失掉一部分能量而变成为慢热中子。这些慢中子向四面射出,其中一部分射入慢中子计数器中。计数器每单位时间计录的慢中子的量与水中氢原子核的数量成正比,也就是与含水率成正比。计数器把慢中子的记入量变换成电压经放大后输出。一般在输出端有 0～10V 的输出电压,相当于 0～10% 的含水率。

输出的电压除了可以从表盘上直接读出外,还可以用这一电压直接去修正砂和水的用量。为此只须将计数器的输出电压放大以后,输出给测量电桥,驱动一台可逆电机。可逆电机在这不平衡电压的作用下旋转,带动三个滑线电阻的活动触头。其中一个是使电桥重新达到平衡,另外两个则分别接在砂和水的穿孔卡电阻箱内。后两个滑线电阻阻值的改变就使砂和水称的预定指针作相应的改变,也就是修正了砂和水的用量。

1.6 混凝土搅拌装置的总体设计

1.6.1 双阶式搅拌站的设计

建筑工地现场上设置的搅拌站是一种临时性搅拌装置，必须便于安装和拆迁。过去往往采取安上一台搅拌机，配上几台磅秤，用人力运输材料的方式。这样不仅占用劳动力多，而且劳动强度大，生产效率低。近十几年来这个问题受到各国的重视，出现了一批机械化，联动化的现场型搅拌站。这些搅拌站的设备，包括搅拌机、称量器、运输机械、材料贮斗等是成套供应的。

根据现场型搅拌站需要拆迁的特点，这种搅拌站采用双阶工艺流程，尽管双阶式生产率低于单阶式，但由于它的建筑高度小，只需安装小型运输设备，设备简单，投资少，建设快，所以，现场型搅拌站采用双阶式工艺流程是合理的。

双阶式工艺流程的特点是物料经过两次提升，但是，有各种不同的工艺流程方案。在旧方案中骨料、水泥分别一次提升进入料斗中，然后靠自重下落分别进行称量，进入集中斗。集中斗是一只提升斗，它把配好的料二次提升，装入搅拌机中进行搅拌，搅拌完毕后由搅拌机卸出，装入混凝土贮斗中。传统的工艺方案在新设计的双阶式搅拌装置中已不被采用。因为，在方案中水泥称量完毕后，也要进入敞口的提升斗中。这就使得整个装置经常淹没在水泥尘埃中，劳动条件极差，设备污染严重，另外，采用的设备也比较多。图1-38是目前采用的工艺流程方案。

新方案有一个共同的特点，这就是：水泥是由一条单独的，密闭的通路经过提升、称量而进入搅拌机中，这就从根本上改变了水泥飞扬的现象。图1-38(a)、(b)、(c)三个方案相比较,方案(b)图中省去了一套骨料秤斗,而把骨料提升斗兼做秤斗。这不仅省去了一套秤斗,而且降低了高度。但是,在提升斗提升、下降时会使整个称量系统受到冲击。图中(c)是一个比较新颖的方案。在这个方案里作为二次提升的不是提升斗,而是搅拌机本身。这种方案需要安装一种特殊的"爬升式搅拌机",这种搅拌机不仅能搅拌混凝土,而且像提升斗一样升起卸料,在提升过程中还能进行搅拌,节省时间。但是,从图上可以看出,骨料集中斗在向搅拌机中卸料时,还要稍移动提升。实际上成为一种三阶式的。此外,还有把混凝土贮斗作为二次提升设备的。

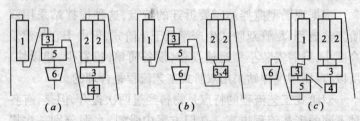

图1-38 双阶工艺方案

双阶式不仅有各种各样的工艺方案,其设备配套也是多种多样的。现在把常见的双阶式搅拌站设备配套情况列于表1-6。

在设计中,参照表1-7中所举的设备,选择、配套,就可以组成各种不同的方案,下面我们分别说明配套设备的选用。

表1-7

工　　序	采　用　设　备
骨　料　贮　存	扇形贮料仓 金属贮料仓
水　泥　贮　存	金属筒仓 塑料筒仓

58

续表

工 序		采 用 设 备
骨料输送(一次提升)		拉 铲 皮带运输机 斗式提升机 装 载 机
水泥输送(一次提升)		螺旋输送机、斗式提升机组 风动输送设备
称 量	骨 料 水 泥 水	杠杆秤、电子秤(自动或手动) 杠杆秤、电子秤(自动或手动) 量水筒、自动水表
骨料提升(二次提升)		提 升 机 皮 带 机
水泥提升(二次提升)		螺旋输送机
搅 拌 机		鼓 筒 式 双锥反转卸料式 双锥倾翻卸料式 涡浆强制式 卧式强制式

1. 骨料的输送与贮存

混凝土生产中,骨料的用量是很大的。因此,解决好输送与贮存骨料的设备是设计中的一个关键。

(1)拉铲与扇形贮仓:这是目前国内外所推崇的一种方案。图 1-39 是一个采用拉铲与扇形贮仓的搅拌站的总图。

拉铲构造简单,使用方便,而且可以实现自动化操作。拉铲在搅拌装置发挥了好几方面的作用。首先,拉铲起着堆料的作用。只要运送骨料的车辆把骨料卸在拉铲作用范围内,拉铲即可将其垛起来。其次,拉铲把堆垛起来的骨料继续向上运送使之进入"活料"区。在活料区的材料可以在自重作用下经闸门进入秤斗。由于拉铲控制台可以回转,所以拉铲作用的面积是一个以悬臂为半径的扇形。这一扇形的中心角可达210°。整个面积沿径向设置若干挡料墙,把它分割成若干个独立的仓,用以贮存各种不同的料。图上共分割成6个。

扇形贮仓是一种把料场(死料区)和贮料斗(活料区)结合起来的装置。拉铲在这里起着堆垛机和上料机的作用。而在其他的方案里,料场和贮料斗往往是分开的;堆垛和上料要用两套设备。所以采用拉铲扇形贮仓既节省场地,又节省设备,是一种很好的方案。

(2)皮带运输机与钢贮斗:图1-40是这种方案的一个例子。这是一种把单阶式搅拌楼的上半截搬到地上来的方案,所采用的设备基本上同于单阶式搅拌楼。用皮带运输机上料,只是由于上料高度小了,所以,皮带运输机的长度要短得多。用回转漏斗分配材料。由于采用封闭的料仓,材料不受气候的影响,而且给冬季加热提供方便条件。这一方案的缺点是用钢量大。

(3)装载机与钢贮斗:图1-41也是一种钢贮斗方案。但这钢贮斗的高度很小,其侧面斗壁的高度小于4m,可以采用装载机向贮斗中上料。在这方案中,由于贮斗高度小而要有较大的贮存量,所以几个贮斗所占面积较大,使贮斗下面的称量设备很难布置得很紧凑。所以,这里采用了一种别致的称量设备。在贮料闸门下面是一条皮带运输机。这条皮带机就是称量器的秤斗。它是用杠杆系统悬挂起来的。在称量时,皮带机是不运转的。物料落到皮带上进行累计称量,为了使物料不至溢到皮带外面,在皮带的两侧有很高的挡板。称量完毕以后,开动皮带机,把配好的料集中到提升斗中。在这一方案中,贮斗本身轻便灵活,便于拆迁,但需要辅以一台装载机。一般情况下,一台装载机除了完成砂、石上料工作外,还有能力在堆场上进行垛料和清理场地的工作,效果很好。

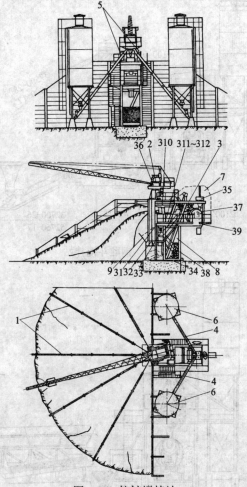

图 1-39 拉铲搅拌站

1—挡料墙;2—拉铲;3—搅拌站主体;31—挡土墙接槎;32—卸料闸门;
33—空压机;34—骨料秤;35—水泥秤;36—水秤;37—搅拌机;38—构架;
39—操作平台;310—操纵室;311—操纵台;312—自动控制盘;4—螺旋输送机;
5—螺旋输送机支架;6—水泥筒仓;7—操作平台防雨篷;8—构架防雨罩;9—振动器

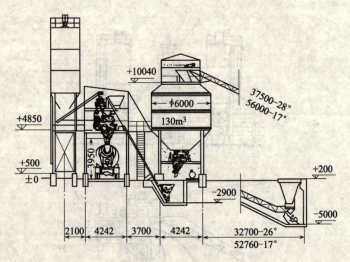

图 1-40 钢贮斗搅拌站

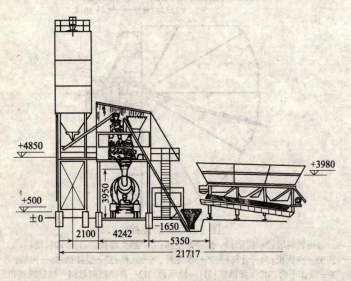

图 1-41 低位钢贮斗搅拌站

2. 水泥的输送与贮存

水泥采用散装运输,筒仓贮存是最合理的。水泥散装运输省去了昂贵的纸袋,避免了拆包时水泥的损失,改善了环境卫生。采用散装运输则必须采用筒仓贮存。水泥向筒仓内输送,可以采用螺旋输送机和斗式提升机组成的机械输送系统,也可以采用管道输送。现在许多散装水泥输送车都装有水泥输送泵,所以只要在筒仓上装一根输送管道即可。把水泥输送车上的管道与筒仓上的管道相连接,开动车上的输送泵,即可将水泥泵入筒仓中。

水泥的称量和二次提升多采用像图 1-38(a)、(b)所示方案。即把称量器 3 置于搅拌机 5 之上用一条倾斜的螺旋输送机把筒仓和秤斗连起来,也就是先进行二次提升,再进行称量,然后直接装入搅拌机内。在这里,这条倾斜的螺旋输送机既是水泥的二次提升设备又兼做水泥称量的给料设备。

在设计这条倾斜螺旋输送机时应注意几个问题。首先要校验螺旋机的给料量。螺旋机倾斜安装后,它的输送量将随倾角 α(见图 1-42)的增大而减小。这一变化可参考图中曲线,Q_0 与 Q 分别代表螺旋机的额定($\alpha = 0°$时)输送量和安装角为 α 时的输送量。其次,根据称量斗的安装高度 C,求出筒仓出料口的高度 B 和两者中心线的距离 A。图中 F、E 这两个尺寸与螺旋机的规格和倾角 α 有关,大约在 100～200mm。

在水泥筒仓的设计方面应当注意安装和拆迁方便。图 1-43 是一种套筒式的活动筒仓。整个筒仓是由若干个圆筒组成,而其中每两个圆筒可以套叠在一起,如图中(b)所示。套叠后的高度仅 2.5m,运输非常方便。表 1-8 是贮量为 30t 和 50t 的两种筒仓的基本尺寸。

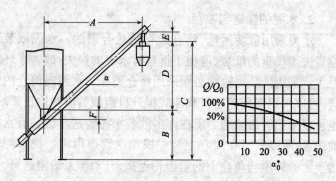

图 1-42 螺旋输送机

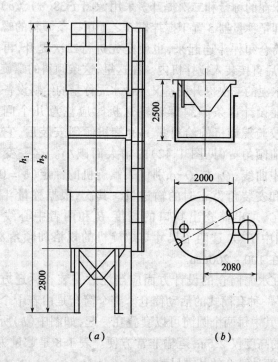

图 1-43 活动筒仓

表 1-8

贮　　量	h_1	h_2
30(t)	8900	5000
50(t)	12900	9000

3. 称量设备

双阶式搅拌站大都采用杠杆秤。但称量设备的类型却是多种多样的。一种是仿单阶式的称量设备。但多数是根据自己搅拌站的特点,设计各种不定型的称量器。砂石的称量基本上采用累计称量的方法。采用单独的称量斗或利用提升斗兼做秤斗。而水的称量基本上采用体积计量法,用量水筒或自动水表。

4. 提升斗

提升斗是双阶式特有的二次提升设备。全套提升设备是由卷扬机、提升斗和轨道组成。在一些小型国产搅拌机上(如JG-250,JQ-250)附带有提升斗设备。这套提升设备和搅拌机鼓筒的转动共用一台电动机。所以,提升斗是通过离合器来操作的,不便于联动化和自动化。在定型的双阶式搅拌站中采用单独的卷扬机构来升降提升斗。

5. 搅拌机

双阶式搅拌站可以安装自落式搅拌机,也可以安装强制式搅拌机,一般情况下只安装一台搅拌机,但也有某些定型的搅拌站装有两台搅拌机。图 1-44 即为一例。这种搅拌站装有两台梨形搅拌机 2、6。提升斗把料装入分料叉管 7 中,由闸板 1 控制,交替地向两台搅拌机中供料。为了降低分料叉管的高度,两台对置的搅拌机布置得很紧凑。当倾翻卸料时,由油缸 5 带动活动底架 4 向后移动,使搅拌机能够倾翻。图中 3 是油泵装置,为移动底架和搅拌机倾翻提供动力。

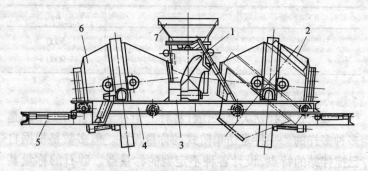

图1-44 搅拌站

1.6.2 移动式搅拌站的设计

移动式搅拌站应当是一种机动性很强的小型搅拌装置,整套装置应当十分紧凑,由几个能够整体装运的机组组成,或者能够拖运迁移。尽管是一种小型搅拌装置,但其产量并不很小,而且能生产高质量的混凝土。

因此,移动式搅拌站无疑是采用双阶工艺方案,累计称量器等。贮料斗对移动式搅拌站是一个很大的负担。所以,必须减小贮斗的容量以减小其体积及质量。贮料斗容积减小以后,就有可能发生供料中断的现象。因此,必须有机动性好的供料设备与之相配合,如装载机等。为了移动方便,移动式搅拌站本身都是很矮小的。为了使搅拌站能有较大的出料高度,则应采取一些措施。下面我们介绍两种较好的移动式搅拌站。

【例1】 这种搅拌站共有5个部分,见图1-45(a)。这5个部分是:1—搅拌设备;2—水泥和骨料二次提升皮带机;3—水泥筒仓;4—骨料和水泥称量设备;5—控制站。这5个部分都可以装上轮子进行拖运转移。(b)、(c)图分别为搅拌设备和水泥筒仓拖运时的状态。

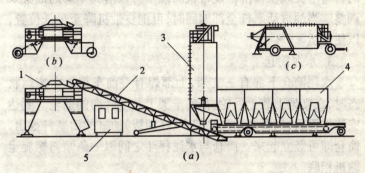

图 1-45　移动式搅拌站

1. 搅拌设备

搅拌设备有一个可升降的支架。在支架上装有一台强制式搅拌机和一个压力水箱,没有混凝土贮斗。一般移动式搅拌站都不设置混凝土贮斗,而由搅拌机直接向混凝土运输设备中装料。这样可以降低搅拌机的安装高度。支架支腿的下部是两台小车,在拖运状态时它们可以在油缸的作用下绕一个销轴转动,成为图中(b)所示状态,使搅拌设备在运输状态时离地高度很小,然后装上前后轮即可拖运。在安装时只要油缸活塞杆推出,支腿下部自动回转到垂直位置。穿好销轴,装上支腿即可进行工作。这时搅拌机具有一定的出料高度,运输混凝土的车辆可以在搅拌机下面通行。

2. 提升设备

称量好的骨料和水泥是通过一条皮带机装入搅拌机内的。为了避免水泥落在皮带机上时飞扬损失,在水泥秤斗卸料口处有一犁头装置。这一犁头把从下面运上来的骨料分到两边,使水泥卸在中间,这样继续向上运送时,骨料很自然地把水泥埋在下面。另外,整条皮带机上面都有防雨罩,使运送的材料不受风吹雨淋。皮带机的倾角可以借其中部的油缸来调整。当油缸活塞杆全部缩回时,可把皮带机降至最低位置,以便拖运。

3. 水泥筒仓

水泥筒仓下部有一支架,上部焊有一前车架。在拖运状态时,在支架上装上后轮,在前车架上装上转向的前轮。到达安装位置后,只要开动油泵把多级(四级)油缸的活塞杆推出,筒仓即可竖立起来。筒仓与水泥秤斗之间以一条倾斜螺旋运输机相联。

4. 骨料贮存与称量设备

在一台大平板拖车上装有四只骨料斗。每只贮斗下面各有两个颚式闸门,用压缩空气缸控制其开闭。闸门的下面有一条皮带称量秤。整条皮带机作为称量器的秤斗。称量时皮带机停止运转,进行累计称量。称量完毕后,开动皮带机将物料转运至斜皮带机上,而后装入搅拌机内。水泥称量斗在车的最前端,装在一伸出的托架上。拖车除装有车轮外,还装有三对液压支腿,工作时,打起支腿使轮胎脱离地面。

5. 控制站

在控制站内装有配电盘、操纵台、水泵、空压机和液压系统。这种搅拌站是电力拖动的,但它的架设是靠液压,闸门的操作是靠压缩空气。整个控制站也可以装上轮子拖运转移。

这种搅拌站如果用在寒冷地区,冬季还应增加锅炉设备。

以上介绍的只是移动式搅拌站的一个实例。这种搅拌站的机械化程度还是很高的,没有繁重的体力劳动。由于它是由几个便于拖运的部分组成,所以机动性很强,转移迅速。它采用液压油缸进行架设。因此,只要接上油管(快速接头),开动油泵,控制操纵阀就能很快地安装起来,投入使用。上述这些原则对于设计移动式搅拌站都是适用的。

【例2】 这是一种由一套主机和几件附属设备组成的移动式搅拌站见图1-46。在这一装置中,全部称量、搅拌以及控制设备都组合在一起,成为一个尺寸约为 7m×2.4m×2.4m 的整体,总重约为8t,可以装在一台载重量为8t的卡车上。图1-47是其主机的总图。

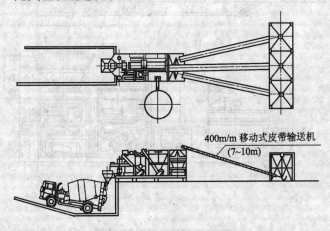

图1-46 移动式搅拌站

在这一机组中有:1—强制式搅拌机,容量为 $0.75m^3$,功率30kW;2—水泵 0.2kW;3—操作盘;4—控制盘;5—转换阀;6—砂贮斗,容量为 $1.3m^3$;7—1号石子贮斗,容量为 $1.2m^3$;8—2号石子贮斗,容量为 $1.2m^3$;9—皮带输送机,生产率250t/h,功率3.7kW;10—水泥秤,容量500kg;11—1号螺旋输送机,功率3.7kW;12—2号螺旋输送机,功率1.5kW;13—水槽及流量计,容量 $1.4m^3$;14—附加剂槽及流量计;容量 $0.75m^3$;15—空气压缩机,功率 2.2kW;16—混凝土出料槽;17—骨料秤,容量1800kg,累计式。

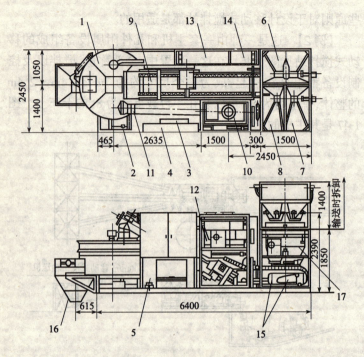

图 1-47 移动式搅拌站主机

这一机组的生产能力为 37.5m³/h(每小时搅 50 罐计)。

这种搅拌站设备布置紧凑,自动化程度高,由于主机组是包括贮斗、称量设备和搅拌机等一套完整的装置。所以,它的配套设备,像水泥筒仓,砂石料斗和移动式皮带机均可采用一些通用设备,临时搭配成套。

如图 1-46 所示。这种搅拌站由于本身尺寸很小,不可能有很大的出料高度。为此,应如图所示挖地坑、或搭构架使之能向运输设备中卸料。与上例同样,在这里没有混凝土贮斗。

70

1.7 混凝土泵及布料装置

1.7.1 混凝土输送设备的类型及特点

在不同的施工条件下,合理地选择混凝土输送方法及输送设备,对加快工程进度、降低工程造价、提高劳动生产率、保证混凝土结构的质量等都有着重要的意义。

在现场施工中,例如高层建筑物、水坝、大型设备基础以及桥墩、涵洞、隧道等等混凝土结构物,需要现场浇灌量往往是很大的,有时甚至一次连续浇灌几千立方米以上。这时,合理的施工组织、恰当地选用混凝土输送与浇灌机械设备是非常重要的。

常用的垂直及短距离混凝土输送机械有:

1. 升降机

如井架式或牌架式升降机,用于混凝土的垂直运输,当运到所需的高度以后,靠提升斗翻转或斗底自动开启,通过斜槽向人力小推车卸料,再由小推车作水平运送并布料,很不方便,因此这种设备,只适用于混凝土浇灌量较小和提升高度不太大的情况,其构造简单、工作可靠。

2. 起重机

一般是利用塔式起重机周期地吊运混凝土吊罐,当建筑物比较高大时,起重机还要兼运各种建筑材料、构件及模板等。起重机将过于繁忙,故对大量的混凝土运送有时互相干扰,需要交叉作业和合理的安排施工组织设计。

3. 皮带运输机

适用于地下建筑物(如设备基础)及高度不大但混凝土浇灌量大的结构物(如水闸等)的混凝土输送和浇灌。这种设备构造简单、无阻塞事故且可随时中断输送;对混凝土的坍落度、水灰比和大骨料的粒径等要求不严。但皮带运输机的重量大、结构不紧凑、安装布置比较麻烦、不适于高度较大的建筑物。

4. 混凝土泵

这是现有混凝土输送设备中比较理想的一种,几乎可以同时解决混凝土的水平和垂直运输并浇灌。

混凝土搅拌输送车把混凝土自搅拌站运来,直接卸入混凝土泵集料斗中,通过管路及布料装置,可以不受限制地送往浇灌点浇灌。因此,混凝土泵具有:机械化程度高、占用人力少、工人劳动强度低及施工组织简单等优点。见图1-48,为混凝土搅拌车正在向带布料杆的混凝土泵车集料斗卸料和布料杆向工作面布料的情况。

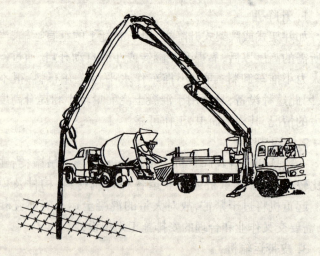

图1-48 混凝土泵及布料杆的施工概况

当前,混凝土泵的最大输送距离,水平可达800m,垂直可达300m,有些国家,泵送混凝土的比例已达40%以上。

混凝土泵的发明已有70余年的历史,由于近20来年,泵的结构形式和制造工艺上的不断改进、提高,逐步克服了一些技术难题,使得混凝土泵在地下工程、工业与民用建筑中得到普及和推广。在这段过程中,有些关键问题已相继得到了较好的解决。如:

(1)泵体本身的分配阀不断完善和创新,使卡塞阀门的故障大为减少,且机构日趋简单、完善;

(2)用液压传动代替了既笨重又可靠性低的机械式传动,使泵送工作更加平稳;

(3)当管路发生堵塞时,传动系统中有防止过载的机构;液压系统可控制阀门换向,使机器实现反泵动作,消除堵塞;如反泵仍不能消除堵塞,管路可以迅速拆开,防止混凝土在管路中硬结;

(4)应用了高效减水剂,提高了混凝土的流动性和可泵性能,大大地改善了混凝土的泵送效果;

(5)随着商品混凝土的发展,并得到搅拌车的配套,使高质量的混凝土得到连续地供应,满足了泵送混凝土的施工要求;

(6)随着布料装置的出现,解决了混凝土的摊铺问题,扩大了泵的使用范围等。

混凝土泵,按其构造和工作原理的不同,可分为:活塞式泵、挤压式泵、隔膜式泵及气罐式泵等类型,其中以活塞式混凝土泵得到最广泛的使用,本教材中主要介绍活塞式混凝土泵。

1.7.2 活塞式混凝土泵

在各种混凝土泵中,活塞式混凝土泵是应用最早也是最有生命力的设备,它的特点是:工作可靠、输送的距离长,所以目前获得广泛的采用。这种泵有机械传动式、液压(油)传动式及水压式三种。机械传动式的历史较久,但至今已处于被逐渐淘汰的阶段;目前普遍采用液压传动式;水压传动式的用得还不多。

1. 机械传动式混凝土泵

图 1-49 为一种机械传动式混凝土泵,这种泵是混凝土泵中最早的产品型式,其工作原理为:把搅拌好了的混凝土加入集料斗 9 中,斗中的搅拌叶片在电动机经过减速器 12 及链传动的减速、带动下,对混凝土实现二次搅拌。电动机 5 经三角皮带及齿轮减速带动曲柄 6 及摇杆 7,曲柄通过连杆 4 使工作缸 3 中的活塞产生往复运动;摇杆 7 带动连杆 8 使吸入阀交替开关;另一个连杆(图中未画出)使排出阀 2 交替开关。

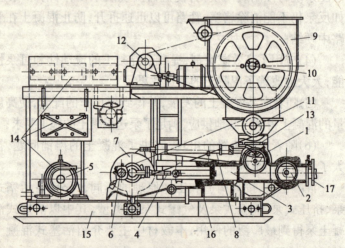

图 1-49 机械传动式混凝土泵

1—吸入阀;2—排出阀;3—工作缸;4—连杆;5—电动机;6—曲柄;7—摇杆;
8—吸入阀连杆;9—集料斗;10—搅拌器轴;11—强制给料器;12—减速器;
13—进料口;14—工具箱;15—滑板;16—机座;17—输送管快速接头

当活塞向左运动时,吸入阀被打开,混凝土在强制给料器11的作用下流入工作缸中,这时排出阀2关闭;当曲柄转过180°以后,活塞向右运动,吸入阀关闭,排出阀开启,则混凝土被推压到输送管中。

这种混凝土泵的集料斗高度大,故加料不便;整机及传动系统复杂;发生堵塞后不能反泵消除故障;另外,工作时噪声高,机体笨重、移动困难。所以,除了旧设备仍有使用外,已停止生产,逐渐淘汰。

这种混凝土泵的优点是:结构较坚固,操作技术条件要求不高、机械加工工艺要求较低。

2. 液压活塞式混凝土泵

液压活塞式混凝土泵,有油压式及水压式两种。油压式活塞式混凝土泵,是通过压力油推动活塞,再通过活塞杆推动混凝土缸中的工作活塞进行压送混凝土。由于水压式的现在还不多,所以这里液压式即指油压式。这种泵,由于省掉了曲柄连杆机构及所有的机械传动部件,因此传动系统大为简化,自重也大大降低,但液压系统的漏油问题及维护保养问题必须得到很好的解决。

这种泵的关键部分是分配阀及液压系统。在国外,许多厂家生产了种类繁多的分配阀。这里先介绍两种国产混凝土泵的构造及工作原理,然后分别讨论几种其它分配阀及液压系统。

(1)液压单缸混凝土泵:图1-50是国产HB-8型液压单缸活塞式混凝土泵。该泵的理论生产率为$8m^3/h$,水平输送距离200m,垂直输送高度30m,整个泵装在拖车上,可以在牵引车的带动下转移。

混凝土由运输设备运来并装入集料斗11内,斗中的搅拌器在电动机 9 的驱动下对混凝土进行二次搅拌。当主油缸 5 中的活塞在压力油的作用下,使输送缸 8 中的活塞向左运动时,球阀 12 被油缸 10 中的活塞通过连杆扳动,打开吸料口,关闭排料口,使集料斗 11 中的混凝土流入工作缸 8 中;当压力油推动(反向)油缸 5 中的活塞,并使工作缸 8 中的活塞向右运动时,油缸 10 中的活塞使球阀关闭吸料口,打开排料口;混凝土被压送到输送管道中。如此周期地工作,即可达到泵送混凝土的目的。

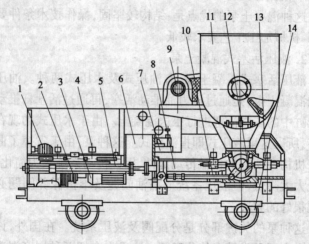

图 1-50 HB-8 型混凝土泵
1—空压机;2—离合器;3—主电机;4—油缸行程阀;5—主油缸;6—水箱;
7—操纵阀;8—混凝土输送缸;9—搅拌电动机;10—混凝土球阀油缸;
11—集料斗;12—混凝土球阀;13—球阀行程阀;14—车轮

这台泵所用阀与前述机械传动式的分配阀不同之点,在于它本身同时实现了吸料与排料的工作,故此机械式的结构简化、集料斗的高度降低。集料斗的高度,直接关系到混凝土搅拌车能否直接向集料斗加料,这是个很重要的参数。设计时应保证自搅拌车卸出的混凝土能自流入集料斗。

HB-8型混凝土泵的液压系统如图1-51。

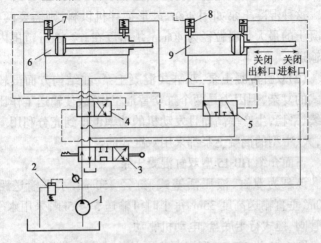

图1-51 HB-8型混凝土泵的液压系统
1—油缸;2—安全阀;3—手动三位四通阀;4—二位四通液动阀;
5—二位三通液动阀;6—工作油缸;7、8—行程控制阀;9—控制球阀开关的油缸

手动三位四通阀3有工作、停止及反向三个位置,它控制整个油路,当处于如图中所示的位置时,泵进行正常的输送工作;当手动三位四通阀移到最右端位置时,整个液压系统换向,二位四通液动阀4、二位三通阀5皆换位,使工作反向;变为工作活塞左向运动时,排料口打开,吸料口关闭;工作活塞向右运动时,吸料口打开,排料口关闭,而把管路中的混凝土吸回集料斗中,以排除堵管故障。

参看图1-50,在主油缸5和工作缸8之间有水箱6,其内充以清水,用来润滑和清冲活塞杆并可随时观察出是否漏浆或漏油。

此种泵附有一台空气压缩机,当泵送工作结束后,卸开排料管口,将装以橡皮清洗球的接管装置接于管路中,即可把管路中的混凝土用压缩空气排压出去。

这种混凝土泵如用 400L 鼓形搅拌机供料,则需要两台。混凝土的最大骨料粒径为 40mm,坍落度在 6~15cm 范围内皆可输送。

(2)双缸混凝土泵:双缸式混凝土泵,在结构方面虽较单缸式的复杂,但因为是两个缸交替地工作,故使输送工作比较连续、平稳,生产率高而且发动机的功率也得到充分利用。所以,大、中型的混凝土泵都采用双缸式的。

下面介绍 HB-15 型双缸混凝土泵。

该泵为双缸、液压活塞式,缸径 150mm,水平输送距离 250m,垂直输送高度 35m,每小时可输送 5~15m^3,采用水平 S 形管阀、拖式行走底盘、电动机驱动。

图 1-52 为 HB-15 型混凝土泵的拖式底盘分为两层,下层安装有集料斗 10、分配阀 8、工作缸 7、清水箱及工作油缸 5 等;上层安装着空气压缩机 4、离合器、电动机 1、联轴器 2、油泵 3(ZBSV-75 型)及油箱等。

集料斗 10 的斗容 400L,其中有搅拌叶片,由电动机通过减速器及链传动带动,以 10r/min 的转速回转,对混凝土进行二次搅拌,并有把混凝土推向分配阀口的作用。

S 型管阀安装在集料斗内,但不与搅拌装置有任何干涉;它实际上是输送管的一部分,支承在集料斗的斗壁上,管子的左端常与输送管接通,另一端悬臂,油缸通过拉杆 7 使弯管产生摆动。当弯管 8 的下口对准工作缸 8 的缸口时,即可把混凝土压送到输送管路中;当弯管 8 被拉杆 7 带动对准另一个缸口时,则此缸中的活塞开始向右返回,把集料斗中的混凝土吸入工作缸,同时另一个工作缸则正处于排料状态。

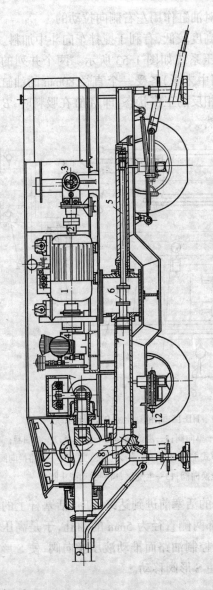

图 1-52 HB-15 型混凝土泵
1—主电动机;2—联轴器;3—液压泵;4—空气压缩机;5—工作油缸;
6—中间连接杆;7—工作缸;8—分配阀;9—输送管;10—集料斗;11—支腿;12—轮胎

拉杆7是受一对油缸作用左右侧向拉动的。

该泵的集料斗高度较低,有利于搅拌车向斗中加料。

HB-15泵的液压系统如图1-53所示。两个并列的直径150mm的工作缸(图中未画)各受一个直径80mm的油缸所驱动。两个缸常处于相反的工作状态,即 A 缸在吸料时,B 缸必然在排料。反之亦然。

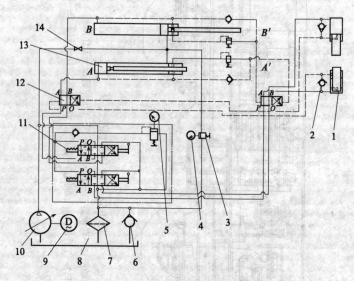

图1-53 HB-15型混凝土泵的液压系统

1—拉杆油缸;2、6—单向阀;3—溢流阀;4、5—压力表;7—滤油器;
8—油箱;9—双轴外伸式主电动机;10—油泵(2BSV75);11—多路换向阀;
12—液压换向阀;13—主油缸;14—手动截止阀

图中,当油缸中的活塞前进到达终点时,活塞杆上的环形槽恰好对准油缸头部两侧直径为5mm的油孔,于是高压油经上述小孔、环形槽及控制油路而推动液压换向阀,使S形阀的油缸中活塞换向而使S形阀移动。

3. 活塞式混凝土泵的分配阀

分配阀是活塞式混凝土泵的关键部件,它直接影响着整个机器的各种性能——如集料斗高度、堵管问题、输送容积效率以及工作可靠性等。

对于单缸泵来说,分配阀应具有二位三通的基本性能(二位——吸料或排料;三通——通集料斗、工作缸及输送管)。

对于双缸泵来说,两个缸共用一个集料斗;两个缸分别处于吸入行程时,把混凝土吸入工作缸;而处于排出行程的工作缸,则把吸入的混凝土推送到输送管中去,所以这种分配阀需具有二位四通(集料斗、一缸、二缸及输送管)的性能。

分配阀的设计,应尽量满足以下的一些性能要求:

(1)应使混凝土能平滑地通过阀门,尽量减少通道中的断面变化,以减小流动阻力及减少堵塞问题。据统计,大多数堵塞事故都发生在分配阀及叉形管处;分配阀的阻力小,即相应的提高了输送距离;

(2)阀门和阀体的相对运动部位,要有良好的密封性,以减少漏浆,因为漏浆即相当于混凝土变质,同时也使机械脏污;

(3)要具有良好的耐磨性,因为阀的工作条件相当恶劣,极易磨损,所以制作分配阀的材质及热处理需要认真考虑;

(4)分配阀的换向动作,即吸入与排料动作应当协调、及时、快速。此换向动作应在 $0.1\sim 0.5s$ 内完成为好,以防灰浆倒流。这种要求,特别是在垂直输送混凝土时尤为重要;

(5)应尽可能使集料斗的高度设计得低些,以便搅拌车能直接地向集料斗中卸料;

(6)结构构造应尽可能简单、便于加工等。

下面介绍几种比较典型的分配阀:

(1)转动式分配阀:转动式分配阀有圆柱形的及球形的两种,这是比较老式的分配阀。

图 1-54 是用于前述机械传动式混凝土泵的圆柱式分配阀。它是靠两个圆柱形的阀芯,其上有缺口或孔洞,由于阀芯的转动,达到二位三通的性能,实现交替地吸料及排料。

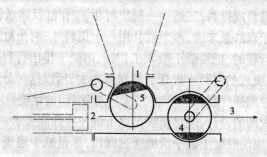

图 1-54　圆柱式分配阀
1—接集料;2—接工作缸;3—接输送管;4—排出阀;5—吸入阀

这种圆柱式分配阀的构造比较简单、加工也较容易;阀常设置于集料斗的下方,因此使集料斗的高度增大;阀芯的刚度大,但笨重;阀芯与阀座之间的接触面大,砂浆流入二者之间不易出来,使回转阻力大,阀芯,阀体磨损严重,而磨损后又不好调整。

图 1-55 是 HB-8 型混凝土泵采用的转动式球形分配阀。这种阀与圆柱式阀大致相同,HB-8 型混凝土泵,用一个球形分配阀取代了机械传动式泵中的两个圆柱形转动分配阀,使泵的结构紧凑、体积缩小、减化了操纵系统。另外,其通道短、不易发生堵塞。

但是,这种球形阀芯的加工工艺复杂、制造不便;阀芯与阀座间的间隙一般应保持在 0.5~1mm 之间,当超过 2mm 时,发生漏浆较大,漏浆后砂粒会进入间隙中且不易流出,故加剧阀的磨损,而磨损后修复困难。所以,阀芯表面一般镀上一层硬铬的耐磨层。如热处理质量较好时,这种阀的寿命可达1000h。

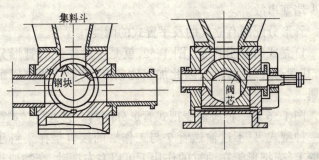

图 1-55 球形转动阀

(2)管形阀:管形阀一般都置于集料斗中,管阀本身就是输料管的一部分,它一端常与输料管接通,另一端则可以摆动,因管阀是弯曲的,如Z状;所以对于单缸式活塞泵,当管阀口离开工作缸口而被料斗壁封住时,工作缸进行吸料;当管阀口对准工作缸口(缸口常与集料斗底部相通)时,即进行排料。

双缸式活塞泵,当管阀阀口与两个缸口交替接通,对准那一个缸口时,那一个缸就进行排料,而另一个缸则在进行吸料,HB-15型泵用的S形管阀,即是这种型式。

管形阀的优点是使集料斗的高度大为降低,能完全满足搅拌车向集料斗直接卸料。另外,其构造比较简单,也比较耐用;易损件磨损后更换较容易。

管形阀的缺点是,因为置于集料斗中,使搅拌叶片的布置比较麻烦,容易有死角,且当混凝土的坍落度较小时,管阀的摆动困难。

另外,管形阀都是通过杠杆用油缸、活塞等来带动的。由于杠杆的比率及混凝土的阻尼等原因,管阀的摆动速度不快,影响工作缸的吸入效率并造成返料。

采用管形阀,可省掉双缸活塞泵输料管进口处的叉形管,减少堵塞事故。

管形分配阀有立式的及平置式的两类。

1)立式管形分配阀:图 1-52,就是一种立式的管形分配阀,其摆动管口呈弧面,因此加工比较麻烦,口边要镶以耐磨金属。

图 1-56 是一种所谓壶把式管形分配阀。它也是立式管阀的一种型式,只不过输送管 7 与工作缸的接口是在集料斗的后壁上,壶把形管在油缸的作用下可以左右摆动,交替地与两个工作缸 7、7′对接,而进行输送。

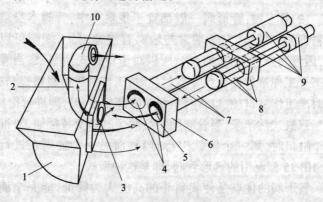

图 1-56 壶把式管形分配阀
1—集料斗;2—壶把式管形阀;3—摆动管口;4—工作缸口;
5—可更换的摩擦板面;6—缸头,7—工作缸;8—清水箱;
9—油缸;10—输送管口

壶把式分配阀的优点是:分配阀放在集料斗内,它交替地与集料斗后壁相连的两个工作缸相对接、进行泵送,因此搅拌车在集料斗前、向斗中卸料非常方便;对于带有布料杆的泵车,因为布料杆通常安装在汽车车身的前部,所以输送管(如用 S 型及其他型式分配阀时)总得由集料斗的前壁返回形成一个⊃形弯,而壶把式分配阀,可以既省掉了叉形管又不必拐⊃形弯,故结构简单,使堵塞事故大为减少。

这种阀的缺点是:管阀置于集料斗中,使搅拌叶片轴布置麻烦。

2)平置式管形分配阀:平置式管形分配阀与垂立式管形分配阀比较相似,参看图 1-57。由于水平 S 形管阀往返转动,交替地与工作缸 1、2 对接,形成对接的一个缸进行排料,而另一个缸进行吸料。

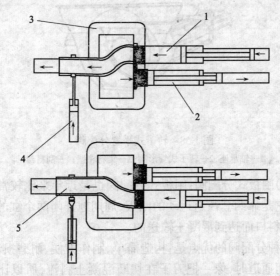

图 1-57 平置式管形分配阀

1、2—工作缸;3—转子室;4—控制平置式管阀回转油缸;5—输出管

这种阀的优点是:摆动的管口为平面,既便于加工,磨损

后又易于调整。

图 1-58 是一套转子式平置分配阀的外形图,它一端支持在特制的轴承座 1 中,另一端为 S 形曲线转子式管,插入到集料斗底,最后与工作缸口相对接,并可左右转动分别与二工作缸对接。阀体上有刮板 4,以防混凝土在此处形成沉积死角。

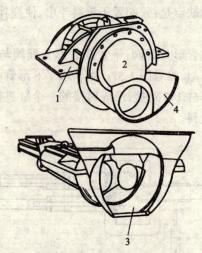

图 1-58 转子式平置分配阀
1—轴承座;2—转子式管形阀;3—集料斗壁;4—刮料器

(3)闸板式分配阀:闸板式分配阀也是近年来比较常用的一种,它是靠两套往返运动的闸板,周期地开闭两个缸的进料口及出料口而达到混凝土输送的。

这种分配阀的优点是:构造简单、制作方便、耐磨损、寿命长;关闭通道时,像一把刀子在切断混凝土料流,所以比较省动力;另外,闸板是由油缸、活塞直接带动而不像管阀要通过一套杠杆来驱动阀体,所以开关迅速、及时。

闸板阀的种类很多,有水平放置式的,斜置式的及转动式的等多种。

1)水平放置式闸板分配阀:参看图1-59,在集料斗5下部与工作缸间,水平地装有两个闸板阀1及1′,其中闸板1控制从集料斗向工作缸进料;闸板1′控制工作缸向输料管的排料,两个闸板各有一个通道,都是在控制油缸2的驱动下工作的。

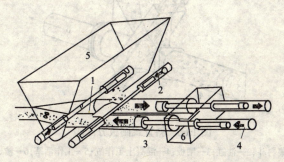

图1-59 水平放置式闸板分配阀
1—闸板;2—控制油缸;3—工作缸;4—主油缸;5—集料斗;6—水槽

显然,用这种分配阀时,对于双工作缸,必须有叉形管。其集料斗的高度,虽然比转动阀式的要低,但比管形阀高,因为它的工作缸必须在集料斗之下。

这种阀的优点是:简单、耐用、维修方便。据有关资料介绍,处理得好的闸板,其使用寿命可输送混凝土达3万 m^3 左右。

2)斜置式闸板分配阀:参看图1-60,闸板阀倾斜地设置在集料斗1的后面,这样既可以降低集料斗的高度,又使泵体紧凑而且不妨碍搅拌车向集料斗卸料。两个工作缸各有一个闸板阀,交替地启闭吸、排料口。混凝土离开阀后,要经过叉形管进入输送管道。

图 1-60 斜置式闸板分配阀
1—集料斗;2—油缸;3—闸板;4—混凝土工作缸;5—工作活塞;6—输送管

3)旋转式板阀:这是扇形与舌式板阀结合在一起的组合阀。参看图 1-61(一)。在集料斗 1 的下部装有一个旋转的板阀,工作缸 4、5 通到集料斗底,闸板阀轴是由油缸来控制的。当转到如图中所示的位置时,舌形闸板 3 使集料斗 1 与工作缸 5 相通,工作缸 5 中的活塞后移,就向缸 5 中吸料,此时扇形闸板 2 则盖上缸 5 的排料口,而工作缸 4 的排料口打开,其缸中的活塞向前推送把混凝土压入叉形管。反之,当旋转板阀转到另一个位置,扇形板掩盖了缸 4 的出料口,打开了缸 5 的排料口时,舌形板则使缸 4 的进料口开放,于是缸 5 排料,缸 4 进料。

这种旋转式板阀的优点:体形紧凑、开关迅速、省动力、使用寿命长、磨损后(主要是扇形板内表面)后易于调整。所以是一种比较好的分配阀形式。

扇形阀体的样式,如图 1-61(二)图所示。

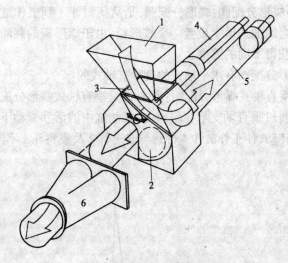

图 1-61(一) 旋转式板阀
1—集料斗;2—扇形闸板;3—舌形闸板;
4、5—工作缸;6—叉形管

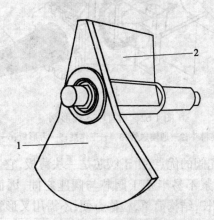

图 1-61(二) 扇形阀体
1—扇形闸板;2—舌形闸板

(4)蝶形分配阀:蝶形分配阀,是从集料斗 1 到工作缸,与输送管之间的通道上设置一个蝶形板,由于蝶形板的翻动,使混凝土获得不同的通道。

蝶形分配阀有水平轴式的及垂直轴式的。

1)垂直轴式蝶形分配阀:图 1-62 是垂直轴式蝶形分配阀,蝶形板通过垂直轴支承在阀座内,在油缸中的活塞带动下,可以来回转动,使工作缸 3、4 得到与输送管 2 及集料斗 1 不同的通道。

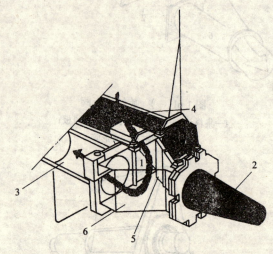

图 1-62　垂直轴式蝶形阀
1—通集料斗;2—通输送管;3、4—工作缸;5—舌形板;6—壳板

这种分配阀的优点:由于阀芯是一块薄板,它与阀体的接触面小,故砂浆不易卡塞于阀芯与阀座之间,因而运动阻力小,使用寿命长;结构简单,检修方便;不需用叉形管。

2)水平轴式蝶形分配阀:图 1-63 为水平轴式蝶形分配阀,其作用及特点同前述垂直轴式的,只是集料斗的高度稍大,但同样不需要叉形管。另外,自集料斗向阀体内的供料情况也良好。

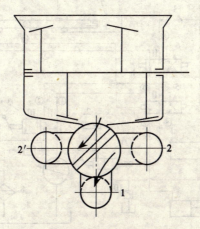

图 1-63 水平轴式蝶形分配阀
1—输料管;2、2′—工作缸

4. 活塞式混凝土泵的液压系统

由于混凝土泵的工作原理、结构型式及工作缸数等的不同,其液压系统也是多种多样的。现在就几种比较典型的液压系统进行介绍,供设计研究时参考。

(1)单变量泵、双工作缸、闸板阀式混凝泵的液压系统参看图 1-64。

1)用变量泵,可以随时调整混凝土输送量,以适应当时的工作需要。

2)闸板阀上有通孔,因此用油缸 7′ 及 7″ 来控制闸板的左右移动以使输送通道开、关。

3)三位四通阀处于位置Ⅰ时,是混凝土工作缸的工作状态;位置Ⅲ是整个机构反向运动的状态,以便从输送管道中吸回混凝土排除堵塞故障。

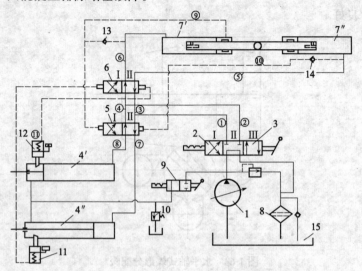

图 1-64 单变量泵、双工作缸、闸板阀液压系统
1—变量油泵；2—安全阀；3—三位四通换向阀；4—推送混凝土的工作缸；
5—工作油缸的液压自动换向阀；6—控制分配阀的液压自动换向阀；
7—分配阀油缸；8—滤油器；9—补油开关；10—补油安全阀；
11、12—行程阀；13、14—单向阀；15—油箱

4）工作油缸 4′ 及 4″ 活塞的背面装入定量油且二者相通，以达到两个活塞交替右移吸混凝土进入工作缸；手动阀 9 是用来向此定量油（当发生渗漏时）进行补油的。

5）液动换向阀 5～6，控制分配阀的闸板左右移动。

这种液压系统的优点是：系统结构简单、所用液压零件数目较少，用变量泵，使输送生产率可以无级调变。

这种液压系统的缺点主要是：当垂直输送混凝土、调整变量泵以较低的生产率输送时，由于油泵的排量减小，因而分配阀的控制油缸及工作油缸中的活塞也减慢了速度，这样就增

长了集料斗与输送管相通的时间,造成了输送管中的混凝土倒流浆液,降低了输送效率。

(2)双泵分动式液压系统:参看图1-65,是一种单工作缸、但用两个泵来分别驱动混凝土工作缸及分配阀中活塞的液压系统。

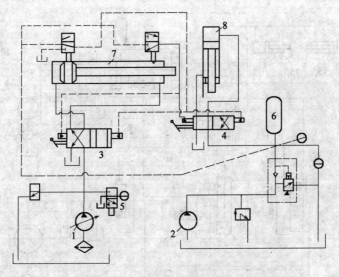

图1-65 双泵分动式液压系统

1—驱动工作缸的油泵;2—驱动分配阀的油泵;3、4—换向阀;
5—二位三通阀;6—贮能器;7—工作油缸;8—控制分配阀油缸

这种液压系统的特点是:

1)驱动工作缸用变量泵,因而生产率是可调的;

2)驱动分配阀的控制油缸用定量泵,可以使分配阀的开关总以一个正常速度进行,因而与工作缸的输送变量无关,从而避免了在垂直输送时会发生返浆问题;

3)系统中增设了一个蓄能器,减小了油缸8在工作中的冲击,有利于机械消震和保护机件强度。

(3)双泵、双工作缸液压系统(图1-66):这个液压系统与前一种基本相同,只不过是双工作缸,因而用变量泵1驱动两个工作油缸 4′及 4″;用定量泵驱动两个分配阀控制油缸 15′及 15″。

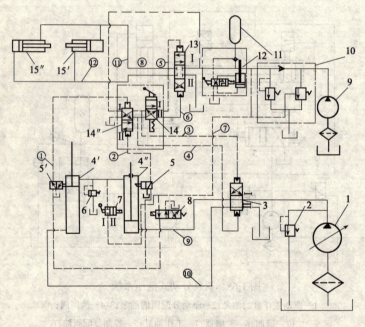

图1-66 双泵双工作缸液压系统

1—变量泵;2—安全阀;3—液压二位四通阀;4—工作缸;5—行程阀;
6—补油安全阀;7—补油路二位二通阀;8—电磁阀;9—定量泵;
10—安全卸荷阀;11—蓄能器;12—保持蓄能器的压力阀;
13—液压三位四通阀;14—手动二位四通换向阀;15′—推动分配阀的油缸

(4)水压式混凝土泵系统:水压活塞式混凝土泵,是用压力水直接推动工作缸中的活塞进行输送混凝土的。因此,它的工作系统及机器构造都比较简单。

参看图1-67,离心水泵1驱动工作缸3中的活塞,二工作缸中的活塞背面连以钢丝绳,当一个活塞向左压送混凝土时,另一个活塞返回吸混凝土入工作缸。

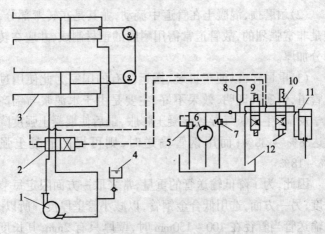

图1-67 水压式混凝土泵系统

1—离心高压水泵;2—二位四通阀;3—工作缸;4—补充水水箱;
5—油压系统安全阀;6—定量油泵;7—卸荷阀;8—蓄能器;
9—二位四通电磁阀;10—手动换向阀;11—分配阀油缸;12—油箱

分配阀是由单独的液压系统控制的。

这种驱动方式对大容量的混凝土泵具有很多的优越性。因为它用水作动力,所以不用防备液压油会渗到混凝土内。再者,混凝土缸与液压缸为一体,用水直接推动活塞,这就能大大延长缸体的长度,使引程加大、冲程次数减少,既减小了缸体和阀的磨损,又提高了容积效率;而清洗时,且不需再设水泵。

这种泵当前主要的问题是,如何对各个部件的防锈处理。

5. 混凝土泵的输送管道

输送管道是混凝土泵的配套组成部分之一,输送管道应满足下列要求:

(1)坚固可靠,不会在高压的输送过程中发生破裂。

(2)耐磨损,混凝土在管道中流动,尤其是在转弯部分,磨损是非常强烈的,故管道常需用耐磨的钢材制成,并应在转弯部分加厚。

(3)重量轻,以便于拆装、搬运。有的国家为此使用过合金管道,但实践证明,效果不好,主要是由于水泥浆与铝产生化学反应,生出氢气导致混凝土膨胀,最后使混凝土强度降低约达 8%～38%;而用钢管输送时,则可提高混凝土强度 1%～18%。

因此,为了降低输送管的重量,常采取一方面限定每节的长度;另一方面,选用低合金钢管,以减小管壁厚度。所以,有的输送管当管径在 100～150mm 时,壁厚只有 2mm,其长度达 4m 时,管子的自重也不过 25kg,便于人工搬运。

对于弯管部分,管壁一般加厚 5mm 左右。

(4)现在常用的标准管径为:80、100、125、150 以及 200mm 等数种。直管的标准长度有:4.0、3.0、2.0、1.0 及 0.5m 等数种,以适应布管的需要。在这些种长度中,以 4m 管为主管,而其他种长度的管为添补、辅助的。

(5)弯管,有 15°、30°、45°、60°及 90°几种弯管。其曲率半径一般为 1m,0.5m 曲率半径的弯管必要时亦可应用,但曲率半径愈小时,愈容易发生堵塞问题。

(6)各节管子之间应便于连接或拆开,以适应发生堵塞时快速处理。

图 1-68 管道端部的凸缘中,装以橡胶密封圈,将二承插形

凸缘用一个快速拆装机构夹紧,即可达到连接并密封的效果。

图 1-69 为双盖式快速接头,图 1-70 为马镫式快速接头。

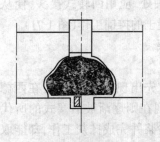

图 1-68 管端凸缘

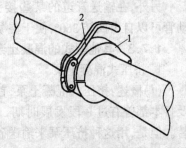

图 1-69 双盖式快速接管

1—盖;2—偏心杠杆

双盖式快速接头结构简单,可用在输送压力很大的情况下,异形的双盖,要用专门的模具锻压而成。

马镫式快速接头,较易于制造。连接后,应把保险销 2 插好,以防松开。

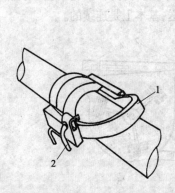

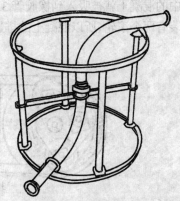

图 1-70 马镫式快速接管

1—马镫杆;2—保险销

图 1-71 回转式接头

管道的排料口处大都接有软管,以便在不改变主管道位置的情况下,扩大布料范围。

另外,在输送管道的某些接头处,应用回转式接头,使从动管可以自由回转360°,便于混凝土的摊铺工作(图1-71)。

1.7.3 其他型式的混凝土泵

1. 挤压式混凝土泵

(1)概述:挤压式混凝土泵,首先出现在美国,以后在西德及日本都曾有过一段发展时期,现在则逐渐被活塞式的所代替。但是,用这种挤压泵来输送砂浆并完成抹灰工作,却能取得良好的效果,但这时的管径及泵体都小得多。

挤压式泵的工作原理可参看图1-72。泵室1中有橡胶软管,其一端为收入口,与混凝土集料斗6的底部相通;另一端为排料口与输送管4相连结。当滚轮架7上的滚轮5一边转动一边挤压橡胶管2时,则滚轮前方的混凝土就被挤压出去;而滚轮的后方胶管则由于管内的混凝土流走而形成负压,于是集料斗中的混凝土就被吸入到橡胶管3中去。因为在滚轮架上一般都装有两个滚轮,所以混凝土的排送,基本上是连续的。

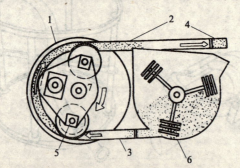

图1-72 挤压式混凝土泵原理图

1—泵室;2—橡胶软管;3—吸入管;4—输送管;
5—回转滚轮;6—集料斗;7—滚轮架

这种泵的特点为:

1)改变滚轮架的回转速度,即可改变混凝土的输送量;

2)如使滚轮架反向回转,可将输送管路中的混凝土抽回,这对于排除堵管故障及洗管都是比较方便的;

3)这种泵的最大水平输送距离可达200m,垂直输送高度可达40m;最大输送量可达60m³/h,因为用挤压法造成管道中混凝土的压力比活塞式泵小,所以这些工作数值都不及活塞式泵大;

4)这种泵的结构紧凑、构造简单、制作方便;

5)这种泵的驱动装置以用液压发动机为佳,因其可以自由调速以改变混凝土排量;

6)挤压软管虽然用耐磨橡胶制成,仍然损坏严重;如混凝土的粗骨料为碎石时,橡胶管的寿命更将显著降低,这是其最大的缺点;通常每条挤压软管的耐磨指标以输送混凝土量达到1000~3000m³为合格;

7)对于坍落度较小和粗骨料粒径达40mm的混凝土,挤压困难。最适用于输送轻质混凝土及砂浆。

(2)挤压式混凝土泵的构造:挤压式混凝土泵的主要部分是泵体、软管、橡胶滚轮及行星齿轮传动系统。

参看图1-73,动力由中心轮轴1传入,经链传动2、3而带动橡胶滚轮4进行挤压橡胶软管5。以上这些传动部件皆支承在滚轮板架13上。

壳体6是用钢板焊接而成的,并用螺钉将其与盖板连为一体。壳体内表面装有弹性垫7。在滚轮开始挤压软管的地方,弹性垫8予以加厚,因为此处冲击较大,软管的破裂也多由此处产生。

软管用柔性带固定在壳体的内壁上,以保证软管与壳体很好地贴合。当软管的入口处发生破裂时,可解开柔性带,并使行星轮传动倒转,于是软管在滚轮的挫动下,往外退出一适当距离,截去;而出口端的软管被引入相应的长度,这样可增加软管的整个使用寿命。

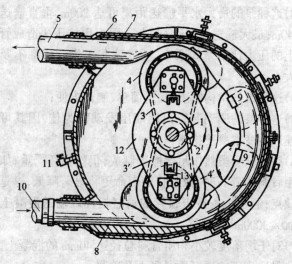

图 1-73 挤压式混凝土泵的构造
1—中心轮;2—链轮;3—链条;4—橡胶滚轮;5—软管;6—壳体;
7—弹性垫;8—弹性垫加厚部分;9—柔性安全带;10—观察窗;
11—真空吸气口;12—板架

软管在泵体的出口处,振动较大,因滚轮一旦离开软管立即卸荷,故设置有减震器。

真空吸气口 12 与真空泵连接,工作时真空泵在不停地抽气,以造成壳体内的负压,协助软管被挤压后恢复原状,使混凝土能较充分地流入软管,提高容积效率。

滚轮 4 通过槽口支承在板架 13 上,其位置可以通过螺钉进行调整。

观察窗口用有机玻璃密封住,当发现窗内有水气时,即说明软管已产生某些破裂,应立即停车,处理软管,严防混凝土通过裂口流入壳体之中。

图1-74,为我国自行设计的 HBJ-30 型挤压式混凝土泵,是装在拖车上的。电磁调速异步电动机(JZTT型)及转差离合器使中心板架轴以 10~30r/min 的速度回转,达到输送 10~30m³/h 混凝土。

挤压式混凝土泵的最大生产率为:

$$Q = R2\pi^2 a^2 n \eta'$$

式中　R——中心板架滚轮的回转半径;

　　　a——挤压胶管半径;

　　　n——中心板架的平均转速;

　　　η'——容积效率,与混凝土的坍落度(在 15cm 以上时,容积效率比较稳定)、泵体内的真空度(应保持在 -600mm 汞柱以下)等因素有关,正常情况下,$\eta \approx 0.85$。

2. 水压隔膜式混凝土泵

混凝土泵大型化在最近数年中发展速度较为显著。但是,对于小型混凝土工程,则需要一些小型混凝土泵,并进一步使其构造简化,降低自重和提高机动性。

图 1-75 是一种水压隔膜式混凝土泵,其最大输送高度约 20~25m,最大水平输送距离可达 100~150m,压送坍落度 8~22cm 的混凝土;自重仅 1t,最大输送量为 20~25m³/h,参看图 1-75(a)图,水泵 6 把水箱 7 中的水吸来经控制阀 4 并打入混凝土泵体 2 中,压缩缸中的隔膜 3,随之立即关闭与搅拌器集料斗相通的单向活门,混凝土即被压送入输送管路中。泵体的出口处有单向阀以防混凝土倒流。

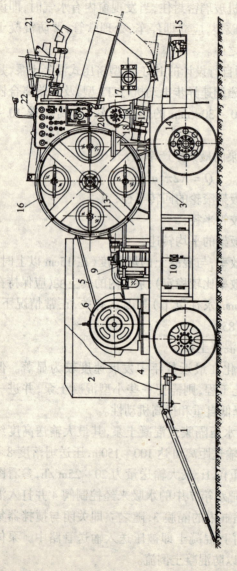

图 1-74 HBJ-30 型混凝土泵

1—拖车架;2—机棚;3—底架;4—控制柜;5—三角皮带;6—主电动机(40kW);
7—减速器(JZQ-500,图中未见);8—集料斗搅拌机电动机;9—真空系统;
10—工具箱;11—橡胶软管入口;12—锥形管;13—转速表;14—轮胎;
15—集料斗油压系统;16—泵体;17—集料斗;18—司机座;19—输送管;
20—讯号器;21—缓冲器;22—电器设备

图 1-75(b)图,是混凝土泵处于进料时的状态。此时,水泵 6 将隔膜下方的水抽出,并通过控制阀返回到水箱中。于是集料斗 1 中的混凝土即可在搅拌器协助下压开单向活门而进入泵体中。如此反复作用、周期地完成混凝土输送工作。

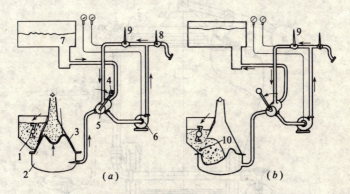

图 1-75 水压隔膜式混凝土泵
1—搅拌器;2—泵体;3—隔膜;4—手柄;5—控制阀;6—水泵;
7—水箱;8—冲洗用阀门;9—单向阀;10—单向活门

当工作完毕,可打开冲洗阀 8,将压力水用软管引出,对集料斗、泵体和输送管路等进行清洗。这种型式的混凝土泵,结构极为简单,泵的本身无传动部件;可装在载重 2~4t 的卡车上,机动方便,适用于混凝土浇筑量不大和工作面狭窄的施工现场。

这种泵周期地进行工作,操作比较麻烦;另外是隔膜易损且不便更换。

3. 风动式混凝土泵

风动式混凝土泵用压缩空气来输送混凝土。分单罐式及双罐式,现主要用的是单罐式。

风动单罐式混凝土泵的构造如图 1-76 所示,泵体呈圆锥形,是用 6~8mm 钢板焊成的。其上部有受料口及锥形活门 5,活门的开关受杠杆 3 及气门 4 控制。锥形活门座的表面有橡皮垫,以保证料门关的严密。

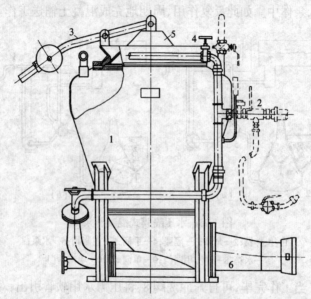

图 1-76 风动单罐式混凝土泵
1—泵体;2—总进气管;3—操纵杠杆;4—气门;5—锥形活门;6—锥形管

泵体的下部与锥形管 6 连接,以利于混凝土向下流动并导入输送管。

压缩空气从总进气管 2 分为二支,一支通到泵体顶部用以压送混凝土,另一支则通到锥形管 6 的后部,用来吹松混凝土、防止堵管。

风动式混凝土泵的构造简单,泵体本身设有机械传动部件,易于维护;周期式输送,可以随时工作或停止,但要配备有足够风压及风量的空气压缩机和贮气罐,并且随着输送距离愈长,贮气罐的容量也要愈大。

用这种泵输送出去的混凝土具有很大的喷射力及高流速。在巷道衬砌施工中,混凝土喷到模板与洞壁之间非常密实,可不用振捣。

配套的空气压缩机风压应不低于0.06~0.07MPa;在输送距离短及气量充分的条件下,所用气压应尽可能小些,以减小混凝土离析,其具体数值,可参考图1-77中的曲线。

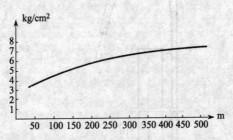

图1-77 工作压力与折算水平距离曲线

风动式混凝土泵要求被输送的混凝土具有较好的和易性,坍落度应不低于6cm,其水平输送距离可达250m,垂直输送高度可达20m,这种输送泵我国已有定型产品。

1.7.4 混凝土泵的布料装置

用混凝土泵向构筑物中输送混凝土,由于供料是连续性的,而且往往输送量大,因此常需在施工点设置布料装置,以便将混凝土进行分布和摊铺,并减轻混凝土工人繁重的体力劳动,和充分地发挥混凝土泵的效率。特别是对于垂直输送混凝土时,带有布料杆的泵车更具有机动灵活、适应各种浇灌条件的特点。

理想的布料装置,大致像臂架式起重机一样,将混凝土输送管路装在机身及其臂架上,最后在输送管端又连以橡胶软管。这样,大范围的变换摊铺地点,由类似起重机的行走、回转及变幅动作来完成;小范围的、细致的摊铺位移,就依靠人力掌握橡胶管来实现。一般把这种既担负混凝土输送又完成摊铺、布料的臂架及输送管道组成的装置称为"布料杆"。

图 1-78 就是用布料杆来摊铺混凝土的情况。

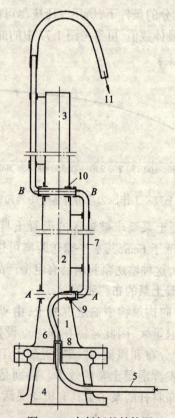

图 1-78 布料杆的结构图

1—回转架;2、3—臂杆;4—底座;5、7—输送管;6—回转接头;
8—滚珠盘;9、10—空心销轴;11—橡胶管用布料杆来摊铺混凝土,可以使混凝土浇筑的相当均整,甚至不需再靠人工用锹来修弄,这样既可节约劳力,又可避免工人踩乱钢筋骨架,使其失位等现象。

布料杆的基本构造原理如图 1-78,图中底座 4 是固定部分,其上通过滚珠盘 8 与回转架 1 相连。回转架经空心销轴 9 与臂杆 2、臂杆 2 又经空心销轴 10 与臂杆 3 连接。

输送管 5 通过回转盘中心及回转接头 6 与输送管道接成通路,因此回转架 1 可以带着第 2 第 3 节臂对底座自由回转,而臂杆 3 与臂杆 2、臂杆 2 与臂杆 1 之间又可以回转折叠,但不影响混凝土在输送管中的流动。

没有回转盘的布料杆只能在一个方向工作。

各节臂杆之间的相对运动,一般都是靠液压缸及通过杠杆机构来实现的。

从支承结构来看,布料杆可以为立柱式的及汽车式的两大类。

1. 立柱式布料杆

立柱式布料杆的构造比较简单,大致有以下几种型式,以适应不同的施工要求:

(1)移置式布料杆(图 1-79):这种布料杆多放置在建筑物的上面,有点像屋面吊车,故也叫做屋面式布料杆。它主要由折叠式臂架、输送管、回转支承装置、液压变幅机械、底座及压重等几部分所组成。

(a)　　　　　　　　　(b)

图 1-79　移置式布料杆

图 1-79(a)图是通过地脚螺钉把布料杆固定在建筑物的构架上以保持稳定,其自重较轻,不需要平衡重,但移动、安装都较麻烦。(b)图,是浮放在建筑物板面上的布料杆,它需要平衡重。

这两种布料杆的位置转移,一般是靠搭式起重机等来吊搬,而混凝土泵置于建筑物底部的地面上。

(2)固定式布料杆(图1-80):这种布料杆一般是装在管柱式或格构式塔架上,而塔架可安装在建筑物的里面或旁边。这种布料杆的本身结构与移置式的大体相同,当建筑物升高时,即接高塔身,布料杆也就随之升高。较高的塔身,需要用撑杆固定在建筑物上,以提高其稳定性。

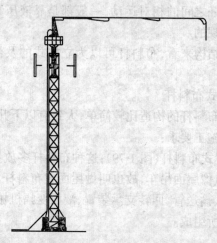

图1-80 固定式布料杆

(3)移动式布料杆:这种布料杆实际上是一种布料塔,它与固定式的不同之点是塔架具有行走装置,混凝土泵也装在行走装置上或被塔架行走装置拖着一同行走,参看图1-81(其大车行走装置未画)。

(4)附装于塔式起重机上的布料杆(图1-82):这种布料杆附装于塔式起重机上,其构造极为简单,可以随着起重臂进行变幅,但不能回转。

2. 布料杆泵车

把混凝土泵和布料杆都装在一台拖车或汽车的底盘上,即成为布料杆泵车。

如图1-83,混凝土泵常装在汽车的尾部,以便于混凝土搅拌车向泵的集料斗卸料。而泵出的混凝土,经输送管2送经安装在司机室后方的布料杆回转支承装置3、输送管

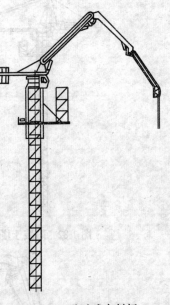

图1-81 移动式布料杆

8、9、10至软管11卸出。各节臂架的折叠靠各个油缸5、6、7等来完成。臂架9的仰角可为 $-4°\sim90°$;三节臂架是依次展开的,其中以第三节臂架的动作最为频繁,它可以摆动180°,其末端的软管在工作时应尽可能地接近浇注部位,以防混凝土离析。

图1-84是泵车布料杆在一个固定点的某一平面内的工作范围图,因为有回转机构,故实际上可形成这样的一个立体空间。

在布料杆工作前,应先将车架两侧的支腿撑好,以提高整车的稳定性。当工作完毕后,汽车可缩回支腿,以一般的车行速度转移到另一个新的工作点。这就可避免和减轻费力费工的铺设管道作业。

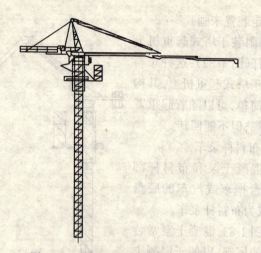

图 1-82 附装于塔式起重机上的布料杆

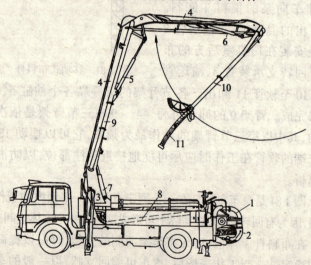

图 1-83 布料杆泵车

1—混凝土泵;2—输送管;3—布料杆回转支承装置;4—布料杆臂架;
5、6、7—控制布料杆摆动的油缸;8、9、10—输送管;11—橡胶软管

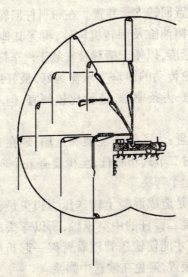

图1-84 泵车布料杆的工作范围

由于布料泵车受到汽车底盘承载能力的限制,一般臂杆的总长度到25m时,要比臂杆总长20m时造价增加50%。故总长25m以上的布料杆泵车,除特殊条件下很少采用,因很不经济。

臂架(活动部分)一般为2节或3节(有时第三节为伸缩式),总伸长不超过20m;特殊的三节臂,甚至可达到50多米。

布料杆泵车,特别适用于基础工程、地下室工程、六层以下的公共建筑物,以及烟筒、水塔等的混凝土浇灌。

除了汽车式的布料杆泵车外,现在还有拖式的布料杆泵车和把布料杆、泵都装在搅拌车上的布料杆泵车。

3. 布料杆的设计要点

布料杆的设计要求,可综合叙述如下:

(1)为了使浇灌软管便于对准浇灌部位,在整个布料系统中,应尽可能设置回转支承装置。在布料杆回转台上,除布料杆基本支架、变幅油缸及回转机构外,再无其他装置,故回转支承装置力求紧凑,以便于搬移及安装于汽车标准底盘上,一般以采用内齿轮传动的滚珠支承盘为好,最好用液压发动机驱动。如用油缸-齿条驱动,造价比较便宜,但不能作 360°全回转。

(2)管路布置:为了便于浇灌和运输,现在布料杆大都采用折叠式的。对二节式布料杆,至少要有五个弯头,三节式布料杆至少要有七个弯头。

弯头部分,是造成混凝土输送压力损失最大的地方。在这里要穿过连接二臂杆的中空枢轴,所以弯头的连接又必须具有回转接头,才能使输送管随着臂架一起折叠。回转接头都需有防渗漏装置,避免在输送中漏浆。

管路的布置,要曲线平滑,以减小在弯头处的压力损失和堵塞,其形式应如图 1-78 所示。

本来,如果全用橡胶软管,这些问题是完全可以简化的,但因橡胶软管造成的压力损失太大,故至今仍只限用于布料杆的末端。

(3)各节臂杆之间用液压缸支持,以便于调幅及折叠;缸体的进油口应设有液压锁,以防输油软管破裂时发生臂架坠落事故。为了便于远距离操纵,现在多采用遥控的电磁液压阀。

(4)臂架的折叠样式,与回转支承座的位置、折叠节数以及各厂家的专利等因素有关。臂架折叠一般为二节和三节,以三节折叠臂的形式较多;回转支承座可放置在汽车司机室的后方(图 1-85),这时第一节臂都是向后的,现在这种型式比较多。因为它有利于臂架的加长并减小后桥的轴荷,混凝土泵置于汽车的尾部,泵重几乎全由后桥承担,所以这样布置对后桥是有利的。

图 1-85(e),回转支承座设在前后桥中间,第一节臂可以向前倾置。

图 1-85(d),回转支承座设置在后桥附近,第一节臂向前倾置。

这后两种方式可降低前桥负荷,便于驾驶转弯,但后桥负担较重,且不便于混凝土泵的安装,故适用于多桥底盘的车辆。

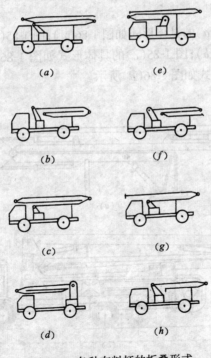

图 1-85 各种布料杆的折叠形式

关于臂架的折叠方式,有上支点及下支点之分;也有卷折式及Z字形的。

二节式臂架,有第一节臂在上(上支点式,图1-85(h))及第一节臂在下(下支点式,图1-85(g))两种。第一种形式的结构比较简单;第二种形式的臂杆可以较长,因为第二节臂杆可以超越司机室,其回转支承座的高度可以矮些。

三节折叠式臂架的折叠方式较多,大致有六种(图1-85(a)~(f)),其中以前三种比较普遍。图1-85(a)为下支点、向上卷折;(b)、(d)图为上支点,向下卷折;(f)图为上支点,向下Z字形折叠。

图1-85(a)的具体形式如图1-86(a);图1-85(b)的具体形式如图1-86(b);图1-85(c)的具体形式如图1-86(c);图1-85(f)的具体形式如图1-86(d)所示。

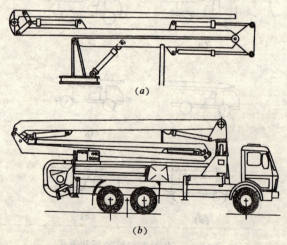

图1-86 混凝泵布料车(一)

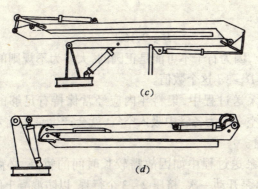

图 1-86 混凝泵布料车(二)

1.7.5 混凝土泵在使用中的一些注意事项

混凝土泵需要有专人负责操作、维护和保养。根据各种机型不同,其详细的操作、维护及保养规程,可参考有关该机的使用说明书。以下仅就某些共同的要求,进行一些说明。

(1)在泵送混凝土前,应先将清水注入某料斗中进行输送,用以湿润管路。

(2)输送清水后,加入砂浆(每 100m 管路,约需加水灰比 1:1~1:1.3 的砂浆 $1m^3$)使管路得到充分地润滑。实践证明,这对于防止混凝土离析及堵管是极为必要的。

(3)对于泵送混凝土中的大石子粒径,应该严格限制。如为卵石,其最大粒径不得超过管径的三分之一,如为碎石,其最大粒径不得超过管径的四分之一。

参看图 1-87,当输送管中有三个粒度相同的大石子相互挤在一起时,即可产生稳定的阻塞,这样从理论上可求得管径 D 与石子最大粒径 d 的

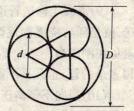

图 1-87 输送管中的最大骨料粒径

几何关系为：

$$D \geqslant 2.16d$$

实际上，因为石子不可能是正圆的，大多为不规则的椭圆形，故取用 $D \geqslant 3d$ 这个数值。

(4)在泵送过程中，集料斗内应经常保持有足够的混凝土，不得吸空。因为各管中吸入空气，就会产生泵送无力现象而招致堵管。

(5)在泵送过程中如因故需较长时间的暂停，必需每隔 5~10min 将泵开动一次，挤压 2~3 个行程，以防混凝土硬结。

(6)泵送的混凝土必须是用机械搅拌的，拌合均匀，和易性好；对不加减水剂的混凝土，其坍落度以在 8~12cm 为好。

(7)当进行垂直泵送时，在垂直管道的底部应设置一个止推基座，以承受管道的垂直作用力。另外，在垂直管道的底部，还需装设一个断流阀，以防在停泵时混凝土倒流。

(8)当发生堵塞时，可用返泵的方法进行消除；如消除无效，应立即检查堵塞部位：

1)从泵到堵塞点之间在泵送中有明显的振动，过了堵塞点，管道明显静止，因此可较快地确定何处发生了堵管；

2)用敲击法，在堵管处的敲击声发"闷"，打开该处的管接头，很少有砂浆冒出。

(9)混凝土输送管道的布置，最好是按由远向近的原则泵送，就是随着浇灌而逐渐向泵的方向缩短距离。这样既可以避免在刚浇灌完毕的部位上铺设管道，又可以随着进度而去掉多余的管，也几乎不需要停泵。

(10)当向下倾斜压送混凝土时，为防止混凝土自流，可在倾斜管末端接上长为五倍高差的水平输送管；当配管的倾角大于 15°时，混凝土必然要自流，这时水泥砂浆往往走在前面，结果在管路中产生气穴,最后导致堵管。为此,应在配管上部靠近泵机处设置放气阀,以便排气;在配管的下部设置止动阀,防止混凝土自滑。

1.8 混凝土喷射机

1.8.1 概述

混凝土喷锚支护,是 20 世纪 60 年代新发展起来的混凝土被敷支护工艺。现在这种工艺,在建筑(特别是地下工程)、煤炭、冶金、铁路和水电等系统的井巷、隧道、涵洞诸工程的衬砌施工中,已得到广泛的应用,并取得了良好的效果。

图 1-88,是干式喷射机进行喷射支护的概况。

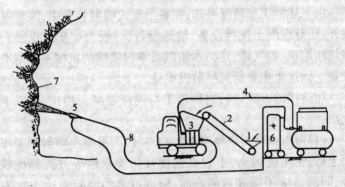

图 1-88 喷射支护的施工概况
1—混凝土干拌合料;2—皮带运输机;3—喷射机;4—压缩空气管路;
5—喷嘴;6—压力水箱;7—拟衬砌的工作面;8—输送管路

将一定比例的水泥、砂子及小石子均匀搅拌后,通过皮带运输机 2 送到喷射机 3 中,借助于压缩空气为动力,使拌合料连续地沿着输送管路 8 被吹送到喷射嘴 5 处,与来自压力水箱6的压力水混合成为半湿的混凝土,以每秒约80~100m的速度喷射到工作面7上,使之达到衬砌的效果,这种作业称作混凝土喷射支护。

因为喷射中加的是干拌合料,所以这种机械叫作干式喷射机。

重要的施工工作面,在喷射混凝土前还锚以钢筋,喷射后,使钢筋、工作面及混凝土结为一个整体,因此把这种加锚杆的喷敷工艺称为喷锚支护。

喷射时,喷嘴一般距离工作面1m左右,一边喷射、一边慢慢地画圈移位。混凝土一次喷射层的厚度可达3~8cm。为了使混凝土能较快地凝结,常在干拌合料进入喷射机以前加入一定数量(约为水泥用量的3%)的速凝剂。

由上述的工作情况可知,在整个干式喷射装置中,除喷射机外,还有混凝土搅拌设备、输送设备(一般为矿车或皮带)、空气压缩机、贮气罐、压力水箱以及掌握喷嘴的机械手等附属设备。但这里主要研究喷射机本身。

用这样的方法进行衬砌施工与现浇混凝土相比,有以下优点:

(1)可以减薄衬砌厚度1/2~1/3,因为混凝土喷射到工作面上后,密实度很高,不管在强度及防渗水性等方面都比较好,同时适应了爆破后的表面,所以可节约混凝土达40%左右;

(2)不再需用模板,故节约了大量的木材及钢材;

(3)减少了岩石采掘量10%~15%;

(4)施工方法简单,可节省劳动力约50%;

(5)因为省去了支模、浇灌、拆模等工序,故加速了衬砌速度2~3倍以上;

(6)总衬砌成本降低约30%左右。

但是,这种干式喷射衬砌,也存在着以下一些问题,如:

(1)灰尘大、施工人员工作条件恶劣;

(2)喷射时,有一部分拌合料回弹落地,造成一部分损失(这部分通常用来铺地坪了);

(3)要用高强度等级(一般为42.5级)水泥等。

现在,对于较大的井巷、隧道,已进一步采用了机械手代替人力直接掌握喷枪,使施工人员既离远了工作面,又降低了劳动强度。

为了根本地克服干式喷射机灰尘大和降低回弹量,现在国内外都在努力研制湿式喷射机。

湿式喷射机,是把已加水拌合好了的混凝土加入到喷射机中,然后经输送管路在压缩空气等的作用下由喷嘴喷射到工作面上的设备。

用湿式喷射机喷射混凝土时,可以使工作面附近空气中的粉尘含量降低到 $2mg/m^3$ 以下,合乎国家规定的卫生标准;混凝土回弹量可减少到10%~5%,这样既可改善施工条件,又可降低原料损耗,所以是喷射机发展的方向。

但是,湿式喷射机,还存在混凝土在料罐、管路中易于凝固、粘结,造成堵塞,清洗麻烦、设备比较笨重等问题尚未得到完满解决,所以目前仍以使用干式喷射机为主。

1.8.2 干式喷射机

干式、正压式喷射机是当前应用最多的机型,下面主要介绍双罐式、转子式、螺旋式及鼓轮式等几种。

1. 双罐式混凝土喷射机

图1-89是双罐式喷射机的结构图,这是最早发展起来的一种喷射机。

上罐5作为贮料室,搬动杠杆1,放下钟形阀门2,干拌合料可借助于皮带运输机或人力加入到上罐5中,此时下罐6上的钟形阀门应处于关闭状态。

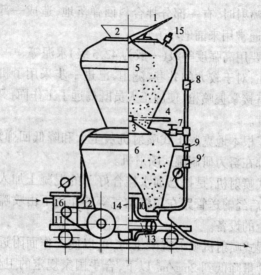

图1-89 双罐式喷射机
1、4—杠杆手柄;2、3—钟形阀门;5—上罐;6—下罐;
7、8、9—压气阀门;10—叶轮;11—电动机;12—三角皮带;
13—蜗轮减速箱;14—竖轴;15—排气阀门;16—风动马达

下罐6实际是起给料器作用。搬动杠杆4,打开阀门3,上罐中的拌合料即落入下罐中;关闭阀门3通入压缩空气,开动电动机11、经三角皮带传动12、蜗杆蜗轮传动13、竖轴14驱动搅拌给料叶轮10回转,叶轮是一个具有径向叶片而分成12个空格的圆盘,它转动时既疏松了拌合料,又连续均匀地把拌合料送至出料口。而压缩空气一面自上挤压拌合料,同时又在叶轮10附近把拌合料吹松送向出料口。

上下罐的加料口处有橡皮密封圈,以防漏气。

当下罐处于给料状态时,上罐再进行加料。如操作得当,使上罐的加料时间远小于下罐的给料时间,则喷射工作可连续地进行。

这种喷射机的特点及设计要点可归纳如下:

(1)罐体呈漏斗形,以便于拌合料靠自重下流,其罐壁的倾角应大于拌合料的静自然坡角,以防拱塞,冶建-65型双罐式喷射机约为60°;

(2)双罐可以上下连接,也可以并列。双罐上下连接,使构造简单,共用一套搅拌叶轮装置,造价低;但高度较大,给加料带来困难,冶建-65型已高达1.9m,必需用皮带机加料;双罐并列式,高度可降低40%左右,使加料状况有所改善,但仍需皮带加料,而构造比较复杂、造价高,故采用这种型式的较少;

(3)加料口及钟形阀应保证圆形,用橡胶圈密封,密闭效果很好,密封圈既耐用又便于制作、更换,因此可用较高的气压输送较远的距离。其压气压力可视输送管道的长度而调整,一般可按表1-9来确定所需之压气气压;

表1-9

输送距离(m)	<50	50~100	>100~150	>150~200
所需气压(MPa)	0.4	0.45	0.55	0.6

(4)从操作强度方面来讲,罐体愈大,劳动强度愈低,因为每送出一罐要用较长的时间,操作者可以有较多的停歇的时间。但罐体过大,非但高度增加很多,而且自重加大;冶建-65型自重已达1t;

(5)罐壁的厚度可按薄壁筒(圆柱部分)来计算,但还要考

虑长期使用造成内壁的磨损,冶建-65型壁厚为6mm;

(6)双罐式喷射机的磨损件不多,构造简单,因此在工作中故障较少;而手柄多、阀门多,每输送一罐拌合料,就要把这些手柄、气阀和钟形阀重复操作一遍,故劳动强度相当大,冶建-65型每罐可输出$0.16m^3$拌合料,每小时可喷射$4m^3$拌合料,即需重复操作手柄和各钟阀门25遍,劳动强度是相当大的。当前正在研制气动式自动控制的阀门,使手柄及各气阀的开关达到自动化,则劳动强度可大为降低。

2.转子式混凝土喷射机

这种喷射机的原理是:在立式的转子上,周向开有许多料孔,转子在转动过程中,有的孔对上贮料器的卸料口,就向料孔加料;有的孔对上吹风口,则压缩空气就把拌合料压送到输送管路中。

这是当前比较现代化和有发展前途的一种喷射机,它水平输送距离可达250m,垂直输送高度100m;机械开动后,只要向贮料斗加料,即自行吹送。基本上不需人工照料,故操作简单、劳动强度低。

转子式喷射机的转子主要有直筒料孔式及U形料孔式两种型式。

(1)直筒料孔式喷射机:图1-90是直筒料孔式喷射机-HPH6型。

由皮带运输机(图中未画)把干拌合料送到贮料斗1中。

搅拌器2对拌合料进行二次拌合,以保证级配均匀。配料器3及变量夹板4使拌合料经上底座6上的孔洞流入转子5上的料孔中,料孔呈直筒形穿通转子,因此易于制作,且很少发生堵塞故障。

贮料斗是不动的,与底座6相连并通过支座10、拉杆11

与下底座 7 连接。

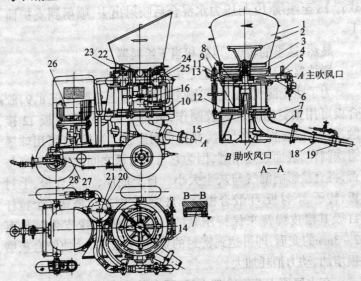

图 1-90 直筒料孔转子式喷射机

1—贮料斗；2—搅拌器；3—配料器；4—变量夹板；5—转子；6—上底座；7—下底座；
8—上结合胶板；9—下结合胶板；10—支座；11—拉杆；12—衬板；13—橡皮弹簧；
14—冷却水管；15—传动轴；16—转向指示箭头；17—出料弯管；18—输送软管；
19—喷嘴；20—油水分离器；21、22—风压表；23—压气开关；24—堵管讯号器；
25—压气阀；26—电动机；27—齿轮减速箱；28—走行轮胎

压缩空气由主风口 A 经上底座通入。

转子 5 的周向排列着 8 个料孔，当转子转动至某一个料孔与上底座 6 上的进料孔相对时，拌合料即被配料器 3 拨入料孔中。

转子在竖置的电动机 26 经联轴器、齿轮减速箱 27 及传动轴 15 的带动下以 8.2r/min 的速度回转，当装有拌合料的料孔转到上孔口与上底座的进风口相对、下孔口与下底座 7 上的出料口相对时,拌合料就被压缩空气吹送着顺出料弯管17、软管18至喷嘴19与压力水混合后喷射出去,喷射到支护面上。

显然,这里的转子,也就相当于给料器。

搅拌器2及配料器3也是由传动轴12带动的。

为了防止漏气,在上下底座上各装有上下胶合板8、9,胶合板可用聚氨脂耐磨橡胶制作,板面与转子端面衬板12接触,因此,胶合板是密封件,并要求耐磨损。衬板12可用球墨铸铁制作,表面经过精磨,因为它与胶合板之间的接触良好与否,将直接影响漏气与灰尘大小。自上底座、上胶合板、上衬板、转子、下衬板、下胶合板至下底座,它们之间是靠5个拉杆11及其橡皮弹簧来保持压紧的,一般只要使橡皮弹簧具有2~3mm的变形,即可达到密封的要求;如过紧,会使胶合板磨损增加、动力消耗加大。

在上底座上装有冷却水管,开车前应先接通水源,不允许未通冷却水而进行工作或空转。

变量夹板在安装时,其下料口必须与上底座上的进料口相错开,最好处于相对称的方向;避免让拌合料直接落入转子的料孔之中,这样会发生堵管及上下胶合板严重磨损。

变量夹板及配料器,每次刮入料孔的拌合料最多只达到全部料孔高度的80%左右,过满时,胶合板会很快磨损、漏风、堵管。

喷嘴所接水压力,应大于0.1MPa,太低时,供水不足,与拌合料混合不均,既影响混凝土强度,也使喷射时灰尘增大、回弹量增多。

如输送距离在200m以上时,则需两台0.7MPa的压气机并联供气。

转子的转向必须如箭头 16 所示的方向回转。

当发生堵管时,讯号器可使压气机停车。

堵管讯号器的构造如图 1-91,当发生堵管、管路中气压超高时,薄膜 2 推动活塞 3 通过微型开关 4 而切断压气机的电源。

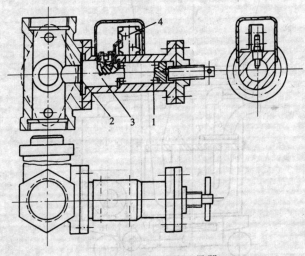

图 1-91 堵管讯号器
1—弹簧;2—薄膜;3—活塞;4—微型开关

工作前,应先将讯号器的弹簧 1 调到高于正常工作压强 0.1MPa 的状态。

这种直筒料孔式转子式喷射机的缺点是:作为密封件的胶合板直径大而且要用上、下两块;胶合板易于磨损,在更换时要整个拆开,很不方便。

(2)U 形料孔转子式喷射机 这种转子式喷射机与前述直筒料孔转子喷射机主要不同之点是转子料孔呈 U 形。

参看图 1-92,转子 10 在中央竖轴 9 的带动下,9.6～

10r/min的速度回转,转子上周向地排列着一些U形孔(一般为12~14个),其靠近中心轴的为风孔,而外侧的为料孔。进风口5及出料弯管6皆与上壳体4固定。

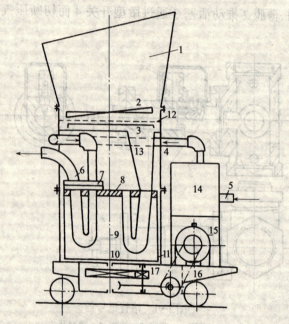

图1-92 U形料孔转子喷射机

1—贮料斗;2—搅拌器;3—配料器;4—上壳体;5—进风管;
6—出料弯管;7—橡胶密封板;8—衬板;9—传动轴;10—转子;
11—下壳体;12—定量隔板;13—下料斗;14—油水分离器;
15—电动机;16—三角皮带;17—蜗轮、齿轮箱

拌合料在搅拌器2、定量隔板12及配料器3的配合下,使之从漏斗13进入转子的U形孔中。当这个U形孔转过180°,U形孔的二口分别与出料弯管6及进风管口对接时,则U形孔的拌合料就被压送出去。

126

显然,这种转子式喷射机的橡胶密封板比前一种直筒式料孔转子喷射机的橡胶密封板尺寸小得多,这对于密封效果和备件供应都比前一种要好;另外,当橡胶板磨坏时,只要拆开上壳体即可进行更换,也比前一种方便。但是这种喷射机的转子料孔,制造比较麻烦,当发生堵塞时对 U 形道的清理不够方便。

为了使出料流畅,料孔的中心线对转子轴的中心线作一些倾角,实践证明,以 10°最佳。

料孔的断面积与风孔的断面积越接近,吹送的效果越好,但因为转子上 U 形孔外圈直径 D_1 大于内圈直径 D_2(图 1-93),因此料孔的直径 d_1 常大于风孔的直径 d_2,其断面积比,经试验得 2.2:1 较好。

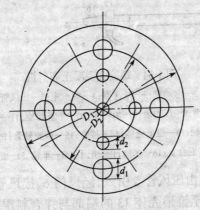

图 1-93 配料孔

SP-2 型、HPZ-30B 型转子式喷射机皆采用这种型式的配料孔。

3. 螺旋式混凝土喷射机

(1)构造及特点:这种喷射机是一种用螺旋作给料器、把从漏斗口下来的拌合料推挤到吹送室进行吹送的。如图1-94，电动机2经减速器3、轴承座4而带动螺旋回转。螺旋的前部呈锥形，因此，自贮料漏斗流入的拌合料被螺旋带着愈向前移动，就被挤得愈加密实，从而起了密封作用，而进入输送管后则松散开来。

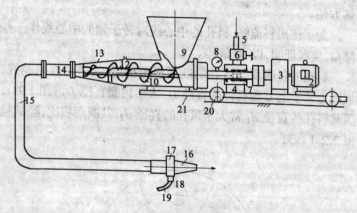

图1-94 螺旋式混凝土喷射机

1—接线盒；2—电动机；3—减速器；4—轴承座；5—压风管；6—风门；
7—接风管座；8—压力表；9—加料斗；10—平直螺旋；11—锥形螺旋；
12—螺旋轴；13—锥形壳体；14—接管；15—橡胶软管；16—喷嘴；
17—混合室；18—水阀；19—把手；20—车轮；21—底座

压缩空气由压风管5引入，经风门6、接风管7通入中空的螺旋轴12至锥形壳体13的端部与拌合料混合、吹送进入输料软管。

螺旋轴是由轴承座4等悬臂地支承在壳体13中的。

整个设备安装在底座21上，可以沿着轨道行走。

这种喷射机的特点为：

1) 机构简单、重量轻，只有300kg左右；

2)上料高度低,操作方便,一般可不用皮带运输机上料,因机器高度只有 70~80cm,故可由人工直接加料;

3)输送距离较短,一般只有十几米,因为它是靠螺旋及挤实的拌合料作密封装置的,如输送距离太远则需增加风压,会出现贮料器返风现象;

4)这种喷射机的工作风压一般为 0.15~0.25MPa;

5)造价低。

(2)螺旋式喷射机的设计要点:

1)螺旋处于悬臂状态,若自齿轮箱 3 至螺旋为一条通轴,使安装和更换螺旋皆不方便,应在齿轮箱出轴端与螺旋轴分段并用联轴器连接。

2)螺旋轴的悬臂较长时,对防止反风是有利的。但由于螺旋有一定的重量,而螺旋下垂,会加剧螺旋及壳体的磨损,经不断试验,如圆柱部分的螺旋径为 520mm 内径为 198mm 时,采用圆柱部分的长度在 500mm 左右,螺距为 120mm,锥形部分的锥度为 9°,锥管长度 390mm 可以得到最佳的输送效果。

4. 鼓轮式混凝土喷射机

图 1-95 是一种鼓轮式喷射机,它是以鼓轮 7 作为配料器并将吹送室与贮料器隔离。

鼓轮 7 的周向均布有八个 V 形槽,V 形槽的隔板(叶片)顶部镶以密封用的衬条 14,衬条可用锰钢,但最好用聚四氟乙烯、氯丁橡胶或尼龙 60,以提高密封和耐磨性能,衬板装在壳体 17 内。壳体 17 通过丝杠 13 支承在支架 11 上,调整丝杠可以使壳体左右移动。

壳体的两端装有端盖 3,通过调整螺钉 6、压紧环 4 而压端面密封环 2 与鼓轮端面接触。

进风弯头 10 由支架下部引入,经鼓轮下部的 V 形槽至卸料弯头 9,即是吹送室。

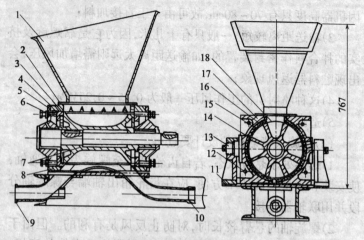

图 1-95 鼓轮式喷射机

1—料斗；2—端面密封环；3—端环；4—压紧环；5—端盖；6—调节螺栓；
7—鼓轮；8—轴承座；9—卸料弯头；10—进风弯头；11—支架；12—拉杆；
13—丝杠；14—衬条；15—衬板；16—弹性衬垫；17—壳体；18—齿条筛

鼓轮轴带动鼓轮以低速回转,当拌合料由贮料斗 1 经齿条筛进入鼓轮中时,则如图中所示,有三个轮槽中充满拌合料与衬条一起,起着密封作用,当转到最下方时即被压缩空气吹送出去。由于轮叶的厚度较薄,鼓轮在不停的转动,所以输送管的送料是连续的。

鼓轮的端面与密封环板 2 不断地进行摩擦,用螺钉 6 可随时调整其压紧程度以防漏风。密封环板用胶质材料制成,磨坏后可以更换。

鼓轮式喷射机的特点为：

(1)结构简单、体积小、质量轻(约 300～400kg)、移动方便；

(2)连续出料、运转平稳、脉冲效应小;

(3)上料高度低,仅 1m 左右,可以人工直接加料;

(4)鼓轮控制了加料、卸料,故不易堵塞;

(5)操作简单、劳动强度低;

(6)易磨损零件(如衬条、密封环板)易于更换;

(7)因为是靠衬条等进行密封的,密封能力不强,故输送距离最大不超过 100m,一般以几十米以内为佳,否则压气漏损增大、容积效率降低,拌合料流速减慢,容易产生堵塞现象;

(8)这种喷射机还可以在砂石原料中含有一定水分的情况下与水泥拌合进行工作,这样就可以不管是阴雨天气、砂子是干或湿,皆可开展喷射作业。实践证明,当拌合料中含有 4%~5%的水分时,喷射工作面的粉尘浓度可降至 $12mg/m^3$ 以下,有利于保护操作人员的健康,但并不发生堵管现象。

5. 负压式干式混凝土喷射机

图 1-96 是一种负压式喷射机,这种喷射机的构造极为简单,加料斗 1 用 3~4mm 的钢板制成,其下连以锥形的吹送混合室 3,压缩空气吹管装在吹送室顶部的肋条上。整个喷射机可通过挂钩 5 挂在装拌合料的矿车车邦上,靠人力把拌合料装入加料斗中,由于压缩空气喷射,使吹送混合室 3 中产生负压,则拌合料流入后即被带着沿管路喷射出去。

这种喷射机整个是由钢板焊成的,总质量只有几十千克,操作使用皆非常方便,但因为靠负压吹送,故输送距离不长,约在十几米范围以内。

6. 喷嘴

喷嘴装于输送管端头,干拌合料在这里与压力水混合后喷射出去。要求拌合料与水混合均匀,喷射时料流不要扩散太大,以减少灰尘及回弹量。

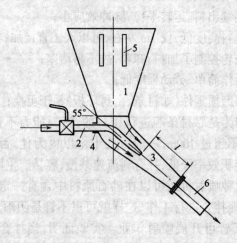

图 1-96 负压式干式喷射机
1—加料斗；2—压气管；3—吹送混合室；4—肋条；5—挂钩；6—管接头

图 1-97 是一个喷嘴的构造图。压力水由水阀 4 进入混合室 2，混合室管用铜或塑料制作，以免生锈，其上有 3~2 排 1~1.5mm 的小孔，拌合料至此与水混合成半湿状态经喷管射出。喷管及喷嘴其他部件皆不得用铝，因为铝易受水泥腐蚀，喷管的内径应大于骨料中最大粒径的 1.5 倍，以防堵管。

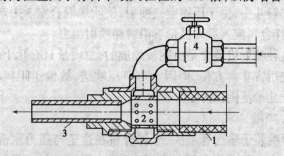

图 1-97 喷嘴
1—输送软管；2—混合室；3—喷管；4—压力水阀

1.8.3 湿式喷射机

1. 概述

干法喷射中,由于拌合料是在喷嘴的混合室中与水混合的,混合的时间极短,仅约为 0.1~0.05s,故水泥达不到较好的水化、拌合料与水也达不到良好的拌合,因而造成喷射时灰尘大,回弹量高。

湿式喷射机是把已加水拌合好的混凝土,经喷射机压送至喷嘴又受压缩空气作用而进行喷射的设备。由于混凝土是在拌合机中进行拌制的,因此搅拌质量高,所以回弹量可降至10%(喷壁)以下,喷射后的混凝土强度可提高 25%~60%,而空气中的粉尘含量可降低到 $2mg/m^3$ 以下,达到了国家规定的卫生标准,保护了操作人员的健康。所以湿式喷射机应为发展的方向。

湿式喷射机的关键问题是:

(1)防止混凝土粘结;
(2)便于清理;
(3)减轻机械重量。

这三个问题是互相关联的,为了防止混凝土在喷射机内粘结(特别是要加速凝剂时),搅拌机常与喷射机装在一起(例如装在喷射机的上方)或喷射机本身即兼作搅拌机,以尽量减少混凝土运输所占用的时间而防止硬化、粘结,但这样一来自然会使机械复杂、自重增大。

对于湿式喷射机,速凝剂的加入也是个问题。粉状的速凝剂比较常用,但它只能在混凝土搅拌完毕以后拌随混凝土加到喷射机中去。

水状的速凝剂可在喷嘴附近加入,以防混凝土在喷射机中或管路中硬结,但这种速凝剂的化学性能还需进一步研究。

还有一种固态棒状的速凝剂,把它装在加入器内,利用钢丝刷不停地刷削,刷下来的碎粉,最后靠压缩空气吹送到输送管中与混凝土混合。

湿式喷射机不能用于岩壁大量渗水的井巷中,此时会使喷射失效。

湿式喷射机大致可分为风动式及机械风动式的两大类。

2. 湿式喷射机的类型、构造及原理

(1)机械—风动式湿式喷射机:这是最近几年来发展起来的一种型式。它是将挤压式或柱塞式混凝土泵作为湿式喷射机的基本机体,只是在输送管出口装以喷嘴并在此通入压缩空气,并把混凝土喷射出去。

因为混凝土泵的输送距离都较长,泵本身又多是定型产品,所以工作比较方便,关键的问题是向混凝土泵如何供料。

挤压式混凝土泵只适用于坍落度较大的混凝土,为了便于输送可加水泥用量的 0.5% ~ 1.5% 减水剂。

活塞式混凝土泵可用于输送坍落度较低的混凝土,最好用双缸式的,以减小喷射时的脉冲效应。

用混凝土泵作喷射机可以比同生产率的干式喷射机节约压缩空气 1/2 ~ 2/3。一般的混凝土泵排量皆太大,作为喷射机使用时,可设计结构相同、而排量较小的型式。

为了便于输送或减少堵塞,一些国家的喷射机协会,建议用粒径 15mm 以下的粗骨料,并不会影响喷射质量。

(2)风动式湿式喷射机:风动式湿式喷射机大半是在干式喷射机的基础上发展起来的,一般都是正压式的。

因为湿拌合料的重率较大,所以耗风量要比干式的多 20% ~ 35%,而输送距离不及干式的远,一般为 60 ~ 100m。

图 1-98 为一种双罐式湿式喷射机,两个罐并列,罐顶有钟

形阀,罐底有搅拌叶片,与干式的大体相同,两个罐可交替送料以保证喷射工作连续。

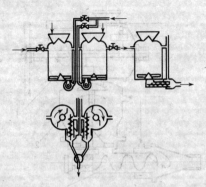

图 1-98　双罐式喷射机

搅拌叶片把混凝土送到螺旋给料机,压缩空气一面通入罐内、一面通到给料机的出口处向输料管吹送产生负压,将混凝土送往喷射口。

这种喷射机的缺点是向罐内加料比较麻烦,另外罐的清理也不方便,故不向罐内加速凝剂。

图 1-99 是立式双罐式湿式喷射机。

这是一台搅拌机与一个喷射罐重迭组成的湿式喷射机。混凝土干拌合料在搅拌机中加水得到良好的强制拌合后,打开球面阀落入到喷射罐中,再经拨料叶片送入螺旋输送机,使混凝土均匀地流到出料口与压气混合后喷出。

工作时,搅拌机及喷射罐皆通入压缩空气。搅拌机的加料口滑阀及喷射罐的球面阀皆由压缩空气控制其开闭。

这种机型的缺点是上料高度大和比较笨重。

图 1-100 是一种单罐式、湿式喷射机。

这种单罐式喷射机是周期式工作的,即每喷完一罐要停歇一段时间加料。

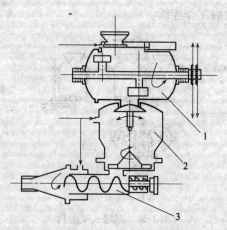

图 1-99 立式双罐式湿式喷射机
1—搅拌筒；2—喷射贮料罐；3—输送螺旋

打开球面阀 12，混凝土湿拌合料由受料斗 13 落入罐中，加满后关闭球面阀打开快速风阀门 2，则压缩空气进入分风器 3，分别经 6 个风嘴及风管进入锥体环向螺旋风嘴，这 6 个风嘴焊在罐底锥体上，各嘴之间互成 120°并与水平成 9°仰角，风嘴舌尖与锥面距离约 9mm，所以送风后在罐内形成压气螺旋。并按切线方向扫射罐壁且吹扫拌合料；当罐内压力与进风管的压力达到平衡时，压气螺旋由动压转为静压，则迫使拌合料流向输料管至喷嘴喷射。

此时，分风器上的另一个风嘴经压气管接到速凝剂贮存器 9 的底部，通过扩散栅把速凝剂经输送管吹送到喷嘴 10 处与湿拌合料混合后喷出。

这种具有螺旋布置的风嘴，既有利于疏松拌合料防止堵管，又有清理罐体内壁的作用。

新密 SPD-320 型喷射机,每小时可喷射 2.7~3.0m 混凝土,水平输料距离 60m 垂直可达 30m,设备总重只有 58kg。

这台设备的缺点是没有行走机构及上料装置。

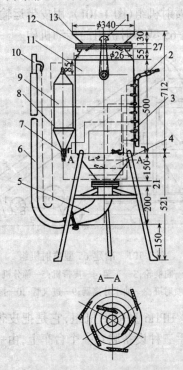

图 1-100 单罐、湿式喷射机

1—把手;2—快速开关阀;3—分风器;4—螺旋风环;5—输料弯管;
6—输料软管;7—调节开关;8—扩散栅;9—速凝剂贮存器;10—喷嘴;
11—罐体;12—球面阀;13—受料斗

1.8.4 混凝土喷射机的应用

1. 混凝土喷射机组

喷射混凝土支护工艺虽然有省工、省料等优点,但如果只

137

是喷射机单机作业,后台要人工上料,喷嘴要人手把持,则有劳动强度大、灰砂飞扬、施工条件差等缺点,因此需要更高程度的机械化。

现在应用喷射机组(图1-101),用皮带运输机向喷射机加料,图中是冶建-65型喷射机组的传动机构。

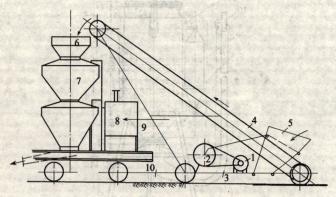

图 1-101　冶建-65 型喷射机组

1—电动机;2—曲柄轮;3—车架;4—皮带机;5—筛分机;6—加料斗;
7—喷射机;8—油水分离器;9—进气管;10—拖杆

图1-102是HPH6型喷射机组,它是把皮带上料机、喷射机及液压机械手三种设备联在一个台车上,由一名司机操纵。

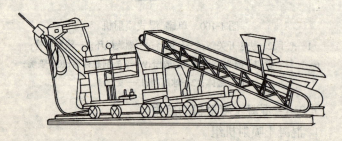

图 1-102　HPH6 型喷射机组

皮带上料机采用电动滚筒，其齿轮减速机构及电动机皆装在驱动滚筒内部，使既防尘又体形紧凑。

皮带上料机的下部受料处装有振动筛，由人工装入拌合干料；皮带上料机的上部装有一个50L的速凝剂料斗，可均匀地向带上撒速凝剂。

转子式喷射机的前方，有液压机械手操作台，控制机械手掌握着喷嘴工作，使喷嘴距台车的前轮达 3~4m，离远了工作面，改善了操作人员的工作条件。

工作时，喷嘴距工作面 1m 左右，一面以 60~80r/min 的速度画圈喷射，一面向所需的方向移动，画圈直径约为 200~250mm。

图 1-103，是 PCH6 型喷射台车，它是把喷射机、上料机、机械手、混凝土贮料斗及速凝剂贮料器皆装设在一辆汽车底盘上，汽车的废气经过净化，因此可以在巷道里自由行动、转移，而不再受轨道限制。

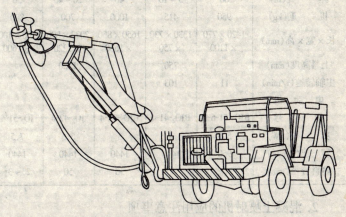

图 1-103　PCH6 型喷射台车

工作时，机械手位于车头的右前方；行车时，可将臂杆收回放置在车头前方的支架上。

贮料斗位于车身的后方,可容 $2m^3$ 混凝土,用皮带上料机上料,并配有振动筛,筛选出超粒径的骨料及杂物。

有快速接头,进入工作面后即能迅速地接通水源及风源。混凝土喷射机技术性能见表 1-10。

混凝土喷射机技术性能　　　表 1-10

指　标	型　号				
	ZPG-Ⅱ 转子式	LHP-701 螺旋式	KG-25 双罐式	GHP-250 鼓轮式	HPH-6 转子式
生产率(m^3/h)	5~7	3~5	4~5	3.6	2~6
骨料最大粒径(mm)	25	30	25	25	30~40
耗风量(m^3/min)	5~8	5~8	7~8	5~12	10
工作风压(MPa)	0.15~0.4	0.15~3	0.1~0.6	0.11~0.2	
最大输送距离					
水　平(m)	300	8~30	200	70~200	240
垂　直(m)	60	5~10	40	20~40	50
机　重(kg)	950	415	1000	700	800
长×宽×高(mm)	1420×770 ×1100	1330×730 ×750	1650×850 ×1630	2032×890 ×1220	1500×1000 ×1600
上料高度(mm)		750		1220	
主轴转速(r/min)	11	103			
电动机					
型　号	BJO_2-51-6-L_3	BJO_2-41-4	BJO_2-32-4	JO_2-42-4	JO_2-51-4
功　率(kW)	5.5	4	3	5.5	7.5
转　速(r/min)	960	1440	1440	1440	1440
输料管径(mm)		50	50	50	2″~3″

2.混凝土喷射机的应用注意事项

混凝土喷射质量的好坏,除了喷射机本身的作用外,还与混凝土的配合比及喷射工艺等有很大关系,其有关问题,现扼要分述如下：

(1)水泥：应使用32.5级硅酸盐水泥；

(2)骨料：应在使用前过筛，其最大粒径应不超过2.5cm，其含水率应控制在4%~6%以下；

(3)速凝剂：我国现使用的如红星一号，掺合量为水泥重量的3%~4%，应在喷射前加入；

(4)混凝土的配合比：水泥：砂子：石子为1:2:2至1:2:2.5的范围内为佳；

(5)喷射压力：视机型及输送距离而定，一般管路每增长20m，工作压力要提高0.02~0.05MPa。实践证明，如工作压力过高，不但粉尘增多而且回弹量增大；如工作压力过低时，骨料落地较多，且易发生堵管；

(6)喷射混凝土之前，应先用喷射机喷嘴喷洒清水，洗湿岩壁；

(7)喷嘴在工作时，距岩壁1m左右应垂直于工作面，自下而上慢速蜗旋运动，一次喷射厚度3~8cm，如需加厚喷涂时，时间间隔应在前一次喷涂层终凝之后；

(8)正常情况下，干式喷射机的回弹量：喷墙壁为10%~15%；喷拱为15%~30%。

1.9 混凝土振捣器

1.9.1 概述

用混凝土，浇灌现浇或预制构件时必须随即用有效的方法使之密实填充，以保证混凝土构件的质量。

使混凝土密实，最原始的方法是人工捣固，这是一项比较繁重的工作，且工效低、密实的质量也难以保证。现在，除特殊情况,这个工作都用机械来完成。利用机械密实混凝土的工艺方法很多,如挤压法、振动法、离心法、滚压法等等。其中以振动密实混凝土的方法最有效,应用最广泛。

振动密实混凝土的作用原理在于受振混凝土呈现出所谓"重质液体状态",从而大大提高混凝土的流动性,促进混凝土在模板中的迅速有效填充。当产生振动的机械将一定频率、振幅和激振力的振动能量通过某种方式传递给混凝土时,受振混凝土中所有骨料颗粒都在强迫振动之中。它们彼此之间原来赖以平衡,并使混凝土保持一定塑性状态的粘着力和内摩擦力随之大大降低,因而骨料颗粒犹如悬浮在液体中,在其自重作用下向新的稳定位置沉落滑移,排除存在于混凝土中的气体,消除孔隙,使骨料和水泥浆在模板中能得到致密的排列和充分的填充。

振动密实的效果和生产率,即混凝土受振后的密实程度和范围,不是在所有情况下都是一样的,它们与振动机械的振动参数(振幅、频率、激振力),振动机械的结构形式和工作方式(如棒体插入、平板表面作用等)以及混凝土的性质(骨料的粒径、坍落度等)有着密切的关系。因而研究振动密实原理或设计振动密实机械,必须将三者按内在联系统一在预期的使用效果上。例如,由于混凝土的坍落度或骨料粒径不同,实质上即骨料颗粒或整个混凝土系统的自然频率不同,它对各种参数的振动在其中的传播即呈现出不同的阻尼和衰减,因而其振动作用的强度和范围有很大差异,密实效果也不一样。对于一定性质的混凝土,可能在某个限度内提高振动频率或振幅能取得扩大振动作用范围,提高生产率的效果。但过高的振动频率或振幅却反而会使混凝土的振动密实作用减弱,生产率明显下降,甚至造成使混凝土离析的有害影响。所以混凝土振动机械的振动参数必须与混凝土的性质相适应,才能取得满意的密实效果和生产率。另外,振动机械工作部分的结构形式和尺寸,以及它对混凝土的作用方式,往往决定它对混凝土传递振动能量的能力,因此也决定了它所适用的有效作用范围和生产率,如针对不同形状和配筋的混凝土构件,应选用不同结构形式,作用方式和工作尺寸的振动机械。总之,上述关系之一斑,说明无论设计或使用振动密实机械,都必须针对混凝土的性质和施工条件,对振动密实机械的振动参数和结构参数作恰当的选择。因此,混凝土振动密实机械工作部分的结构和尺寸,其振动的频率、幅度和激振力等都是重要的技术性能参数。

据国内外统计资料,目前使用的各种混凝土振动密实机械,其振动频率范围在 2000~21000 次/min 之间,通常将振动器按频率划分为三类:

低频振动器:其振动频率在 2000~5000 次/min 之间;

中频振动器:其振动频率在 5000~8000 次/min 之间;

高频振动器:其振动频率在 8000~20000 次/min 之间。

其中,振动频率在 8000~12000 次/min 之间的振动器的数量最多,应用最广。

对于振动器其振幅一般都控制在 0.4~3mm 之间。

混凝土的振动密实法比前述其他方法有着效率高质量好,使用设备简单等优点,尤其对于不同性质的混凝土,和各种形式的混凝土结构都有很好的适应性,所以用振动原理制成的各种混凝土密实机械得到迅速发展和推广,成为混凝土施工中必备的机具之一。

目前,在混凝土施工中使用的振动密实机械品种和类型很多,但按其对混凝土的作用方式不同,大致可以归纳为以下

几类(参看图1-104):

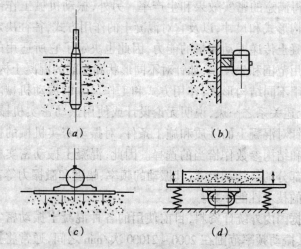

图1-104 混凝土振动密实机械示意图
(a)插入式内部振捣器;(b)附着式外部振捣器;
(c)表面振动器;(d)振动平台

(1)插入式内部振捣器:见图1-104(a),这是一种可以插入混凝土中进行振动的机械,目前,绝大部分采用高频振动。

(2)附着式外部振动器:见图1-104(b),这种振动器利用夹具固定在施工模板上或振动平台上,通过模板或平台传递振动。此类振动器过去多属低频振动器,近年来正向高频发展。

(3)平板式表面振动器:参看图1-104(c),实际上是外部振动器的一种变型,它是将振动器安装在一块平板上,工作时将平板放在混凝土表面上,并沿混凝土构件表面缓慢滑移。振动从混凝土表面传入。

(4)振动平台,见图1-104(d),这是一种产生低频振动的大面积工作平台,整个混凝土预制构件能在它上面进行振动密实。

以上四类混凝土振动密实机械,后两种都是外部振动器的变型和具体应用,且多用在预制构件厂,本节将只介绍目前大量使用的前两类振动密实机械。

1.9.2 插入式内部振捣器

插入式内部振捣器,其工作部分是一个棒状空心圆柱体,内部安装着偏心振子,在动力源驱动下,由于偏心振子的振动使整个棒体产生高频微幅的机械振动。工作时,将它插入混凝土中,通过棒体将振动能量直接传给混凝土内部的各种骨料,因此振动密实的效率高,一般只需 10~20s 的振动时间即可把棒体周围 10 倍于棒径范围内的混凝土密实。这种振捣器适用于深度或厚度较大的混凝土构件或结构,如基础、柱、梁、墙等,对于钢筋分布情况复杂的混凝土结构使用这种振捣器具有显著的密实效果。这是目前建筑工地上使用最普遍,用量最大的混凝土密实机械。

这种振捣器工作时,通常都是由人工手持操作、并随时移动捣固点,对于较大的振动棒也可以用机械吊挂进行工作。

1. 插入式内部振捣器的分类和振动棒的工作原理

插入式内部振捣器的种类很多,据统计世界各国生产的这类振捣器已将近 300 余种,可按下列特征加以区分。

按驱动方式来分有电动、气动、液压和汽油机驱动四种形式。气动透平式和液压式各有特点,但受使用条件的限制,汽油机驱动式只有在缺乏电源的场合使用,而电力驱动式由于电源可随时架设,电动机和上述几种动力设备比较,结构简单、体积小、重量轻,因而插入式振捣器大部分均采用电机驱动。近年来又发展了一种变频机组供电的高频插入式振捣器,这种产品有许多优越性,正在推广应用。

按动力设备(主要是电动机)与工作部分(振动棒)之间的传动形式来分有软轴式和电机直联式两种。为了便于移动作业,尽量减轻工人手持操作部分的重量,对于中小直径振捣器都将电动机与振动棒分开,中间接以较长的挠性传动软轴进行驱动。对于大直径的插入式振捣器,由于振动棒本身已较重,所以都将电机装入振动棒内直接驱动偏心轴,这种大直径振捣器在工作时一般都由机械代替人力操作。

按振动棒激振原理的不同来划分主要有偏心轴式和行星滚锥式(简称行星式)两种。其激振结构和工作原理分别如图1-105所示。

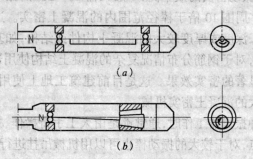

图 1-105 振动棒激振原理示意图
(a)偏心轴式;(b)行星滚锥式

偏心轴式如图 1-105(a)所示。它是利用振动棒中心安装的具有偏心质量的转轴,在做高速旋转时所产生的离心力通过轴承传递给振动棒壳体,从而使振动棒产生圆振动的。

行星式的激振原理见图 1-105(b),它是利用振动棒中一端空悬的转轴,在它旋转时,其下垂端的圆锥部分沿棒壳内的圆锥面滚动,从而形成滚动体的行星运动以驱动棒体产生圆振动。

这种行星滚锥激振的最大特点是利用振动体本身行星增速来提高振动频率,振动棒的转轴和驱动电机转速一样,不需要设置增速机构,因而适于软轴传动;另外,转轴行星滚动所产生的激振力;通过滚动面直接传递,振动棒转轴下端不装轴承,因而没有轴承重载的问题。

行星式激振克服了偏心轴式的主要缺点,因而在电动软轴插入式振捣器中得到最普遍的应用。

下面,着重对电动软轴行星式插入振捣器和变频机组供电的电机直联式插入振捣器作一些介绍。

2. 电动软轴行星式插入振捣器

图 1-106 所示为我国目前用量较大的一种软轴行星式插入振捣器。它是由可更换的振动棒 1、软轴 2、防逆装置 3 和电机 4 等组成。电动机安装在支座 6 上,便于在现场浇注放置或移动。工作时,电动机通过软轴驱动振动棒。

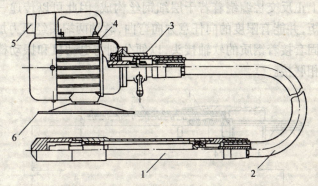

图 1-106 电动软轴行星式插入振捣器

1—振动棒;2—软轴;3—防逆装置;4—电动机;5—电器开关;6—电机支座

行星式振动棒的构造如图 1-106 和图 1-107。振动棒是振捣器的工作部件,它的外壳是一个圆柱形的空心钢筒,由棒头

1和棒壳体3两段组成,两者通过螺纹联成一体,上部端头车有内螺纹,工作时与传动软轴的软管接头密闭衔接。带有滚锥部分的转轴4,一端支承在大间隙球轴承5中,端头以螺纹与软轴联接,另一端悬空;圆锥形滚道2镶嵌在棒壳体内与滚锥相对应的部位。

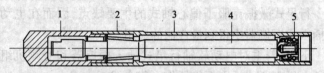

图1-107 行星式振动棒构造

1—棒头;2—滚道;3—振动棒壳体;4—带滚锥的转轴;5—大间隙球轴承

传动软轴是一种在工作时允许有一定挠曲的传动轴,它的构造见图1-108:这种传动轴是由中心的钢丝挠性传动轴和外部包裹着它的金属保护套管组成。挠性轴是由在一根钢丝芯上正反交替缠绕着若干层细钢丝构成,因此可以传递一定扭矩,并能有限度的向任意方向弯曲,软轴两端头经压力加工牢固套接着钢质的软轴接头,以便分别与电动机和振动棒转轴相联接。

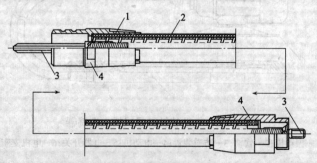

图1-108 软轴构造

1—钢丝传动软轴;2—保护软管;3—软轴接头;4—软管接头

软轴的金属保护套管如图 1-109 所示,其最内层是由薄钢带螺旋绕制成的一种节状活络性套管,可以随软轴一起弯曲,在钢带螺旋管外还分别缠绕贴胶帆布,棉纱和钢丝编织物数层,最后在表面包裹一层耐磨橡胶。这些保护层一方面维系钢带螺旋软管,另一方面造成密封腔,以防外部尘埃或水泥浆侵入,同时管内能储油润滑,提高软轴的传动效率和寿命。软轴保护套管的两端安装软管接头,以便与电动机和振动棒迅速而紧密的衔接。

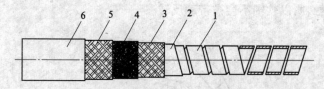

图 1-109 软轴保护套管
1—钢带螺旋管;2—耐油贴胶帆布层;3—棉纱编织层;4—钢丝编织层;
5—棉纱编织层;6—耐磨橡胶表层

软轴的旋转方向必须是使其最外层缠绕钢丝扭紧的方向,不能反转,否则将使钢丝松散不能传递扭矩甚至损坏。因此在软轴传动中,一般都在驱动始端设置防逆转安全装置。

防逆装置的工作特点类似单向联轴节,要求在电动机正转时能够通过它传递扭矩带动软轴,一旦电机反转应立即切断传动以保护软轴。防逆装置的形式很多,这里介绍我国新定型的一种推键式防逆装置,图 1-110 是这种装置的径向剖面和工作原理图,它由固定在电动机轴端的空心防逆套轴 4 和推键 2,软轴接头 3 三件组成。防逆套轴和软轴接头分别加工成图示断面形状的凹槽和缺口,推键用钢丝销轴安装在防逆套轴的径向缺口内,可以绕销轴摆动一定角度,推键前端作成棘爪形状,可以嵌入软轴接头的凹槽内。从图中所示的装配关系可以看出,软轴接头工作时插入防逆套轴内,依靠推键的动作来达到与电动机的单向连接关系。当电动机轴作图示方向的旋转时,防逆套轴带动键体作平面运动。由于推键在销轴两侧的重量和这两部分的重心对电机轴回转中心的距离都不相等,所以推键两端对回转中心的惯性矩之差将克服销轴的摩擦力矩,使推键绕销轴作逆时针方向转动,因而使其棘爪迅即嵌入软轴接头的凹槽内,并推动软轴旋转。如果电动机反转,推键棘爪被带动沿软轴接头的凹槽斜面滑升,最后脱离接触,所以软轴不会被带动反转。

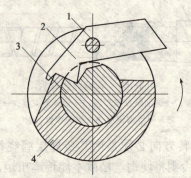

图 1-110　推键式防逆装置
1—销轴;2—推键;3—软轴接头;4—防逆套轴

为适应各种混凝土工程的需要,行星式电动软轴插入振动器已发展了许多规格的系列产品,并且都按振动棒直径系列化。目前这种振动器的棒径大多在 $\phi25 \sim \phi75$ mm 范围内,少数可达 100mm,使用的振动频率也很宽,从 8000～21000 次/min,最高已作到 25000 次/min。这种振动器结构简单,传动效率较高,振动棒重量小,软轴使用寿命长等优点。因而在所有振动器中是应用量最大,使用最广的一种振动器。

1.9.3 附着式外部振捣器

对于面积比较大或钢筋十分密集而形状复杂的薄壁构件如墙板、拱圈等,在施工中使用插入式振捣器有时也感到不便或效果不好。这时只好从混凝土结构模板的外部对混凝土施加振动以使之密实。附着式外部振动器即是这种密实机械。这种振动器的特点是其自身附有夹持或固定装置,工作时将它附着在混凝土施工模板上,就可以将振动通过模板传递给混凝土。但因振动从表面传递进去,深入效果不如插入式内部振捣器,且易受模板重量、刚度与面积的影响,故一定要针对构件的具体情况和模板形式,合理选用振动器的参数,才能取得满意的效果。

过去,这类振捣器多制成低频的,其振动频率通常在2000~3000(次/min)左右,但低频附着式振动,混凝土中气泡不易逸出,使混凝土构件表面质量很差,所以近年来利用变频机组供电,已使附着式外部振动器的振动频率提高到9000~12000(次/min),振幅减小,取得了比较好的效果。

图 1-111 所示为这种振动器的构造,其外形如同一台电动机。实际构造是电动机两侧伸出的悬臂轴上都安装着偏心块,电机回转时偏心块产生的离心力和振动通过轴承基座传给模板。振动器的基座上开有螺栓孔,以便将整个振动器固定在模板上。

这类振动器,国外发展的形式比较多,除如上图的非定向圆振动形式外;还有准定向振动;双准定向振动和振动力可调的振动器等。为了减轻

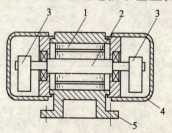

图 1-111 附着式外部振动器
1—电动机;2—电机轴;3—偏心块;
4—护罩;5—固定基座

轴承负荷,还发展了一种回转偏心块式振动结构。

  设计这种振捣器,在选定振动器的振动参数和功率时,必须视模板的重量、刚度、面积以及混凝土构件的厚度等因素确定。对面积过大的钢模板应防止振捣器过载。另外如选用振动器参数与构件厚度不相适应,则可能达不到预期的振动效果,影响混凝土构件的质量,施工中,应结合模板和构件的情况来选择适当机型。

2 桩工机械

2.1 绪 论

2.1.1 桩基础

建筑物的全部荷载都要通过基础传给地基。基础的有害沉降或破坏必然导致建筑物的破坏,因此,必须正确设计与施工基础以保证建筑物的安全与正常使用。

基础大体上可分为:直接基础、桩基础和沉箱基础。

桩基础是目前基础工程中应用较广泛、发展最迅速的一种基础形式。这是因为采用桩基础比采用其他型式的基础具有更大的承载能力及施工更方便等许多优点。加之地皮紧张,一些工厂、房屋或其他设施不得不建造在海边、河滩等软弱的地基上;此外,修建海上井台,大型港口和深水码头,大型公路、铁路桥梁也都对桩基础的发展提出了新的课题。另一方面,近年来桩工机械不断改进,品种逐渐增多,新工艺的出现又为桩基础的发展提供了有利条件。现在桩基础正在向大型化方向发展。目前见到的最大型桩直径达 $2\sim3m$,极限承载能力达 2000t 左右。

桩基础之所以能迅速发展,除了客观上有要求之外,还在于桩基础本身有许多优点。这些优点是:

(1)当支持层(承载能力较大的土层)深的情况下,采用桩基础比用其他型式的基础更为方便、简单。

(2)当支持层深度差别较大或地面倾斜时,用其他型式基础就比较困难。

(3)当地下水位较高时,采用桩基础,施工时不会有特殊困难。

(4)在海上、江心采用桩基础不仅施工方便,而且施工承台等上部建筑物也较为简单。

(5)桩基础施工时无须大开挖,土方量很小或者不用挖土,施工组织简单,施工时占用场地很小。

桩基础的种类:

(1)根据桩传递载荷的方式分为:

端承桩:桩穿过上部较软地层,支承在硬土层或岩石上的桩。

摩擦桩:利用桩身周围摩擦力支承上部建筑物载荷的桩。一般用在支持层较深的情况下。

(2)根据桩的共同工作情况分为:

单桩:各根桩单独承载互不影响。

群桩:两根以上的桩用承台连接而共同工作,但总共的承载能力小于单桩承载能力乘以桩数时,叫群桩;否则叫单桩。

(3)根据桩的材料分为:

钢桩:钢桩通常是圆管形和工字形桩。钢桩的特点如下:

1)抗拉抗压强度大,能承受强大的冲击力,施工时很容易穿透很深的地层而支持在坚硬的地层上。因此,钢桩能获得很大的承载能力。

2)抗弯强度大,能承受很大的水平力。因此,用在像铁塔、烟囱、桥基等水平作用力大的情况下极为有利。

3)支持层深度不一致时,接桩、截桩都很简单。

4)与其他桩相比,其实际截面积小,因此,打桩时对土壤的挠动小,对临近建筑物的影响小。

5)强度高,重量轻,运输方便。

6)桩头处理简单,与上部建筑结合得好。

7)价格高。

8)在干湿经常变化的情况下,必须采取防腐措施。

钢筋混凝土预制桩:它可分为预应力桩和非预应力桩。这种桩的特点如下:

1)抗腐蚀性能好。特别是预应力桩。

2)价格便宜,节省钢材。

3)尺寸受限制。预应力桩的长度、不宜超过30m。当需要较长的桩时,中间要加接头,不仅费事,而且形成一薄弱点。

4)留在地面上的桩头处理困难,而且不经济。

5)非预应力桩的抗拉强度小,运输及打入时都应特别注意。

木桩:木桩只能做半永久性桩,长度和承载能力都很小。

(4)根据桩的制作分为:

预制桩:以上所讲钢桩、钢筋混凝土预制桩和木桩都是预制桩。

灌注桩:灌注桩是一种现场浇注型的钢筋混凝土桩。它是在桩位处按桩的尺寸钻成一个孔,放入钢筋笼,浇注混凝土而成。

预制桩在工厂制作,质量可靠,施工速度快,可靠性好。但预制桩运输较困难。而灌注桩则没有这个缺点。灌注桩在施工时常常可以做到无振动无噪音。

2.1.2 桩工机械及其发展

1. 桩工机械的类型

根据施工预制桩或灌注桩而把桩工机械分成两大类。

(1)预制桩施工机械

施工预制桩主要有三种方法:打入法、振动法和压入法。

1)打入法:打入法是用桩锤冲击桩头,在冲击瞬间桩头受到一个很大的力,而使桩贯入土中。打入法使用的设备主要有以下四种:

①落锤:这是一种古老的桩工机械,构造简单,使用方便。但贯入能力低,生产效率低。对桩的损伤较大。

②柴油锤:其工作原理类似柴油发动机,是目前最常用的打桩设备,但公害较严重。

③蒸汽锤:是以蒸汽或压缩空气为动力的一种打桩机械。在柴油锤发展起来以后,被逐渐淘汰,但最近又获新生。

④液压锤:是一种新型打桩机械,它具有冲击频率高,冲击能量大,公害少等优点,但构造复杂,造价高。

2)振动法:振动法是使桩身产生高频振动,使桩尖处和桩身周围的阻力大大减小,桩在自重或稍加压力的作用下贯入土中。振动法所采用的设备是振动锤。

3)压入法:压入法是给桩头施加强大的静压力,把桩压入土中。这种施工方法噪音极小,桩头不受损坏。但压入法使用的压桩机本身非常笨重,组装迁移都较困难。

除上述几种施工方法外,还有钻孔插入法,射水法和空心桩的挖土沉桩法。

(2)灌注桩施工机械

灌注桩的施工关键在成孔。成孔方法有挤土成孔法和取土成孔法。

1)挤土成孔法:挤土成孔法所使用的设备与施工预制桩的设备相同,它是把一根钢管打入土中,至设计深度后将钢管拔出,即可成孔。这种施工方法中常采用振动锤,因为振动锤既可将钢管打入,还可将钢管拔出。

2)取土成孔法:取土成孔法采用了许多种成孔机械,其中主要的有:

①全套管钻孔机:这是一种大直径桩孔的成孔设备。它利用冲抓锥挖土、取土。为了防止孔壁坍落,在冲抓的同时将一套管压入。

②回转斗钻孔机:其挖土、取土装置是一个钻斗。钻斗下有切土刀,斗内可以装土。

③反循环钻机:这种钻机的钻头只进行切土作业,构造很简单。而取土的方法是把土制成泥浆,用空气提升法或喷水提升法将其取出。

④螺旋钻孔机:其工作原理类似麻花钻,边钻边排屑。是目前我国施工小直径桩孔的主要设备。螺旋钻孔机又分为长螺旋和短螺旋两种。

⑤钻扩机:这是一种成型带扩大头桩孔的机械。

2. 桩工机械的发展

我国在房屋基础改革方面正在大力推广桩基础。实践证明,采用桩基础不仅可以节省劳动力,提高机械化程度,缩短工期,节约大量土方和粘土砖,降低工程成本,改善施工条件,并且是提高房屋抗振能力的一项有效措施。特别是灌注桩,它具有设备简单、施工方便、造价低、性能好等优点。所以,近年来我国各省、区都因地制宜地发展了各种灌注桩成孔机械,其中包括螺旋钻机、振动成孔机、振动冲击成孔机、钻孔机、潜水工程钻机等。

另外,在工业建筑方面也大量采用桩基础。例如我国兴建的宝山钢厂,预计要打下 26000 多根钢管桩和 5000 多根钢筋混凝土桩。在建造海上采油平台和深水码头方面更是离不开桩基础。在深水码头建设方面,采用了直径 1～3m 的钢管桩,预计将采用 3～4m 直径的钢管桩。

为了施工这些大型桩,就必须发展大型桩工机械。目前最大的柴油锤冲击体重 15t,冲击能量为 3960kN·m。但是它仍然满足不了施工大型桩的要求。而柴油锤再继续向大型发展有一定困难,它受到自重、公害、热容量等方面的约束。为了发展更大型的桩锤,蒸汽锤又重新发展起来。德国门克公司生产了一整个系列的蒸汽锤,其中最大型的 MRBS-12500 型,冲击体重达 125t,冲击能量为 2187.5kN·m,成为目前世界上最大的打桩机。

在发展大型桩锤的同时,各国都在研究新的打桩机械和施工工艺。液压锤就是在这样的形势下发展起来的。它不仅打击能量大,无公害,而且适合于水下施工。水下打桩是减小海上打桩时桩的长度和重量的有效方法。

美国研制成功无噪音液压打桩机、音频打桩机、深水气爆打桩机,效率及性能都比较好。如包丁音频打桩机,转速每分钟 6000 次,只用 24s,就能将直径 32cm 的钢管桩打沉 21.6m。RU-200 型深水气爆打桩机,可以在水深 24.3m 处打桩,可以打直径为 107cm,长 45～106m 的长桩,每分钟打击 40 次,冲程 101cm,空气压强为 1.04MPa。

2.2 柴 油 锤

2.2.1 概述

柴油锤构造简单,使用方便。它不像振动锤需要外接电源,也不像蒸汽锤需要一套锅炉设备。它所需要的燃料就装在它的气缸外面的一个油箱里。因此,柴油锤成为目前最广泛采用的打桩设备。我国已制定了柴油锤系列标准,如表2-1所示。国外目前最大型的柴油锤冲击部分重达 15t;打下去的单桩承载力可达千吨。

表 2-1

型　　号	D_2-1	D_2-6	D_2-12	D_2-18	D_2-25	D_2-40	D_2-60
冲击部分重量(kg)	120	600	1200	1800	2500	4000	6000
一次最大打击能量(不小于)(N·m)	2000	15000	30000	46000	62500	100000	150000

柴油锤的另一特点是,当地层愈硬时,桩锤跳得愈高,这样就自动调节了冲击力。但是当地层软时,由于贯入度(每打击一次桩的下沉量,一般用 mm 表示)过大,燃油不能爆发或爆发无力,桩锤反跳不起来,而使工作循环中断。这时就只好重新启动。所以,在软土地层使用柴油锤时,开始一段效率较低。另外,柴油锤打斜桩效果较差,这是因为上活塞与气缸体之间的摩擦消耗掉一些能量,同时使桩锤的速度降低,燃油雾化不好,因此,采用柴油锤打斜桩时,桩与垂线的夹角不宜大于 30°。

柴油锤在向前发展的过程中,目前遇到的最大的一个问题是,如何消除它所产生的公害——噪音、振动和对空气的污染。随着锤重的增大和应用的日益广泛,这一问题越来越尖锐。若采取消音和净化烟气的措施,将使锤的热效率大大下降,同时这些设施不但费钱,而且给机器增加了许多载荷。所以,柴油锤在城市施工受到一定限制。

2.2.2　柴油锤的构造

柴油锤主要由锤体、燃油供给系统、润滑系统、冷却系统及起落架等部分组成。图 2-1 是一种较典型的筒式柴油锤的总图。

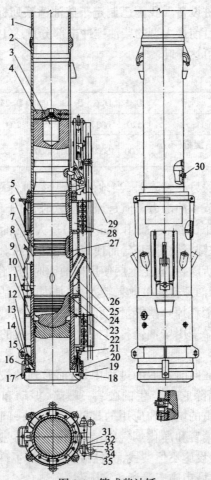

图 2-1 筒式柴油锤

1—导向缸；2—上气缸；3—润滑油室；4—上活塞；5—燃油箱；6—燃油滤清器；
7—燃油管；8—燃油泵；9—下气缸；10—下水箱；11—下活塞；12—锥头螺栓；
13—锥形螺母；14—月牙垫；15—半圆铜套；16—连接盘；17—缓冲胶垫；18—螺钉；
19—连接套；20—卡板；21—润滑油泵；22—活塞环；23—阻挡环；24—上水箱；
25—进排气管；26—盖；27—导向环；28—润滑油箱；29—起落架；30—安全螺钉；
31—固定螺栓；32—圆头螺栓；33—垫圈；34—导向板；35—锥形螺母

1. 锤体

锤体是桩锤的主要部件,它由导向缸、上气缸、下气缸、上活塞、下活塞、缓冲装置及导向装置等主要零部件组成。

(1) 导向缸(图 2-1 中 1)

导向缸安装在桩锤的最上部,专为上活塞导向之用。一般在打垂直桩及斜度不大的斜桩时,可以不用导向缸。当桩的斜度超过 10°时,为了防止活塞重心超出气缸上口,应装上导向缸。在导向缸的中部开有一长条目测孔,以便在桩锤工作时目测上活塞跳起高度。在导向缸下部,用内六角螺钉与上气缸体相连接。

(2) 上气缸(图 2-1 中 2)

上气缸在桩锤工作时,起着为上活塞导向限制上活塞最大跳起高度的作用。安装时,钩住焊在上气缸上的吊耳可将整个锤体吊起。在上气缸后侧开有一条起吊上活塞用的长槽。起落架 29 的吊钩即通过这一槽口伸入缸体内,钩住上活塞的突肩。上气缸外面还焊有控制起落架上升下降高度的上下碰块。为了防止上活塞跳出缸口,在缸体上部加工成阻挡止口。

(3) 下气缸(图 2-1 中 9)

下气缸是柴油锤的工作气缸,是桩锤的重要零件。它要承受高温、高压和冲击载荷,因此,下气缸要选用较好的材料制造。下气缸内壁的几何精度及表面光洁度都要求比上气缸高。

在下气缸上部焊有连接上气缸的法兰和贮存燃油及润滑油的组合油箱(图 2-1 中 5 和 28)。在油箱下面焊有上水箱 24 和下水箱 10。桩锤工作时,在水箱内加满冷却水。但是,水在水箱里并不能强制循环散热,只能靠传导和自身蒸发散热。所以,水箱内的水在桩锤长时间工作时常常沸腾,这是允许的。

燃油泵 8 也装在下气缸上。为了使驱动燃油泵柱塞的曲臂伸入缸内与上活塞相接触。下气缸在装曲臂处开有一槽。另外,在下气缸中部有六个孔,焊有六根进排气管 25。气缸下部有一个清污孔。这个孔是供清洗燃烧室的油污,检查燃油泵的供油情况以及冬季预热缸体专用。桩锤工作时,该孔用丝堵封闭。为了润滑下活塞 11,在缸体四周设有四个润滑油孔。在缸体后面焊有装导向板 34 的座子。

(4)上活塞(图 2-1 中 4)

上活塞为自由活塞,它装在下气缸内部,在高温、高压、高速度、惯性力大和润滑条件不好的情况下工作。因此上活塞应尽可能采用冲击值大、耐热、耐磨和导热性好的材料制造。上活塞从构造上分为头部、防漏带、导向带及顶部。

头部:上活塞的头部与下活塞的头部组成一个封闭的燃烧室。它的下端是一个球面。上活塞端部球头的球面半径与下活塞头部凹面球面半径相差 2mm,形成一环状楔形间隙,使上下活塞相冲击时,存在凹面内的燃油射向四周,充分雾化。头部的几何尺寸要求精确,否则影响燃烧室的容积,改变了压缩比,导致桩锤性能的改变。

防漏带:在防漏带装有六根活塞环 22 和一根比活塞环稍厚的阻挡环 23。它除了起密封作用外,还起着防止上活塞跳出缸口,以确保桩锤安全运转的作用。

导向带:导向带在上活塞的中部,装有五道能承受强烈振动和耐磨性好的铝铁锰青铜导向环 27。它使上活塞本体不与缸体直接接触,并保证上活塞沿缸体中心上下运动。为了不使润滑油迅速下流,在导向环槽之间加工成四道贮油槽。

顶部:顶部设有润滑油室 3。当上活塞工作时,润滑油靠惯性作用从顶部四周小孔中溢出。油室盖上装有调节油塞,用以调整润滑油量的大小。

(5)下活塞(图 2-1 中 11)

下活塞为承受上活塞强烈冲击,将此冲击力传给桩帽使桩下沉的零件。它的工作条件与上活塞基本相同,但冷却与润滑条件更差。下活塞可分为头部、防漏带、导向带、底部等部分。

头部:头部与上活塞头部构成燃烧室。它中心加工成一个光洁度较高的凹形球面。燃油泵喷射出的燃油就贮存在这一凹形球面内。

防漏带:防漏带有五道活塞环。它的作用是传递热量和防止漏气。为了便于向下活塞注入过热气缸油,在第一与第二道活塞环之间有一道油槽 2,其位置与下气缸的四个注油孔相应。

导向带:导向带为光滑的圆柱体,它与半圆钢套 15 相配合。下活塞工作时与下气缸之间有相对窜动。它们之间的最大滑动行程为 350mm。

底部:底部是连接桩帽传递冲击能量的。在它的两侧各有一螺钉孔,用以安装安全卡板。

(6)安全卡板(图 2-1 中 20)

因为下活塞能从下气缸中滑出,所以在桩锤安装或搬运转移时,必须用安全卡板把下活塞牢固地挂在下气缸的连接盘 16 上。由于卡板限制了下活塞的活动,所以在桩锤工作前,必须将卡板卸掉。

(7)缓冲装置(图 2-1 中 14)

桩锤工作时,下活塞在冲击作用下,在下气缸内上下窜动,与下气缸发生冲撞。为了缓和这种碰撞,在下活塞底部法兰上与下气缸连接盘 16 间装有缓冲胶垫 17。

(8)导向装置(图 2-1 中 34)

导向装置是为桩锤能在立柱的导轨上上下滑动起导向作

用。它设置在桩锤的后侧,由导向板34、锥形螺母35和焊在下气缸上的座板组成。柴油锤必须有导向装置。

2. 燃油供给系统

燃油供给系统(见图2-1)是由燃油箱5、滤油器6、输油管7、燃油泵8等组成。燃油在油箱内初步沉淀后,经滤油器进一步过滤,然后通过输油管,进入燃油泵。下面只讲述燃油泵的构造。

燃油泵为低压柱塞式。在工作时,能按桩锤所要求的能量的大小改变供油量,其构造如图2-2所示。燃油泵的工作过程如下:上活塞跳起高度超过曲臂1时,在弹簧5的作用下,曲臂又伸入下气缸内,柱塞10也同时向上移动,打开柱塞套9上的油孔,把燃油吸入柱塞下方空间。这是吸油过程。当上活塞下落时,将曲臂推出,通过压杆6把柱塞向下压。在柱塞套上的油孔封闭后,柱塞下的燃油受压,压力增高。待压力足以克服弹簧18的弹力时,锥头16,滑阀17开放。燃油在一定压力下经注油嘴射入下活塞的球碗内。这是压油过程。在上活塞上下跳动工作时,燃油泵就不断地吸油、喷油,维持桩锤的工作。

燃油泵注入缸内的油量可以用调节杠杆21来调整。当调节杠杆顺时针转动时,调节锥阀13的锥面与泵体7锥孔之间的空隙逐渐减小,直至完全关闭。反之,则空隙逐渐加大。桩锤工作时,燃油泵的柱塞行程保持不变,所以每次泵出的油量是一定的。当锥阀13的锥面与泵体7锥孔间有空隙时,一部分燃油便经此空隙通过回油孔12回到柱塞套9的外部。随着空隙的增大,回到柱塞套外的油量也就增大,从而使射入气缸内的油量减少,直至完全中断。拉住曲臂,不让它返回缸体内,也可以中断燃油供应。调节杠杆和曲臂的操纵是用三根绳索,这样,即使桩锤在离地很高时,也能很方便操纵。

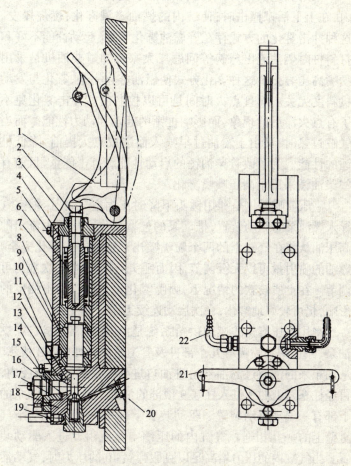

图 2-2 燃油泵

1—曲臂；2—顶销；3—压紧螺母；4—套筒；5、18—弹簧；6—压杆；
7—泵体；8—密封圈；9—柱塞套；10—柱塞；11—放气螺钉；12—回油孔；
13—调节锥阀；14—"O"型密封圈；15—连接螺母；16—锥头；17—滑阀；
19—阀体；20—注油嘴；21—调节杠杆；22—球面接管

采用上述供油方式,是把燃油事先注入下活塞的球碗内,在上下活塞撞击时,使碗内的燃油飞溅雾化,燃烧爆发。这种冲击雾化的方式存在着燃油雾化不好,起动性能不好和打斜桩时燃油流出球碗等问题。大家都知道柴油机是采用喷嘴高压雾化。这种雾化方式使燃油雾化完全,雾化与发动机斜度无关。而且点火时间是可以控制的。冲击雾化免不了有点火滞后的现象,而影响桩锤的起动和动力性能。而当气缸过热时,又由于燃油过早喷入而造成点火提前,降低桩锤的性能。为了改善柴油锤的启动性能和打击能量,目前有些柴油锤采用了高压喷嘴雾化。

高压喷嘴雾化是利用锤头下降时压缩空气,把压缩空气导入燃油泵的驱动装置,推动泵的柱塞工作。从泵中流出的高压油从装在气缸上的两个喷嘴喷出。这种方式雾化完全,燃油的喷射量可以无级调节,因而锤头的行程、冲击次数均可调节。在土质较软的情况下,喷嘴雾化不受锤头冲击强度的影响,仍可较好地雾化,一次启动连续工作。

采用高压雾化的燃油供给系统是由:燃油箱、滤清器、燃油泵、停止阀和喷嘴等几个部件及管道组成。如图2-3所示。从油箱来的油通过滤油器由进油口进到柱塞套的周围腔内,再经柱塞套上的孔进入柱塞9顶部的油腔7内。在燃油泵的下部有一气动驱动装置。驱动装置下部有一气道13与下气缸壁上的一孔相通。气缸内的压缩空气就由此进入驱动装置。当气缸内的压力增高足以克服弹簧10的压力时,气动活塞12被推向上,驱动柱塞9使燃油推开顶部的单向阀6而流出,经停锤阀2及分配阀3,从两个喷嘴中同时喷出(为了清楚将喷油嘴绘在气缸外面)。

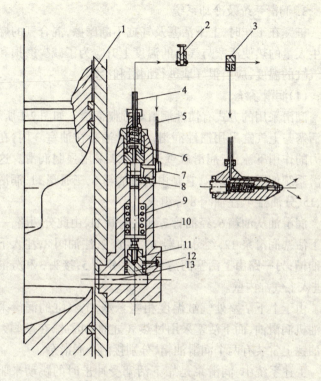

图 2-3 高压雾化供油系

1—柴油锤上活塞；2—停锤阀；3—分配阀；4—油管；5—进油管；6—单向阀；
7—油腔；8—调节杆；9—柱塞 10—弹簧；11—预杆；12—气动活塞；13—气道

柱塞 9 上有一特殊形状的槽，它与柱塞套的孔相配合。孔与槽的配合关系可以通过转动柱塞而改变。如果柱塞转到这样一个位置，使孔与槽完全不通，这时柱塞顶部的燃油将全部被压出，喷油量最大。如果转动柱塞使孔与槽部分相通，则当柱塞上压时，就有一部分燃油返回到柱塞套周围空间，使喷油量减小。调节柱塞的转角，可使油全部返回，使供油中断。

167

3. 润滑系统及冷却系统

桩锤在工作时,上下活塞及气缸不断摩擦,混合气的燃烧产生大量的热使活塞与气缸的温度上升。为了减少磨损和降低气缸的温度,应当很好地进行润滑和冷却。

(1) 润滑系统

润滑采用的方式有惯性润滑与强制润滑。如图2-1所示,上活塞与上气缸采用惯性润滑。润滑油装在油室3内,在惯性力的作用下流出,润滑缸壁。下活塞采用强制润滑。这一润滑系统如图2-4所示,它是由润滑油箱6、三通阀11、润滑泵12、15、分油器4、注油阀8等组成。

润滑油从油箱6,经油管7到三通阀11,由此分两路,一路经下活塞润滑泵12,经分油器10,接管9,注油阀8,注入下活塞油槽;另一路由上活塞润滑泵15,经钢管5,接头3和分油器4进入上气缸内壁。

由于上下活塞处气缸温度相差悬殊,上气缸的润滑采用柴油机润滑油,而下活塞采用过热气缸油。因此,在一些大型柴油锤上常装有两个润滑油箱,分别接两个润滑泵。

上述系统中,润滑泵是靠下活塞受冲击时的跳动来驱动的。现在有许多桩锤上,润滑也由驱动燃油泵的曲臂来驱动。

(2) 冷却系统

柴油锤工作时放出大量热能,使气缸与活塞等部件的温度升高。气缸的过热将使润滑油的粘度降低,使零部件磨损增加。更严重的是,气缸过热将使桩锤工作时发生提前点火等现象,破坏桩锤的正常工作。为此,桩锤必须适当冷却。

图2-1所示桩锤采用水冷。其冷却系统是由上水箱24和下水箱10组成。这是一种靠水分蒸发而进行冷却的系统,冷却效果显然不如柴油机的强制循环冷却系统。

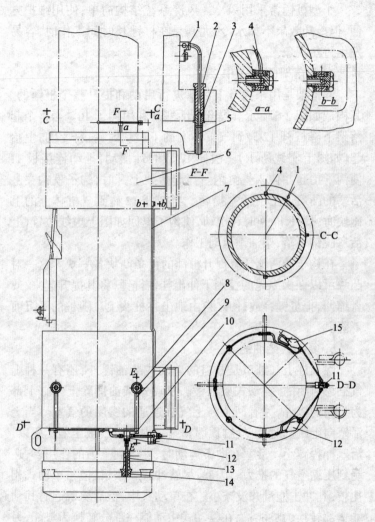

图 2-4 润滑系统
1—三通接头;2—扩口管接;3—管接头;4—分油器;5—铜管;6—润滑油箱;7—油管;
8—注油阀;9—接管;10—分油器;11—三通阀;12、15—润滑泵;13—套;14—动力杆

小型桩锤常采用风冷。风冷系统结构简单,使用维护方便,但冷却效果不如水冷,尤其是在桩锤长时间工作时,容易发生过热现象。

4. 起落架(图 2-1 中 29)

起落架是用来提升上活塞进行启动和提升整个桩锤的。其构造如图 2-5 所示。提升上活塞是利用钩子 10。当整个起落架下降杠杆 12 碰到气缸体上的下碰块时,杠杆 12 向上抬起(如图上实线所示)。摆杆 17 顺时针摆动,推动连接板 11 使钩子抬起并伸入气缸内。当起落架上升时,钩子就钩在上活塞的凸肩上把上活塞提起。当杠杆 12 碰到气缸体上的上碰块时,摆杆 17 逆时针摆动,使钩子退回如图上虚线位置,上活塞脱钩下落,柴油锤启动工作。

在钩子的两侧还有提升桩锤的齿条凸块各一块。这一对凸块可以在操纵绳的控制下伸出挂住桩锤,将其提升起来,或者缩回,把桩锤释放,使之自由地坐在桩头上。随桩的下沉而下降。

5. 复动式柴油锤

除上述上气缸口是开口的单动式柴油锤外,还有一种上气缸为封闭的,复动式柴油锤。复动式柴油锤除上气缸上部为封闭的以外,另有两个与上气缸连通的密闭的气室。当上活塞向上跳起时,上气缸顶部和气室中的空气被压缩。所以,活塞冲程减小。活塞在向下运动时,除受到重力的作用外,还受到压缩空气的推力。因此,尽管冲程减小了,但与单动式相比较,其冲击能量并没减小。在单动式中,上活塞跳起时其动能全部转换为势能;而在复动式中动能一部分转换为势能,另一部转换为压缩空气的势能。但能量之和在单动式和复动式中是相等的。

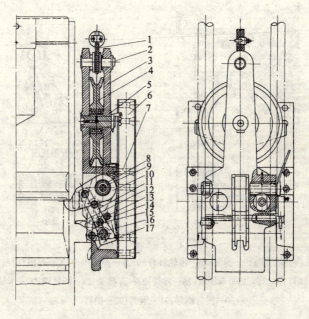

图 2-5 起落架(一)

1—钢丝绳；2—小轴；3—机架；4—滑轮；5—滑轮轴；6—导向板；
7—埋头螺栓；8—铜套；9—轴套；10—钩子；11—连接板；12—杠杆；
13—挡轴；14—板弹簧；15—销子；16—杠杆轴；17—摆杆

从上面的工作原理中可以看出,这种复动式柴油锤并不是真正的复动式。因为上活塞在向下运动时,除向上跳起所拥有的能量外,并没有再输入额外的能量。真正的复动式桩锤,如复动式蒸汽锤,当桩锤向下运动时,又向上气缸内输入蒸汽,推动桩锤加速下落,提高冲击能量。柴油锤设计成这种复动式只是为了缩短行程和提高冲击频率。

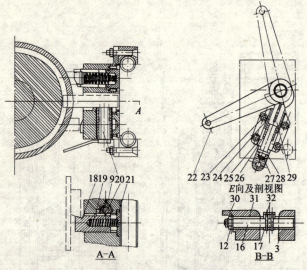

图 2-5 起落架(二)

18—齿条凸块;19—弹簧;20—齿轮杠杆轴;21—弹簧压盖;22—操纵杠杆;
23—螺钉;24—套;25—卡轴座;26—弹簧;27—连接头;28—圆柱销;29—卡轴;
30—槽行螺母;31—铜套;32—销钉

2.3 振 动 锤

2.3.1 概述

1. 振动锤的分类

图 2-6 是几种典型的振动锤的构造简图。根据电动机和振动器相互联接的情况,分为刚性式((a)图)和柔性式((b)图)两种。刚性式振动锤的电动机与振动器刚性连接。工作时电动机也受到振动。必须采用耐振电动机。此外,工作时电动机也参加振动,加大了振动体系的质量,使振幅减小。柔

性式的电动机与振动器用减振弹簧隔开。适当地选择弹簧的刚度,可以使电动机受到的振动减少到最低程度。电动机不参加振动,但电动机的自重仍然通过弹簧作用在桩身上,给桩身一定的附加载荷,有助于桩的下沉。但柔性式构造复杂,未能得到广泛应用。

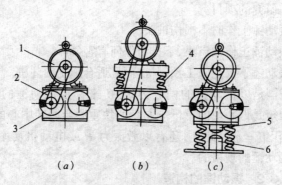

图2-6 振动锤简图
1—电动机;2—振动器;3—传动皮带;4—弹簧;5—上锤砧;6—下锤砧

根据强迫振动频率的高低可分为低、中、高频三种。但其频率范围的划分并没有严格的界限。一般以 300～700r/min 为低频,700～1500r/min 为中频,2300～2500r/min 为高频。还有采用振动频率达 6000r/min 的称为超高频。

图2-6中(c)是振动冲击锤。振动冲击锤振动器所产生的振动不直接传给桩,而是通过冲击块作用在桩上,使桩受到连续的冲击。这种振动锤可用于粘性土壤和坚硬土层上打桩和拔桩工程。

2. 振动锤的特点

由于振动锤是靠减小桩与土壤间的摩擦力达到沉桩的目的,所以在桩和土壤间摩擦力减小的情况下,可以用稍大于桩和锤重的力即可将桩拔起。因此,振动锤不仅适合于沉桩,而且适合于拔桩。沉桩、拔桩效率都很高。

振动锤使用方便,不用设置导向桩架,只要用起重机吊起即可工作。但目前振动锤绝大部分是电力驱动,因此,必须有电源,而且需要较大容量,工作时拖着电缆。液压振动锤是目前正在研究的项目。

振动锤工作时不损伤桩头。

振动锤工作噪声小,不排出任何有害气体。

振动锤不仅能施工预制桩,而且适合施工灌注桩。

我国是以振动锤的偏心力矩 M 来标定振动锤的规格。偏心力矩是偏心块的重量 q 与偏心块重心至回转中心的距离 r 的乘积 $M = qr$。此外,还有以激振力 P 或电动机功率 W 来标定振动锤的规格的。

2.3.2 振动锤的构造

振动锤的主要组成部分是:原动机、振动器、夹桩器和吸振器。图 2-7 是国产 DZ-8000 振动锤总图。

1. 原动机

在绝大多数的振动锤中均采用鼠笼异步电动机作为原动机,只在个别小型振动锤中使用汽油机。近年来为了对振动器的频率进行无级调节,开始使用液压马达。采用液压马达驱动,由地面控制,可以实现无级调频。此外,液压马达还有启动力矩大,外形尺寸小,重量轻等优点。但液压马达也有一些缺点,因此,还有待进一步研究改进。

根据振动锤的工作特点,对作为振动锤的原动机的电动机,在结构和性能上也提出一些特殊要求。

首先要求电动机在强烈的振动状态下可靠地运转,这一振动加速度可达 $10g$(g 为重力加速度)。因此,电动机的结构件全部应采用焊接结构,转轴采用合金钢。在选择绝缘材料时,也应考虑耐振的要求。

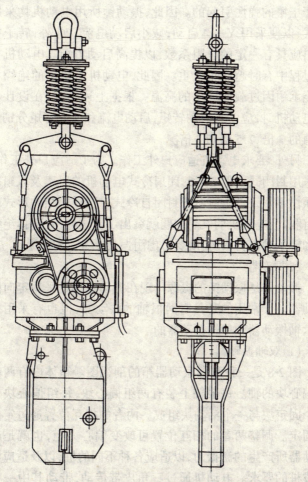

图 2-7 振动锤

其次,要求电动机有很高的启动力矩和过载能力。振动锤的启动时间比较长,需要很大的启动电流。造成这种现象的原因不仅是由于偏心块的惯性力矩所造成的,更主要的是由于土壤的弹性引起的。因此,振动锤所用电动机均采用△接线,以便采用Y—△启动,减小启动电流。此外,转子导电材料应具有一定的电阻系数,以提高启动力矩。电动机在工作过程中有时超载很严重。因此,电动机所使用的绝缘材料应能承耐因过载而产生的高温。根据上述要求,在设计和选择电动机时,应使其启动转矩、启动电流和最大转矩分别为额定值的3倍、7.5倍和3倍。

另外,要求电动机适应户外工作。为了适应户外工作,一般采用封闭式。但一般封闭扇冷式电动机的风扇及风扇罩的耐振性不好,所以,应做成封闭自冷式。这样的结构形式对耐振有利,但电动机的发热问题就突出了。这样,在选择绝缘材料和转子导电材料时,既要考虑耐振又要考虑耐高温。

2. 振动器

振动器是振动锤的振源。现在振动锤都是采用定向机械振动器。最常用的是具有两根轴的振动器,但也有采用四轴或六轴振动器和单轴振动器的。

(1)双轴振动器

图2-8是一种双轴振动器箱的剖视图。箱体内有两根装有偏心块的轴。每根轴上装有两组偏心块,每组偏心块是由一个固定块与一个活动块组成。两者的相互位置通过定位销轴固定。调整两者的相互位置可改变偏心力矩,也就是改变振动器所产生的激振力,以适应各种不同的桩,以及适应沉桩和拔桩的要求。电动机通过三角皮带传动,带动其中一根轴旋转。由于两根轴通过一对相啮合的同步齿轮相连,所以两根轴以相同的转速相向转动,产生定向的激振力。振动器的

频率可以通过变换主、从动皮带轮的直径来改变。箱体内的齿轮与轴承是靠偏心块打油飞溅润滑。

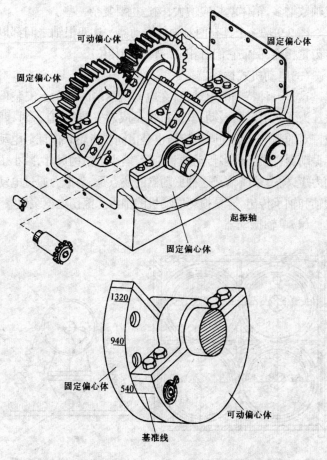

图 2-8 双轴振动器

(2)多轴振动器

具有两对轴或三对轴的振动器在构造上与双轴振动器相

似。多轴振动器的优点是把偏心块分散装在几根轴上,每根轴和支承轴的轴承的受力情况得到改善,延长了振动器的寿命。但轴数增多,箱体就相应增大,构造也要复杂一些。

图2-9是一个具有两对轴的振动器。这四根轴之间都以同步齿轮相连,保证它们有相应的转速和相位。

(3)电动机式振动器

这是一种特制的电动机,在电动机两端的轴颈上安装偏心块。为了产生定向振动,电动机也是成对安装的,有一对,两对或三对的。电动机的同步旋转也是由同步齿轮来保证。电动机式振动器省去了许多传动轴和齿轮,缩小了结构尺寸,减小了启动力矩,构造较简单。这种振动器的缺点是,激振力通过电动机的轴和轴承传出,容易损坏电动机的轴承和擦伤电枢绕组。

(4)单轴振动器

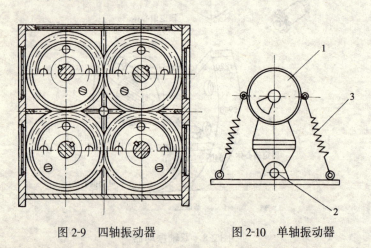

图2-9 四轴振动器　　图2-10 单轴振动器

图2-10是单轴振动器的构造简图。装有偏心块的电动机通过销轴2铰接在底板上。整个电动机可以绕销轴摆动。在

电动机的两侧用弹簧3将电动机拉住。弹簧的作用是在振动器工作时,吸收偏心块所产生的激振力在横向的分力;在振动器不工作时,支持电动机,使之不致倾倒。

单轴振动器的工作原理如下:当电动机转动时,偏心块产生一个圆振动,激振力的方向是不断变化的。由于电动机与底盘以销轴相连,所以激振力在垂直方向的分力经销轴传下来,而横向分力则力图使电动机倾翻。如果适当地选择弹簧3的刚度,使由电动机和弹簧所组成的这个体系,在横方向的自振频率远小于振动器的频率。这时电动机在横向只能做很小幅度的振动,激振力在横向的分力不会传到桩上。

单轴式振动器由于激振力较小,只用在小型振动锤上。

(5)振动冲击锤

振动冲击锤主要有以下两种结构形式:

刚性式:刚性式振动冲击锤的结构如图2-6中(c)所示。振动器用弹簧支承在上锤砧上。振动器工作时上锤砧冲击下锤砧,把冲击力传给桩身。上、下锤砧的间隙可通过弹簧的压紧程度来调节。间隙越小冲击能量越大。当间隙调至零时,冲击能量达极大值。

柔性式:刚性式振动冲击锤中,由于振动器和电动机与上锤砧刚性相连,在工作中,它们将受到冲击所产生的反作用力的影响,要承受很高的应力,因此寿命较短,为此发展了柔性式振动冲击锤。在柔性式振动冲击锤中,上锤砧通过弹簧与振动器相连接。振动器工作时通过弹簧使上锤砧产生共振,上锤砧以很大的冲击能量冲击下锤砧,进行沉桩作业。但这种多自由度的振动体系,很容易因外界条件的变化而产生紊乱的冲击,使冲击能量大大减小。因此,必须精确地确定和调整工作参数。

除了这种以机械式振动器使上锤砧进行冲击的振动冲击锤外,现在出现了不用振动器,用压缩空气或液压驱动的小型冲击锤。这种冲击锤也可达到振动冲击锤那样高的频率,但结构简单,价格便宜。

3. 夹桩器

振动锤工作时必须与桩刚性相连,这样才能把振动锤所产生不断变化大小和方向(向上向下)的激振力传给桩身。因此,振动锤下部都设有夹桩器。夹桩器将桩夹紧,使桩与振动锤成为一体,一起振动。

大型振动锤全都采用液压夹桩器。液压夹桩器夹持力大,操作迅速,相对重量轻。图 2-11 是一种夹持力为 120t 的

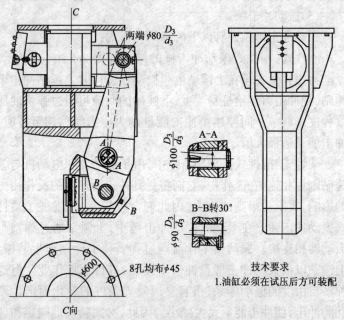

图 2-11 液压夹桩器

液压夹桩器。其主要组成部分是油缸、倍率杠杆和夹钳。图示这种夹钳适用于夹持型钢、板桩等。当改变桩的形状时,夹钳应能做相应的变换。

在小型振动锤上采用手动杠杆式、手动液压式或气动式夹桩器。

4. 吸振器

为了避免把振动锤的振动传至起重机的吊钩,在吊钩与振动锤之间必须有一弹性悬挂装置,这就是吸振器。吸振器一般是由压缩螺旋弹簧组成如图 2-7 中所示。

吸振器在沉桩时受力较小,但在拔桩时受到较大的载荷。当超载时,螺旋弹簧被压密而失效,使振动传至吊钩。但不能因此而把吸振器的刚度提高。因为刚度越大,吸振效果越差。因此,吸振器应根据拔桩力来设计计算。

2.4 其他型式打桩机械

除了上述的两种常用的柴油锤和振动锤以外,其他类型的打桩机械还有:构造简单的落锤;无公害而冲击能量大的蒸汽锤;最近发展起来的液压锤和压桩机等。

2.4.1 落锤

落锤有两种基本型式。

第一种型式的落锤,钢绳的一端牢牢地系在桩锤顶端的吊耳上,另一端通过桩架顶上的滑轮卷在卷扬机的卷筒上。开动卷扬机将桩锤提起,到达预定高度后,将卷扬机的离合器与制动器同时放松,桩锤就带着钢绳下落,产生冲击。

这种锤构造简单,本身没有任何机构,而由操纵卷扬机来

控制。它的缺点是:

(1)桩锤下落时必须克服卷筒和滑轮组转动的摩擦阻力,因而使冲击能量减少;

(2)操作人员必须熟练,操作过程很紧张,容易使操作人员疲劳,因此常常发生事故。如过卷扬,或钢绳放松过多,不仅使下次提升时间延长,而且容易使钢绳跳出滑轮被卡住,致使钢绳拉断等。

第二种型式的落锤,其钢绳不直接系在桩锤上,而是系在一个挂钩装置上,桩锤与挂钩相连。在提升至一定高度时,拉动挂钩装置上的操纵索,桩锤与挂钩装置脱离而自由下落。这种落锤其冲击能量损失少,操作也极为简便,操作人员不紧张,但每分钟的冲击次数减少。挂钩装置也可自动操纵。这只须在桩架适当高度处装一碰块即可。当挂钩升至这一高度时,挂钩上的杠杆与碰块相撞,桩锤自动脱钩。但这种自动装置也有缺点。随着桩的下沉,桩锤的落差加大。当桩锤落差超过一定限度后,常常会把桩头打坏。

总起来说,落锤的优点是构造简单,费用低廉,一般工厂都能制造。但它的缺点较多。首先冲击频率太低,有挂钩型每分钟仅 3~4 次,直接钢绳牵引型也只 10~12 次。其次,锤重也不能太大,一般仅 100~3000kg。因此,落锤只在小规模工程中有时被采用。

2.4.2 蒸汽锤

蒸汽锤是一种较古老的桩工机械。由于蒸汽锤需要配备一套庞大的锅炉设备,使用不方便,所以被后来发展起来的柴油锤所代替。

但是,近来柴油锤受自重和排气污染及噪声的限制,难于向大型发展,不能满足许多大型桩基础施工的要求,蒸汽锤又重新发展起来。

蒸汽锤有许多优点：它可以做成超大型的，可以打斜桩，打水平桩，甚至打向上的桩；蒸汽锤的冲击能量可以在25%～100%的范围内无级调节。因此打桩的精度高，大锤可以打小桩，桩头应力小；蒸汽锤不象柴油锤会产生过热现象，所以长时间运转性能不会改变；蒸汽锤的运转不受土壤软硬的影响，而柴油锤在软土上往往不能启动；蒸汽锤可以在水下打桩；蒸汽锤工作时本身不排出有害气体。

蒸汽锤根据其工作情况可分为：单动式——冲击体只在上升时耗用动力；下降靠自重；双动式——活塞升降均由蒸汽推动；差动式——活塞上升时由蒸汽推动，而下降时由上下压力差推动。

1. 单动式蒸汽锤

单动式蒸汽锤有：人工操纵，半自动操纵和自动操纵式。

(1) 人工操纵式

这种蒸汽锤构造简单，它以活塞杆通过顶心支持在桩头上，汽缸上下运动，进行锤击。在汽缸顶部有一个三通阀。转换三通阀，可以使汽缸的上腔接气源或接大气。这一三通阀由操作者通过牵索控制。当拉动牵索使三通阀接通汽源，蒸汽进入汽缸上腔，由于活塞顶在桩头上不能下降，结果蒸汽压力将汽缸顶起。当汽缸升至一定高度以后，操作者松开牵索，切断汽源，并使汽缸上腔接大气。汽缸内的废气排入大气，压力骤降，汽缸自由下落，冲击桩头。

在汽缸缸体中部有一个小孔。当汽缸上升，小孔升至活塞上方时，蒸汽由这个小孔冲出，发出哨音，警告操作者，转换三通阀。如果来不及变换三通阀,继续进入的蒸汽可由此孔推出,以免汽缸升起过高使它的底部与活塞相碰,将活塞杆的顶心从桩头上拔起。

人工操作单动蒸汽锤构造简单,工作可靠。但其缺点较多:冲击频率低,只有 20~25r/min;供汽软管随汽缸上下运动,容易损坏;这种桩锤生产效率低,而耗气量大。

(2)自动操纵式

自动操纵式单动汽锤生产率高,可以自动工作,并能无级调节冲击能量,是一种较先进的蒸汽锤。

这种蒸汽锤中最大型的,其冲击体的重量为 125t。现以其中冲击体为 80t 的为例:它的冲程为 1.5m,打击能量为 1200kN·m,可以打 480t 重直径 2.5m 的桩。但这种蒸汽锤的总重并不大,全锤本身仅重 150t,所以除 80t 的冲击体外,不参加冲击的重量仅 70t,小于冲击体的重量。这种锤的冲击次数为每分钟 36 次,采用 1.1MPa 的蒸汽(或 7~8MPa 的压缩空气),耗汽量 18.6m^3/h(或 490m^3/h)。

2. 双动式蒸汽锤

双动式蒸汽锤与单动式的主要区别就在于冲击体下降除靠重力外,还受到蒸汽压力的推动,这给双动式带来许多优点。图 2-12 是一种由活塞驱动的双动式蒸汽锤。

锤体的上部是汽缸 1,汽缸活塞 2 通过活塞杆带动冲击体 3。为了防止冲击体转动,装有导向键 10。蒸汽锤工作时,冲击体冲击砧座 4,经砧座把冲击力传至桩头。

汽缸内活塞的升降是受汽阀 6 的控制,汽阀 6 为一转阀,左右转动共 45°。汽阀的转动是受冲击体升降的控制,而冲击体又是与活塞连同动作的。所以,双动式蒸汽锤的换向是自动进行的。

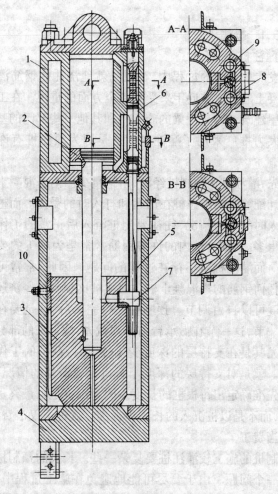

图 2-12 双动蒸汽锤

2.5 灌注桩成孔机械

2.5.1 概述
1. 灌注桩

在发展桩基础的过程中,在现场就地浇注的钢筋混凝土或素混凝土的灌注桩近年来受到各个方面的重视。在工业及民用房屋建筑、港口、桥梁的施工中和其他一些部门的基建工程中都大力推广采用了灌注桩。这是因为灌注桩有许多优点。

首先,灌注桩比预制桩经济,用钢量少。钢筋混凝土预制桩在设计配筋时要考虑桩在吊运和打入时的受力。而桩在吊运和打入时的受力情况,往往要比桩沉入后正常的工作情况要恶劣得多。所以,桩内的许多钢筋常常是为施工的要求而配入的。而灌注桩就不存在这样的问题。因此,常常可以使用不配任何钢筋的素混凝土桩。灌注桩比预制桩经济还在于桩的长度可以自由调节。预制桩在打完以后,总是要在地面上露出一节,这一节在做承台前必须截去,截下来的部分毫无用处。尤其是在支持层的深度变化较大时,截桩的工作量就会更大。就是对支持层的深度了解得比较清楚的情况下,也不能事先准确定出每根桩的长度。因为沉桩是以最终贯入度为标准,而不是以桩沉入的长度为标准。截桩不仅浪费材料,而且相当费工。

预制桩的施工较灌注桩要复杂一些。长大的预制桩的运输就是一个问题。由于要尽可能地避免在施工过程中接桩,二三十米的预制桩也经常是整根运输的。而灌注桩,除钢筋笼外,要运送的是一车车的混凝土。显然,这要方便得多。

预制桩由于受到运输条件和打桩机能力的限制不可能做得很大。而灌注桩则可以根据成孔机械的动力，做成很大孔径的桩，使之具有较大的承载能力。

灌注桩在成孔过程中，常采用取土成孔的方法。在钻孔过程中，根据取出的土的情况，可以十分清楚地了解每根桩所经过的土层的情况。在采用取土成孔时，灌注桩的施工不受土质条件的限制，在冻土上也能施工，即使是遇到孤石，也只需更换钻头即可通过。而预制桩在某些土质条件下是无法施工的。

灌注桩可以做成扩头桩、糖葫芦桩，提高了短桩的承载能力。而预制桩只能是等径桩，而且端部要有一个锥头。

灌注桩在施工时没有噪声、振动。这是国外大力发展灌注桩的一个很重要的原因。

但是，灌注桩也有一些缺点，其中一个较主要的是钻孔后孔底的浮土对承载能力的影响很大。所以，施工技术对承载能力影响很大。当孔深超过地下水位时，要打水下混凝土，由于水泥浆的流失，影响桩的质量。

当采用冲击式打桩机施工预制桩时，对桩的承载能力较为明确。而灌注桩则必须做桩的承载能力实验。

还有一种钻孔打入的沉桩方法。这种施工方法是在桩位处钻一个直径小于桩径的孔，然后把一根预制桩打入。这种施工桩的方法兼有打入法和灌注法两者的优点。但这种施工方法只适用于端承桩，而且要用钻孔和打入两套设备。

2. 成孔方法和机械

灌注桩施工的关键是成孔。成孔后的浇注工艺则比较简单。灌注桩成孔的方法是多种多样的。在某些情况下采用人力挖孔也是经济合理的。例如在山区施工输电线路杆塔基础。在这种情况下机器很难达到。而用人力则非常方便,而且人力挖掘容易排除故障,作成扩大头桩等。但灌注桩的成孔主要是采用机械,而且也便于采用机械,这也是灌注桩的一个优点。

采用机械成孔主要有两种方法:一种是挤土成孔,一种是取土成孔。

(1)挤土成孔。挤土成孔是把一根与孔径相同的钢管打入土中,然后把钢管拔出,即可成孔。打、拔管通常是用振动锤,而且是采取边拔管边灌注混凝土的方法,大大提高了灌注质量。现仅将振动锤在施工灌注桩时的工作情况做简单介绍。

图 2-13 是振动灌注成孔桩的示意图。在振动锤 2 的下部装上一根与桩径相同的桩管 4,桩管上部有一加混凝土的加料口 3,桩管下部为一活瓣桩尖 5。桩管就位后开动振动锤,使桩管沉入土中。这时活瓣桩尖由于受到端部土压力的作用,紧紧闭合。一般桩管较轻,所以常常要加压使桩管下沉到设计标高。达到设计标高以后,用上料斗 6 将混凝土从加料口注入桩管内。这时再启动振动锤,并逐渐将桩管拔出。这时活瓣桩尖在混凝土重力的作用下开启,混凝土落入孔内。由于是一面拔管一面振动,所以孔内的混凝土可以浇注得很密实。

采用振动挤土成孔的方法还可以施工爆扩桩。这时是在成孔后,在孔底放置适量的炸药,然后注入混凝土。引爆后,孔底扩大,混凝土靠自重充满扩大部分。然后放置钢筋笼浇注其余部分混凝土。

采用挤土的方法一般只适于直径在 50cm 以下的桩。对于大直径桩只能采用取土成孔的方法。

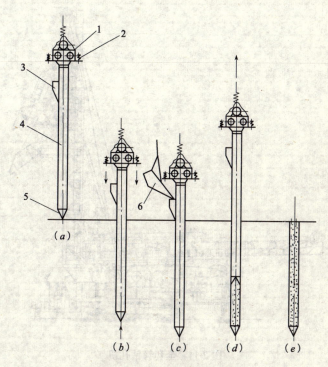

图 2-13 振动灌注桩工艺过程

1—振动锤;2—减振弹簧;3—加料口;4—桩管;5—活瓣桩尖;6—上料斗

(2)取土成孔。取土成孔方法大致可分为以下四种:

1)全套管法:这种施工方法是法国"贝诺特"公司首先发展的,所以常称之谓"贝诺特法"。采用这种钻孔方法是使用一种专门的全套管钻孔机。图 2-14 是一种装在履带底盘上的全套管钻孔机。全套管钻孔机的主要工作装置是一个冲抓斗,其构造如图 2-15 所示。全套管钻孔机的工作情况简述如下:

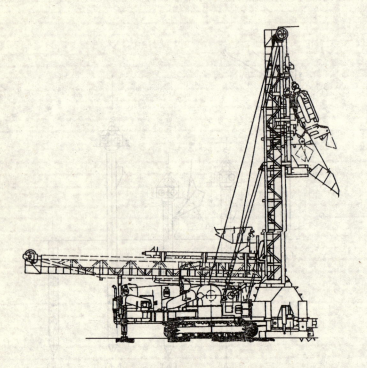

图 2-14 全套管钻孔机

首先在桩位上竖立起一根长度在 2~6m 的钢管,开动钻孔机的加压机构将钢管压入土中。由于钻机所能发挥的压力有限,所以压入深度是不大的。随后将冲抓斗提升钢绳快速放松,使冲抓斗自由下落。冲抓斗在下落过程中,抓斗自动张开,在冲击地面时,钻入土中。这时开动卷扬机将冲抓斗提起。冲抓斗下部的抓斗自动合拢将土抓起。当冲抓斗提升至预定高度以后,借助液压机构将冲抓斗推向前,进行卸土(如图中虚线所示)。然后进行第二次冲抓,如此反复进行。在管内土被挖出的同时,加压使钢管套下沉。在一节套管沉入土中后接上第二节。全套管施工法可以浇制直径 2m 以下,长度在 50m 以内的灌注桩。

在套管下沉至设计标高以后,即可将钢筋笼放入,浇灌混凝土,而后把套管拔出。

全套管法所采用的成孔钻具是冲抓斗。图 2-15 是一种长抓片冲抓斗,适用于在软土上成孔。在硬沙土上成孔时,可换装短抓片;当成孔过程中遇到大块岩石时,可换装凿岩锥。

冲抓斗的动作过程如下:开动提升冲抓斗的卷筒,把斗体稍稍提起。这时爪 L 在配重 K 的作用下张开。因此放松提升钢绳,套管 F 即可从上帽中落下,整个冲抓斗下落,抓片插入土中。这时爪 H 在套管 F 和弹簧 D 的作用下被压开,在提升钢绳上升时,挡 I 可以自由通过。所以一开始斗体不能上升,而是斗内的钢绳 E 被收紧,配重 G 上升,使抓斗合拢。抓片合拢后,整个斗体才被提起。当斗体上部的套管 F 伸入上帽 B 内以后,再放松钢绳。由于套管被爪 L 挂住斗体不能下落,配重 G 下落,抓片张开,将土卸出。

全套管施工法,设备较复杂,成孔速度慢,而且不能施工小直径的

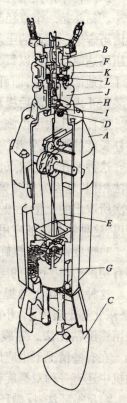

图 2-15 冲抓斗
A—斗体;B—上帽;
C—抓片;D—弹簧;
E—钢绳;F—套管;
G—配重;H—爪;
I—挡;J—爪座;
K—配重;L—爪

桩,所以应用较少。

2)回转斗钻孔法:回转斗钻孔法的主要工作装置是一个钻斗。钻斗是一个直径与桩径相同的圆斗,斗底装有切土刀,斗内可容纳一定量的土。钻斗上方是根方形截面的钻杆。用液压马达驱动钻杆以每分钟十几转的转速旋转。落下钻杆使钻斗与地面相接触,即可进行钻孔作业。斗底刀刃切土,并将土装入斗内。装满后提起钻斗把土卸出,再行落下钻土提土。

这种钻孔法可以施工直径在1.2m以下的桩孔。由于受钻杆长度的限制,钻深一般只能达到30m左右。

这种钻孔法的缺点也是钻进速度低。其原因与全套管施工法相似,是因为要频繁地提起落下,进行取土卸土作业,而每次所取出的土量又很少,在孔深较大时,钻进效率就更低。所以,这种钻孔法的应用也不普遍。

3)螺旋钻孔法:螺旋钻孔法其原理与麻花钻相似,钻的下部有切削刃,切下来的土沿钻杆上的螺旋叶片上升,排到地面上。这种钻的切土与提土是连续的,所以成孔速度快。在华北、东北等土质为Ⅰ、Ⅱ、Ⅲ类,而地下水位又较低的地区,多采用螺旋钻孔法。螺旋钻孔法所使用的设备是长螺旋钻孔机。在有些情况下也应用断续提土的短螺旋钻孔机。在螺旋钻机中还有一种双螺旋钻扩机,可用来钻成带扩大头的桩孔。

4)反循环法:反循环法是在钻孔的同时,向孔内注入高压水,把切下来的土制成泥浆排至地面。这种方法适合于地下水位高的软土地区。我国在采用反循环法时推广采用的设备是潜水工程钻。

2.5.2 长螺旋钻孔机

1. 长螺旋钻孔机的构造

长螺旋钻孔机的钻具的构造并不复杂,图2-16是一种装在履带底盘上的长螺旋钻机。其钻具是由电动机 1,减速器 2,钻杆 3 和钻头 4 这四部分组成。整套钻具悬挂在钻架 5 上。钻具的就位,起落均由履带底盘控制。

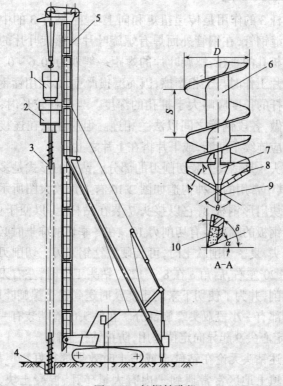

图 2-16 长螺钻孔机
1—电动机;2—减速器;3—钻杆;4—钻头;5—钻架;6—无缝钢管;
7—钻头接头;8—刀板;9—定心尖;10—切削刃

长螺旋钻机大都采用电力驱动。因为钻机经常是在满负荷的工况下工作,而且常常由于土质的变化或操作不当(如进钻过量)而过载。电动机适合于在满载的工况下运转,同时具有较好的过载保护装置。

钻机上部的减速器大都采用立式行星减速器。在减速器朝向钻架的一侧装有导向装置,使钻具能沿钻架上的导轨上下滑动。

钻杆3的作用是传递扭矩和向上输土,钻杆3的中心是一根无缝钢管,在钢管外面焊有螺旋叶片。螺旋叶片的外径D等于桩孔的直径,螺旋叶片的螺距一般取为$(0.6 \sim 0.7)D$。螺旋叶片工作时与土相摩擦,因而磨损严重,必须用锰钢板制作。钻杆的长度应略大于桩孔的深度。当钻杆较长时,可以分段制做,各段钢管之间以法兰相连。但应注意在连接处螺旋叶片应连续不间断,或下片搭在上片之上。

钻头4是钻具上装切削刃的部分。钻头的形式是多种多样的,其中常用的一种构造如图2-16右上角放大图所示。钻头是一块扇形钢板8,它以接头7装在钻杆上,以便于更换。在扇形钢板的端部装有切削刃10。在冬季切削冻土时必须装合金刀头,夏季切削软土时,可装硬质锰钢刀刃。切削刃的前角γ在20°左右,后角α在8°~12°。钻头工作时,左右刃同时进行切削,并为了使切下来的土能及时送到输土螺旋叶片上,钻杆端部有一小段双头螺旋部分。在钻头的前端装有一定心尖9。定心尖9起导向定位作用,防止钻孔歪斜。

上述钻头无论在钻软土或冻土时效果都很好。但是,在某些杂填土地区常常遇到土内有大量砖瓦、混凝土块,条石(如墓碑)等。在这种情况下,用一般钻头就很难,甚至无法进钻。下面讲述两种特殊形式的钻头见图2-17。

(1)耙形钻头:这种钻头的构造如图中(a)所示。它是在钻头上焊了六个耙齿,耙齿露出刃口5cm左右。耙齿用45号钢制作,齿尖处镶有硬质合金刀头。这种钻头对钻透含有大量砖头、瓦块的土层效果较好。它能把碎砖破成小块,送到输土螺旋叶片上。

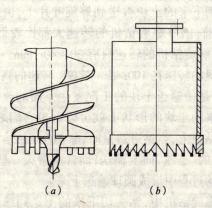

图 2-17 特种钻头
(a)耙形钻头;(b)筒式钻头

(2)筒式钻头:在遇到大混凝土块、条石或大卵石时,则采用如图中(b)所示钻头。这种钻头的筒身为 8mm 厚的普通钢板卷制,筒裙处为 12mm。在筒裙下部刃口处镶有八角针状硬质合金刀头,合金刀头外露 2mm 左右。合金刀头所围圆的外径应略大于桩孔,目的是继续钻进时容易下钻。用这种钻头将石块钻透以后,被钻切下来的圆柱形石块由于钻头继续进钻而被进入筒内的土塞住,在提钻杆时,被提出孔外。在筒式钻头工作时,应对钻杆适当加压,以提高效率,同时,需加水冷却,防止刀头过热。

2. 钻杆的转速

钻具的钻头的回转速度可高可低,不是一个有决定作用的参数。因为高速时可以减小进刀量,低速时可以加大进刀量。但是,土块沿螺旋叶片向上输送时,螺旋叶片转速的高低对土块输送的快慢、对输送土块所耗功率的大小影响很大。因此,钻杆的转速应根据输土条件来确定。

钻头切削下来的土块被送到螺旋叶片上,由螺旋叶片向上输送。目前,国外螺旋钻机的转速大都比较低,例如直径ϕ300~400的螺旋钻机的转速只有30~40r/min。我国制造的同规格的钻机的转速在100r/min左右。转速的高低不仅是个量的问题,而是使输送土块的工况发生了质的改变。从两种钻机输送上来的土块的形状上就可以看出它们之间的差别。在高速螺旋钻机上,当钻进适量时,非粘性土或含水量小的粘性土,以松散的"土流"向上输送;而含水量大一些的粘性土,在向上运动的过程中滚成圆球输送上来。

在低速螺旋钻机中,钻头切下来的土送到螺旋叶片上以后,不能自动上升,它只能被后面继续上来的土推挤着向上去。由于土与螺旋叶片间的摩擦系数较大,所以产生很大的摩擦阻力。因此,要耗用较大的功率。当孔深较大时,往往使螺旋叶片间塞满了土,形成"土塞",只得把钻杆提起来,清除螺旋叶片上的土,然后放下再钻。有时土在螺旋叶片之间被挤得非常结实,而不得不用凿子来清除,费工费时。

在高速螺旋钻机中却完全是另外一种情况。钻头切下来的土被送到螺旋叶片上以后,就随着叶片高速旋转,在离心力的作用下散向四周,与桩孔壁相接触。当螺旋叶片的转速很高,离心力足够大时,土块与孔壁之间就产生一个足够大的摩擦力 F_1。这个摩擦力 F_1 产生一个阻止土块随叶片一起旋转的倾向。一旦 F_1 大于土块所受重力向下滑的分力和土块与叶片之间的摩擦阻力之后,土块即可沿螺旋叶片向上运动。土块向上运动的推动力是离心力在土块与桩孔壁之间所产生的摩擦力 F_1。

这里应当注意一个问题,就是:土块不可能完全贴在桩孔壁上,一点也不随叶片转动。如果是这样,那土块就不再受离心力的作用,摩擦力 F_1 也就不复存在了。另一方面,土块也不可能完全随叶片转动,如果是那样,土块就不能上升。

正是因为在高速螺旋钻机中,每一个土块是受其自身离心力所产生的摩擦力的作用而上升,与其他土块无关,所以,在这种钻机中不会发生土块挤压塞满叶片之间的现象,即使在螺旋叶片上只有一块土块,它也能顺利地上升至地面。

螺旋叶片上的土块被送到地面上以后,因为在螺旋叶片的周围再没有桩孔壁的阻挡,叶片上的土在离心力的作用下撒向四周,进行排土。

3. 短螺旋钻机

短螺旋钻机的钻具与长螺旋钻机很相似。但短螺旋钻机钻杆上的螺旋叶片,只在其下部焊有 2m 左右的一小段,而钻杆的其余部分只是一根圆形或方形的杆。这样,短螺旋就不能象长螺旋把土直接输送到地面,而是采取断续工作的方式。首先是将钻头放下进行切削钻进。钻头把切下来的土送到螺旋叶片上。当叶片上堆满土以后(有时可把土堆至钻杆无叶片的部分)。把钻头连同土一起提起来进行卸土。由于短螺旋是采用这样一种工作方式,所以它的工作参数与长螺旋不同。

短螺旋钻机的钻杆有两种转速。一种是钻进的转速。由于短螺旋钻机不用靠离心力向上输土,相反它希望能把较多的土堆积在叶片上,所以钻进转速都选在临界转速以下。短螺旋钻杆的另一种转速是甩土转速。当叶片上积满土以后,把钻头提出地面,这时应使钻杆高速旋转,叶片上的土在离心力的作用下,被抛向四周。所以甩土转速则应选得较高。另外,由于短螺旋钻杆自身的重量较小,在钻进时需要加压;而在提升时,又因为携带着大量的土而形成土塞,所以需要有较大的提升力。

图 2-18 是一种装在汽车底盘上的液压短螺旋钻机。钻杆以护套 1 罩住,使其不被泥土污染,能顺利地升降。钻杆下部有一段前部装有切削刃,周围焊有螺旋叶片的钻头 5,钻头长 1.5m 左右。液压马达 4 通过变速箱 3 驱动钻杆旋转,钻杆的钻进转速和甩土转速分别为 45 和 198r/min。钻杆由卷扬机带动升降,另有加压油缸 2。

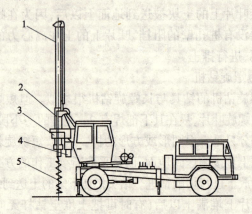

图 2-18 短螺旋钻机

在上面这一例子中可以看到,钻杆的传动机构不是在上部,而是在下部。这是短螺旋的特点。这种传动方式,使重心降低,整机稳定性好。

由于短螺旋钻机的钻杆简单,所以钻杆的接长简单迅速,使钻机在运输状态时长度能较小。一种装在伸缩臂汽车起重机吊臂端部的短螺旋钻机,其钻杆的基本部分的长度很短,在运输状态时可以附在吊臂的侧面,丝毫不影响起重机的运行速度。这种短螺旋钻机常做为电力、电信线路立杆的工程车。

它可以完成运输电杆,钻电杆孔和架设电杆等项工作,是一种高效的工程救险车。

2.5.3 钻扩机

1. 概述

桩的下部带有扩大头的桩叫做"扩头桩"。很明显,扩头桩比等径桩的支承面积要大得多,因此它的承载能力比等径桩也要大得多。扩头桩不仅承载能力强,而且抗拔能力强。由于扩头桩是埋在原状土内的,它的抗拔能力比等径桩或其他靠重力来承受抗拔力的基础都更大。所以,发展扩头桩是一个方向。施工扩头桩的一个关键是要能够在地下钻出一个带有扩大头的孔。目前采用的成孔方法主要有两类:爆扩法和机扩法。

(1) 爆扩法

爆扩施工方法的工艺过程是先用振动锤或螺旋钻机施工一个等径孔,然后在孔底放入适量的炸药,浇注一定量的混凝土将孔封住,使爆炸效果更好。浇注混凝土以后即可引爆。在爆炸力的作用下,孔底形成一个接近球形的大头(如图2-19(a)图所示)。这时插入钢筋笼,再次浇注混凝土即可成为一个带扩大头的桩。

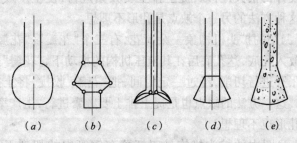

图 2-19 扩底桩

爆扩法施工简单,不需要特殊的成孔机械。但是爆扩法施工有许多缺点。利用爆炸力成孔,很难达到预期的设计尺寸。虽然可以事先试爆,计算炸药用量,但由于同一施工地区的土质也不可能完全相同,所以爆成的孔大小不一。不仅如此,爆成的孔形状很不规则,经常有偏头、缩颈等缺陷。从基础的形状来看,我们希望扩大头是一个底角为45°的圆锥(如图中(d)或(e)图)。因此,球形扩大头约多用一倍混凝土。另外,爆炸所产生的振动会影响邻近的建筑物;爆炸施工不安全。

(2)机扩法

机扩法可以形成一个孔型规则的扩大头,图 2-19 中(b)~(e)图是采用各种不同类型钻扩机所成形的孔的形状。

(b)、(c)、(d)三个图都是采用先钻一个直孔,再换扩头钻进行扩头。其中(b)图的扩头机构象一把没有伞纸的雨伞。当"雨伞"收拢起来便可从孔中放下,放到底以后使它边回转边张开。由于"雨伞"的伞骨即为切削刃,所以,在它转动时可把孔周围的土切下来,逐渐形成一个扩大的孔。为了把切下的土送出孔外,在其下部有一小筒用以装土。因为筒的容量不能设计得很大,所以,提土排土要频繁进行,使生产效率降低。这种方法的另一个缺点是孔形不理想。

(c)图的扩头机构象一朵荷花,有三个"花瓣","花瓣"合拢时放入孔底,达孔底后在其液压机构的推动下,"花瓣"边转动边张开进行切削,经过一定时间,把"花瓣"收拢,将土抓出孔外。这一方法的缺点也是提土排土要频繁进行,生产率低,而且孔形也不理想。

(d)图中的扩头机构是三把藏在钢管内的切削刀。把钢管放到孔底以后,使钢管边转边把藏在其中的切削刀伸出。与此同时,向孔内注水,把切下来的土制成泥浆,排出孔外。这种方法能获得理想的孔形,缺点是要浇注水下混凝土。

(e)图是利用一种双管双螺旋钻扩机施工的扩头桩。这种钻扩机具有:钻进与扩孔合一;钻进与排土同时连续进行;孔形合理规则这三方面的优点,是一种较为理想的扩孔机。下面就讲述这种钻扩机的构造和工作原理。

2. 双管双螺旋钻扩机的构造

双管双螺旋钻扩机的钻杆和钻头是由两根并列的钢管组成,在钢管内各有一条螺旋叶片轴。图2-20是一种双管双螺旋钻扩机钻具总图。

钻扩机的钻杆是由两根并列的无缝钢管10组成。管内各有一条螺旋叶片轴5。两根钢管用若干隔板焊在一起,外面有护罩4。在两根钢管的侧面开有若干出土窗口。在两根钢管的下端铰接着一段相同直径的钢管6(刀管)。在刀管内也装有螺旋叶片轴。由于这段钢管是铰接在上部钢管上的,所以钢管可以绕铰点回转,象人的两条腿一样,可以并拢和张开。当刀管6张开时,管内的螺旋叶片也随同张开,所以上下螺旋叶片是以万向节相连。刀管的张开、并拢是由油缸3通过推杆8来驱动的。刀管上装有两组刀刃,在其下端装有钻孔刀刃7,在刀管的侧面装有扩孔刀刃9。

在开始工作时,下面的两条刀管是并拢的。电动机通过减速器使两根并列的管子绕其共同的轴线旋转(公转),同时使两根螺旋叶片轴高速旋转(自转)。这时钻孔刀切土,钻出一个圆孔。钻孔刀把切下来的土送进管子里,土被管内高速旋转的螺旋叶片抛向管壁。这里的输送原理与长螺旋相同,其不同之处只是,在长螺旋里土是被抛向孔壁,而在钻扩机里

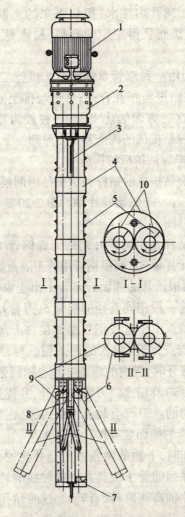

图 2-20 双管双螺旋钻扩机
1—电动机；2—行星减速器；3—扩孔油缸；4—钻杆外罩；5—螺旋叶片轴；
6—刀管；7—钻孔刀刃；8—推杆；9—扩孔刀刃；10—无缝钢管

土是被抛向钢管壁。土被离心力压在管壁上,由于摩擦力的作用,土和叶片之间有了相对运动。这样土块就沿着叶片上升。土块上升到地面以上,就被叶片从管子的窗口中甩出来。在地面以下时,由于窗口被桩孔壁所封闭,土块不会抛出管外。钻扩机钻直孔的情况见图 2-21(a)。

当直孔钻到预定深度时,就开动液压机构使两条刀管逐渐张开,这时扩孔刀开始切土,如图 2-21(b)图所示。这样就切出一个圆锥头。被扩孔刀切下来的土从侧刃旁的缝中进入管内,然后送到地面上来。扩大到设计直径后,把刀管收拢从孔中提出,即完成一个带扩大头孔的成孔工作。浇注混凝土后,即成了一个如图 2-21 中(c)图所示扩头桩。

这种钻扩机,巧妙地利用了两条并列的螺旋钻头,既完成了钻孔又完成了扩孔,钻进和扩孔是用同一个钻具。这种钻扩机在工作时是一面切土,一面输土,工作是连续的,生产效率高。

钻扩孔在钻冻土时,应当采用硬质合金刀头作钻孔刀,而扩孔刀仍用锰钢制成。因为扩孔总是在软土内进行的。

由于刀管要偏转,所以装在管内的螺旋叶片轴也必须跟着偏转,因此在上下管铰接处的叶片是断开的,下叶片搭在上叶片上。这种处理方法既不妨碍土块的输送,也使叶片的运动不产生干涉。

前面曾讲到,基础的底角以 45° 为宜。但上述钻扩机只能切出底角为 68° 的扩头孔。之所以这样,是受到万向节转角的限制,当采用双万向节时,则可切出底角为 45° 的扩头孔,如图 2-21(d)图所示。采用双万向节不仅使刀管偏转角增大,还使刀管内高速旋转的叶片轴的转速更加均匀,减少振动。

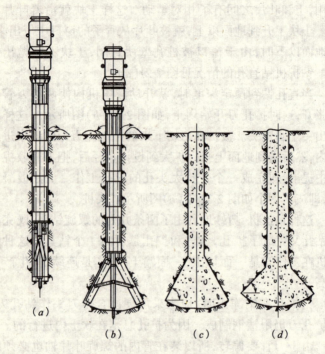

图 2-21 钻扩机钻、扩孔工艺

2.6 桩 架

大多数桩锤或钻具都要用桩架支持,并为之导向。桩架的型式是多种多样的。这里要讲的是通用桩架,是那些能适用于多种桩锤或钻具的。目前通用桩架有两种基本型式:一种是沿轨道行驶的万能桩架;另一种是装在履带底盘上的打桩架。

沿轨道行驶的万能桩架是一种比较古老的桩架,虽然价格便宜,但缺点较多。它需要铺轨,并且对轨道的水平度要求较严;整套桩架的机构比较庞大,在现场组装和用后拆迁都比较麻烦。所以,又发展了履带底盘的桩架。履带底盘式桩架开始是采用悬挂式。后来为了提高打桩的精度和桩架的稳定性,又采用了三支点式履带底盘桩架。

下面分节讲述这几种桩架的构造。

2.6.1 万能桩架

1. 万能桩架的构造

图 2-22 是一种万能桩架的总图。现代桩架大都采用这样一种结构型式。

(1) 立柱

立柱是一个筒型结构。大型桩架的立柱高达数十米。为了便于运输,立柱总是由若干立柱节组成。在立柱的下部有一万向铰,它与水平小车相连。在立柱的上中部有一中部接头。中部接头与两根斜撑相连。立柱是以三点支撑保持稳定。

在立柱的顶部有一顶部滑轮组,其构造如图 2-23 所示。在这一滑轮组中,滑轮 3、4、7 组成主钩滑轮组;8、9、13 组成副钩滑轮组;5、10、12 组成吊锤滑轮组;另外两个滑轮 6、11 分别为左右升降梯滑轮组。

在立柱的前面装有桩锤的导轨(俗称"龙门"),在其两侧是左右升降梯的导轨,如图 2-24 所示。导轨以前曾用型钢,现在都用钢管,其规格已系列化。导轨中心距是标准的。我国目前有两种中心距,330mm 和 600mm。因此,在设计桩锤或钻具时应使其导向机构符合上述标准。

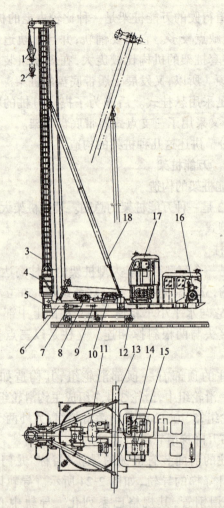

图 2-22 桩架构造图

1—主钩；2—副钩；3—立柱；4—升降梯；5—水平伸缩小车；6—上平台；
7—下平台；8—升降梯卷扬机；9—水平伸缩机构；10—副吊桩卷扬机；
11—双蜗轮减速器；12—行走机构；13—横梁；14—吊锤卷扬机；
15—主吊卷扬机；16—电气设备；17—操纵室；18—斜撑

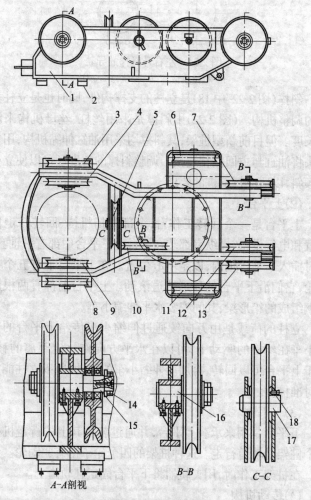

图 2-23 顶部滑轮组

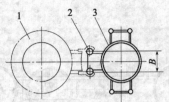

图 2-24 左右升降梯的导轨
1—桩锤或钻具；2—导轨；3—立柱

斜撑(图 2-22,中 18)是立柱的支撑构件,同时也是立柱垂直度的调整机构。(图 2-22)中斜撑是采用丝杠、丝母机构来调整其长度。但目前新型桩架,其斜撑均采用油缸伸缩机构,用快速接头将油缸与主回路相连接。调整斜撑的长度还可以使立柱向后倾斜,以适应打斜桩的要求。

(2)上平台

上平台是一个回转工作台,全部卷扬机构、回转行走传动装置和电气设备、操纵室都装在平台上。平台中部有一轴套,安装时插入下平台轴内,以定中心位置。在上平台下有五个支承滚轮,它们沿下平台的环形轨道滚动。上平台前部有两根用工字钢组成的箱形梁,其间安装水平伸缩小车。

立柱的荷载是由万向铰通过伸缩小车传给上平台的。伸缩小车在丝杠的驱动下,可以在水平方向作一定距离的移动。由于上平台可以回转,再加上伸缩小车的移动,所以立柱能方便地对准桩位。

(3)下平台

下平台是用来承载上平台,并通过装在其上的行走机构使整个桩架沿轨道行走。这种桩架的四个轮子都有驱动轮。

在桩架工作时,用夹轨器将下平台固定在轨道上。

(4)传动机构

这种桩架多采用电动传动,可以用外接电源,也可以装备柴油发电机组供电。

这里一共有五套卷扬机构,这就是吊锤,主吊桩、副吊桩和两个升降梯卷扬机构。而行走、回转、斜撑伸缩和水平小车伸缩是采用一套传动机构,用离合器操纵控制。

这种桩架可借助一根辅助撑架和滑轮组自行架立,图2-25是桩架组立图。

2. 步履式底架的构造

前面所讲述的桩架是在轨道上行驶的,而铺设轨道和把钻架从一条轨道移到另一条轨道上都是费工费时的。为此,设计了步履式底架。步履式底架也是在轨道上行驶,但这条轨道是很短的一段,并可以断续地向前推移,无限延长。图2-26是步履式底架的构造图,其工作原理如下:

启动行走电机,驱动行走轮在轨道上滚动。整个桩架作直线行走。当走到轨道的顶端时,底座上的行程开关触头碰到撞块,行走电机断电,桩架就停止下来。若欲继续向前行走,则开动油泵,使液压支腿把桩架顶起。由于底座上的挂轮挂住轨道的下平面,所以轨道也就离开地面。这时使行走电机反转,行走轮反转。由于行走轮上的链轮与轨道上的链条相啮合,所以轨道在挂轮上向前运动。在链条全部推出后,电动机停转。这时收起支腿,轨道落在地面上,桩架也平稳放下。再次启动行走电机,桩架又开始向前行走。只要重复上述操作顺序,桩架即可继续向前行走。

步履式底架转向也非常方便。当需要转向时,也是先将桩架顶起,这时开动回转电动机,下平台带着轨道一起以回转小齿轮为中心转动。转至极限位置时,收起支腿放下轨道,再反向启动回转电机,此时小齿轮绕大齿轮转动,上平台以大齿轮为中心回转。当上平台转至极限位置后,再放下支腿,重复上述操作,轨道即可转任意角度。

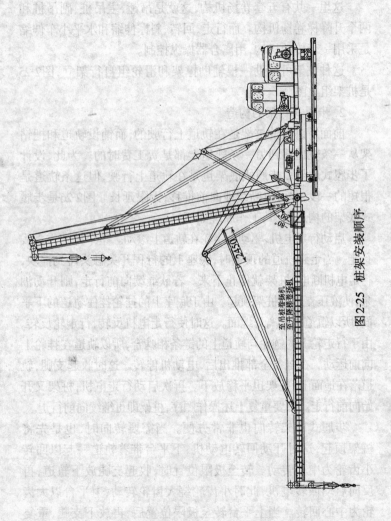

图 2-25 桩架安装顺序

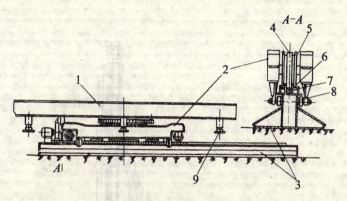

图 2-26 步履式底架
1—上平台;2—下平台;3—轨道;4—行走轮;5—链轮;
6—方钢;7—链条板;8—挂轮;9—液压支腿

步履式底架行走、转向均非常方便,省去了大量的铺轨和移轨工作。

2.6.2 履带式打桩架

1. 悬挂式

悬挂式打桩架是以履带起重机为底盘,以吊臂悬吊桩架立柱,在下部加一支持叉而成,如图 2-27 所示。由于桩架、桩锤和桩加起来的总重量较大,容易使起重机失稳,所以通常要多加一些配重。

立柱在吊臂端部的安装非常简单,装、拆非常方便。为了调整立柱的垂直度,下部支持叉应制成伸缩式的。伸缩的方式有手动插销式、丝杠式和液压式几种。

悬挂式的优点就在于它能很容易地从起重机改装而成,而且能容易地又改成为起重机,所以是一机多用。当由起重机改装打桩架时,由于要增加配重,所以必须校核吊臂及其他有关部分的强度、起重机的反向稳定性和全重量行走的可能性。

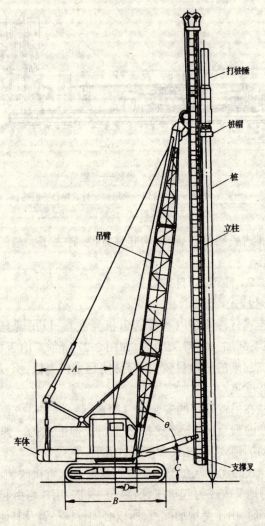

图 2-27 悬挂式履带打桩架

悬挂式的缺点是横向承载能力较弱,尤其是装用钻孔机时非常明显。另外立柱在悬挂式中不能倾斜安装,所以悬挂式桩架不能打斜桩。由于悬挂式存在着这些缺点,所以又发展一种三点式打桩架。

2. 三点式

三点式打桩架的立柱是由两个斜撑(支在附加液压支腿横梁的球座上)和下部托架支持的,所以称为三点式。其构造如图 2-28 所示。三点式也是以履带起重机为底盘,但是要做较多的改动。它要拆除吊臂,增加两个斜撑。为此,又要增加两个液压支腿作为斜撑的下支座,使两个斜撑的下支座能有较大的间距,以保证成为名符其实的三点支撑。

三点式在性能方面优于悬挂式。这首先是三点式的工作幅度小,所以稳定性好;其次,由于立柱是三点支承,所以承受横向载荷的能力大。三点式其斜撑是伸缩式的,所以立柱可以倾斜,以适应打斜桩的需要。三点式的下部托架也大都是可伸缩的。用油缸调节,调节范围在 150~200mm 斜撑上的伸缩油缸除了配合托架调垂直度外,还为了使立柱倾斜以打斜桩,所以行程较大,一般在 2.5m 左右。但对那些经常打直桩的桩架,则应换装行程为 1m 的油缸。三点式斜撑在立柱中部的支撑接头如图 2-30 中(b)图所示。

3. 双导向立柱

现在许多打桩架采用双导向立柱。这是在立柱相邻的两侧面都装有导轨,可以安装两种桩工设备,如图 2-29 所示。通常是一个柴油锤和一个长螺旋,以便施工钻孔打入桩。采用双导向立柱大大提高了打桩架的利用率。

双导向立柱有两种安装形式。一种如(a)图中所示,一组导轨在正面,另一组在左侧面;一种如(b)图中所示,两组导轨

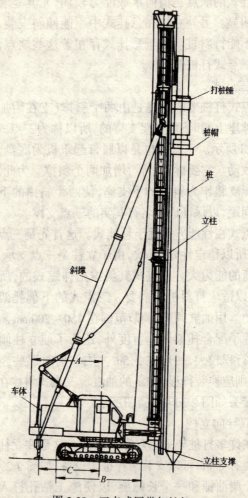

图 2-28 三点式履带打桩架

对称布置在中线的左右各 45°处。在进行变换时；第一种采用立柱自身回转的方式；第二种采用起重机上车回转方式。采用第二种方式时,立柱本身的构造没有什么变动。但当采用第一种方式时,立柱本身要有一个回转机构。

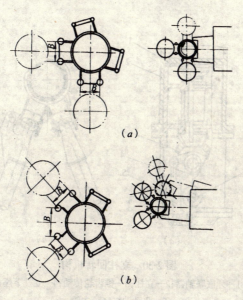

图 2-29 双导向立柱

立柱的回转机构有各种各样的,或采用油马达或采用油缸驱动。

图 2-30(a)是一种采用油缸驱动的回转机构。图中(a)图是立柱下部回转机构;图中(b)图是中部支撑部位。

回转式立柱在长度上分为三段:上帽—滑轮组;中段—导轨部分;底座—与托架相连部分。底座是固定不动的。在回转时,中段顺时针转 90°,则上帽逆时针转 90°,以构成一个新的工位。现仅讲述其下部回转机构。

中段 2 套在底座 4 上,它们之间装有滑动轴套,可以相对转动。它们之间的相对转动是靠驱动油缸 5。油缸 5 通过伞齿轮 3 和联轴器 1 驱动中段,使之转动。由于中段需要转动,所以,斜撑的支点处的连结可以允许主柱转动,如图 2-30(b)所示。

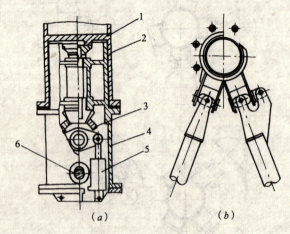

图 2-30 立柱回转机构
1—牙嵌联轴器;2—立柱;3—锥齿轮传动;4—立柱下座;
5—驱动油缸;6—主销

3 挖掘、起重机

3.1 安全技术操作规程

3.1.1 挖掘机安全技术操作规程

1. 工作前的准备

(1)工作前,应对发动机、传动机构、作业装置、制动部分、各种仪表及钢丝绳等进行检查,确认情况正常后,进行每班保养工作。

(2)启动前,应将各操纵杆放置空档位置,主离合器处在松开位置,然后鸣喇叭起动发动机。

(3)在机械周围没有任何障碍物的情况下进行操作。

2. 工作中的注意事项

(1)无关人员禁止入驾驶室。任何人员不得在挖掘机工作范围内停留或通过。配合作业机械应在挖掘机停止工作的情况下进行作业。

(2)挖掘机作业时应处于平稳位置,并制动住行走机构。

(3)铲挖爆破、掘松后的岩石应用正铲,石块粒径不得大于1/2铲斗口宽度,不勉强挖掘较大的坚硬石块和障碍物。

(4)在悬崖下或超高工作面工作时,应预先做好施工安全防护措施。

(5)禁止用铲斗去破碎冻土、石块等物。

(6)工作时铲斗不应一次掘进过深,提斗不应过猛,落斗要轻快。回转和制动要平稳。

(7)铲斗未离开土层不得转向,不得用铲斗或斗柄以回转动作横向拨动重物或汽车。凡是离开驾驶室,不论时间长短,铲斗必须落地。

(8)装车时要让汽车停好,铲斗不得在汽车驾驶室顶上越过。卸土时铲斗尽量放低些。汽车装满后,要鸣喇叭通知驾驶员。

(9)铲斗满载悬空时,不得变更铲臂倾角。

(10)挖掘机在运转时,禁止进行任何保养、润滑、调整和修理工作。对铲臂顶端滑轮和钢丝绳进行检修、保养或拆换时,必须使铲臂下降落地后进行。

(11)经常注意卷筒钢丝绳是否有缠乱或绕扣及绳股钢丝损坏情况。钢丝绳严重磨损断丝超过规定要及时更换。安装钢丝绳,楔块大小要适当,固定要可靠。

(12)挖掘机不论在作业或行走时,机体与架空输电线路应保持一定的安全距离。如不能保持安全距离见表3-1,必须待停电后方可工作。

架空线路与在用机械于最大弧度和最大风偏时,与其凸出部分的安全距离表　　表3-1

线路电压(kV)	广播通讯	0.22~0.38	6.6~10.5	20~25	60~110	154	220
在最大弧垂时垂直距离(m)	2.0	2.5	3	4	5	6	6
在最大风偏时水平距离(m)	1.0	1.0	1.5	2	4	5	6

(13)遇有大风、雷雨、大雾等天气时,机械不得在高压线附近作业。

(14)在埋地电缆区附近作业时,必须查清电缆的走向,用石灰或明显标志划在地面上,并保持在1m以外的距离处挖掘。如不能满足以上要求,需会同有关人员和部门研究,采取其他必要的防护措施后,方可作业。

(15)反铲、拉铲作业时,铲斗装满后不得继续铲土,以免过载。

(16)在挖掘基坑、沟渠、河道时,应根据深度、坡度、土质情况,确定机械离边坡距离,防止边坡坍塌造成事故。

(17)行走时,主动轮在后面,铲臂和履带平行,回转台制动住,铲斗离地面1m左右。上下坡度不得超过20°(36%),上大坡时应用外力协助。下坡应慢速行驶。严禁在坡上换档变速和空档滑行。

(18)转弯不应该过急过大,如弯道过大,应分次转弯,每次在20°左右。

(19)通过桥、涵、管道时,应首先了解其承载能力。通过铁路应铺设木板或草垫,禁止在轧道上转向。通过松软或泥泞地面应用道木垫实。

(20)行走距离不得超过5km,并在行走前彻底润滑行走机构。行走速度不得过快。长距离运行应用平板拖车装运。

3. 工作结束后的注意事项

(1)将挖掘机驶离工作区,停放在安全平坦的地方。

(2)将机身转正,落下铲斗。

(3)将所有操纵杆放于空档位置。各制动器手柄放在制动位置。

(4)冬季使内燃机朝向阳面,并应将冷却水放净。

(5)做好每班保养工作,关锁门窗后,方可离开工作岗位。

3.1.2 起重机安全技术操作规程

1. 一般要求

(1)起重机驾驶员必须经过一定的训练,了解所驾驶机械的构造、性能；熟悉操作方法和保养规程，并经考试合格后，方准单独操作。

(2)司机必须与指挥人员密切配合，严格按照指挥人员发出的信号进行操作。操作前必须鸣号示意。如发现指挥信号不清或错误，有权拒绝执行，并采取措施防止发生事故。对其他人员发出的危险信号，也应采取措施，以避免事故发生。

(3)施工中如遇大雨、大雪、大雾和六级以上大风时，应停止工作，并将起重臂降低到安全位置。

(4)新到、修复和新安装的机械，应遵照《建筑机械技术试验规程》中的有关规定进行试验和试吊，经主管机务人员和操作人员共同检查，合格后方可使用。

(5)起重机各部机件未经主管部门同意，操作人员不得任意拆换或变换。如有变换拆换需要时，都应提出改装方案和安全措施，经主管部门批准，方可实施，并按规定进行试验和试吊。

(6)不同型号和不同规格的起重机械，按其出厂具体规定装设的高度限位器、变幅指示器、幅度限位器、转向限位器等安全保护装置，都应齐全可靠。

(7)严禁用各种起重机械进行斜吊、拉吊。严禁起吊地下的埋设物件及其他不明重量的物件，以免超载造成事故。

(8)起升接长超过原厂规定最大长度的起重臂时，必须用外力辅助将起重臂提升到25°以上才能自行起升。

(9)起吊构件应绑扎牢固，并禁止在构件上堆放或悬挂零星物件。如起吊零星物件，必须用吊笼或捆绑牢固。构件吊起转向时，其底部应与障碍物保持0.5m以上的距离。

(10)起吊构件时，吊钩中心应垂直通过构件重心。构件吊起离地面20~50cm时，须停车检查：

起重机的稳定性;
制动器的可靠性;
绑扎的牢固性。

(11)风雪天气工作,为防止制动器受潮失效,应经过试吊,证明制动器可靠性后,方可进行工作。

(12)起吊构件必须拉溜绳。构件起落、转向速度要均匀,动作要平稳,不得紧急制动。转向时,未停稳前不得做反向动作。注意吊钩上升高度,防止过顶而造成事故。

(13)在运行中,如遇紧急危险情况,应拉离紧急开关停车。如在降落重物过程中,卷扬机制动器突然失灵,应采取紧急措施,可将起钩操纵杆推上,同时再推开离合器,用倒车的方法,多次反复使重物安全降落。

(14)两机抬吊构件时,必须统一指挥。两机载荷分配要合理,动作须协调。吊重不得超过两机所允许起重量的75%;单机载荷不得超过该机允许起重量的80%。

(15)必须经常检查钢丝绳接头和钢丝绳与绳卡结合处的牢固情况。绳卡的规格、数量和间距应按规定使用,并根据钢丝绳直径按标准排列。

(16)钢丝绳的规格、强度,必须符合该型起重机的规定要求。钢丝绳在卷筒上应排列整齐。放出钢丝绳时,最后应在卷筒上缠留三圈以上,以防止钢丝绳末端松脱。钢丝绳的腐蚀或磨损,如超过平均直径10%和在一个节距内的断丝数超过规定时,应更换新绳。

2. 工作前的注意事项

除参照挖掘机工作前的准备外,还应特别注意以下几点:

(1)起动后应试运转一次,检查各操纵装置、制动器和保险装置是否正常、灵敏、可靠。

(2)司机对现场暗沟、防空洞、煤气管道等地下隐蔽物,应根据有关部门提供的资料弄清地面的耐力情况,相应采取必要的措施。

(3)在施工现场,起重机应停放在平坦坚实的地面上。如地面松软,应在夯实后用枕木沿履带横向垫实。地面不平时应先进行平整。

(4)应注意起重机在旋转动作范围内的地面上或空中有无影响起重臂和机身的障碍物。

3. 工作中的注意事项

起吊时应注意下列各项:

(1)停机点要平坦坚实。

(2)起吊物重量清楚,绑扎合理。

(3)注意机身稳定,速度均匀平稳。

(4)起重臂下和吊件上下不准站人。

(5)控制吊钩制动,观察吊件动态,防止钩头到顶或自行下落。

(6)每班每一次起吊和被吊构件接近满负荷时,应在离地50cm处进行试刹车。

(7)被吊物件应有稳定措施。起重工应离开被吊重物可能碰撞挤压的区域。

(8)落下重物时,必须低速轻放,禁止忽快忽慢和突然制动。并注意起重工的安全。

(9)信号明确,鸣号起吊。

(10)起重机满载时,禁止升降臂杆,以免发生重大事故。

转向时应注意下列各项:

(1)机身平正稳定。

(2)机尾和起吊物件半径内无障碍物。

行走时应注意下列各项：
(1)注意地面的耐力和高空障碍。
(2)起重臂放置安全角度、吊钩升到一定高度。
(3)上坡大于15°时，应采取安全措施。
(4)下坡时严禁空档滑行。
(5)带荷重行走时，一般被吊物须在起重机行走前方，吊高不得超过50cm。如须吊着重物在高空或满负荷行走时，应采取必要的安全措施。
(6)行走拐弯不得过急，如转角过大应分几次行进。
(7)上平板时，坡度不得大于15°。上车后应将所有制动器制动住。机身加以合理的捆扎。
(8)转移工作地点须自行驶往时，起重臂应降至20°~30°，并将吊钩升起。如臂接长超过制造厂规定时，必须将臂拆短后才可行走。

4. 工作后注意事项
(1)停放平坦坚实地点。
(2)吊杆放在40°~60°位置。如遇大风，吊杆应放到顺风方向。
(3)将各部制动器制动住，操纵杆置于空档。
(4)冬季还应排净发动机的冷却水。
(5)锁好车体门窗。

3.1.3 起重机的作业信号

1. 作业信号的重要性

起重机在作业过程中，起重机驾驶员必须和起重工取得密切联系，才能完成任务。而这种联系必须依靠作业信号来传达。所以信号的正确使用是非常重要的，不能有丝毫差错，否则就会行动不一致，造成彼此脱节，发生事故。

信号指挥人员必须根据具体情况正确地发出信号,驾驶员一定要按指挥的信号进行操作。有时驾驶员察觉到信号不正确或按信号操作有困难时,切不可擅自更改动作,必须与指挥人员协商解释后,再改变动作。作业信号是提高工作效率、达到安全作业最为有力的保证,不但要记清,动作要熟练,而且在给信号时,不得发生含糊不清、使人发生误解或看不懂的情况。施工现场的任何人员都须认识作业信号的重要性,做到识别信号熟练、明确,以保证起重安装工作的顺利进行。

2. 起重作业信号

起重作业信号有如下三种:

(1)旗语信号

指挥人员应面向起重机,以旗语信号指挥起重机的操作。旗语信号见表3-2。

旗 语 信 号　　　　表3-2

顺序	动作	旗语信号	说　明
1	起重钩上升		1. 左手持红旗,胳臂下垂不动 2. 右手持绿旗,胳臂上伸不动 3. 两眼注视起重机
2	起重钩下降		1. 左手持红旗,胳臂下垂不动 2. 右手持绿旗,胳臂下垂不动 3. 两眼注视起重机
3	起重臂上升		1. 左手持红旗,胳臂下垂不动 2. 右手持绿旗,胳臂上伸,将绿旗打开(不卷)不动 3. 两眼注视起重机

续表

顺序	动　作	旗语信号	说　　明
4	起重臂下降		1. 左手持红旗,胳臂下垂不动 2. 右手持绿旗,胳臂下垂,并将绿旗打开(不卷)不动 3. 两眼注视起重机
5	回转台右转		1. 左手持红旗,胳臂下垂不动 2. 右手持绿旗,胳臂向左伸平不动 3. 两眼注视起重机
6	回转台左转		1. 左手持红旗,胳臂下垂不动 2. 右手持绿旗,胳臂向右伸平不动 3. 两眼注视起重机
7	停　　止		1. 左手持红旗,胳臂向上伸直不动 2. 右手持绿旗,胳臂下垂不动 3. 两眼注视起重机
8	起重机慢行		1. 左手持红旗,胳臂下垂不动 2. 右手持绿旗,胳臂作上、下摆动 3. 两眼注视起重机
9	起重机前行		1. 左手持红旗,小臂向左下方伸出,红旗向左伸平 2. 右手持绿旗,小臂向右下方伸出,绿旗向右伸平 3. 两眼注视起重机
10	起重机后行		1. 左手持红旗,小胳臂向右下方伸出,红旗向右伸平 2. 右手持绿旗,小胳臂向左下方伸出,绿旗向左伸平 3. 两眼注视起重机

(2)手势信号

指挥人员认为各部分准备工作已完成,即吹哨子提请大家注意,这时司机就要注意指挥的手势。指挥人员要面向起重机,按指挥信号指挥起重作业。

手势信号见表3-3。

手 势 信 号　　　　表3-3

顺序	动作	手势	说明
1	起重钩升起		食指向上伸出,作旋转动作
2	起重钩降落		食指向下伸出,同时作旋转动作
3	起重钩微微上升	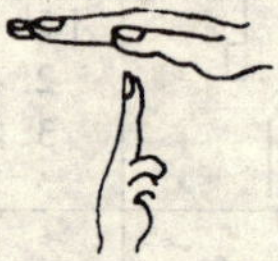	一手平举,手心向下,另一手食指向上,对着手心作旋转动作
4	起重钩微微降落	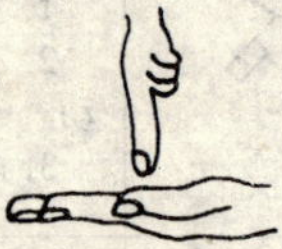	一手平举,手心向上,另一手食指向下,对着手心作旋转动作
5	起重臂起升		大拇指向上,作上下运动
6	起重臂降落		大拇指向下,作上下运动

续表

顺序	动作	手势	说明
7	起重臂稍微起升		一手拇指向上,指着另一手的手心作上下运动
8	起重臂稍微降落		一手拇指向下,指着另一手的手心作上下运动
9	起重机向前移动		两手心向里,对着自己作前后运动
10	起重机向后移动		两手心向外,作前后运动
11	回转台向右转		右手拇指横指左手心,并作旋转运动
12	回转台向左转		左手拇指横指右手心,并作旋转运动
13	起重机向右转		左手手心向外,右手手心向里,两手作前后运动
14	起重机向左转		左手手心向里,右手手心向外,两手作前后运动
15	停止		把手伸平向前,手心向下作左右摆动
16	紧急停止		举手握拳

(3)口笛(手势的辅助信号)

1)吹两短声表示起升:喔喔——喔喔——喔喔;

2)吹三短声表示下落:喔喔喔——喔喔喔——;

3)口笛吹一长声表示停止:喔——。

3.2 挖掘、起重机的操作法

3.2.1 挖掘机的操纵装置

挖掘机的生产率和经济性在很大程度上决定于正确和熟练的操纵,因而挖掘机驾驶员应很好地了解并掌握挖掘机的操纵方法。

正确和熟练的操纵,还可以保证挖掘机在施工时的安全。

操纵装置(以 W-1001 型挖掘机为例):

挖掘机主要机构均采用液压操纵,操纵装置包括斜面操纵台上的四个手柄及两个脚踏板。斜面操纵台的油路系统均由 YB-12 型叶片油泵带动,而脚踏板则采用无泵液压操纵。辅助机构采用杠杆式机械操纵。

操纵手柄及操纵杆在司机室内的位置见图 3-1。

(1)斜面操纵台上有四个手柄,它们的作用如下:

操纵手柄Ⅰ:当向后拉时,主卷扬机右卷筒的摩擦离合器接合;当向右(即横向)扳动时,接通开斗底机构。

操纵手柄Ⅱ:当向后拉时,主传动装置水平轴上的左锥形离合器接合;当向前推时,主卷扬机左卷筒的摩擦离合器接合。

操纵手柄Ⅲ:当向后拉时,主传动装置水平轴上的中间锥形离合器接合;当向前推时,主传动水平轴上的右锥形离合器接合。

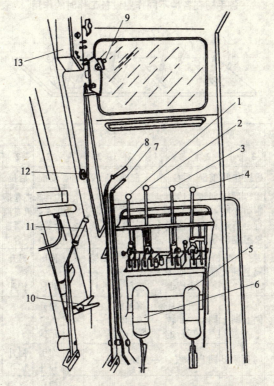

图 3-1 司机室内操纵系统示意

1、2、3、4—斜面操纵台手柄Ⅰ、Ⅱ、Ⅲ、Ⅳ；
5、6—脚踏板；7、8、9、10、11—操纵杠杆；12、13—电器控制设备

操纵手柄Ⅳ：当向后拉时，接通回转机构制动器，实行回转制动，同时行走机构制动器被松开（该制动器是常闭式的）；当向前推时，此时只接通回转机构制动器，而行走机构制动器则是在弹簧作用下处于制动状态。

各手柄在各种不同作业设备工作时的作用见表 3-4。

各手柄在各种不同作业设备工作时的作用　　表 3-4

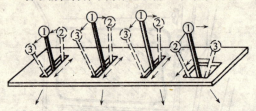

手柄号码	Ⅳ			Ⅲ			Ⅱ			Ⅰ		
作用位置	3 后拉	1 中间	2 前推	3 后拉	1 中间	2 前推	3 后拉	1 中间	2 前推	2 后拉	1 中间	3 右拨
作用机构	回转制动行走松闸	回转松闸行走制动	回转行走制动	主传动中间离合器接合	空档	主传动右离合器接合	主传动左离合器接合	空档	主卷扬机左离合器接合	主卷扬机右离合器接合	空档	斗门拉斗
作业设备类别 正铲	同上	同上	升铲臂左回转后行走	—	降铲臂右回转前行走	回缩斗杆	—	伸出斗杆	提升铲斗	—	斗门拉斗
作业设备类别 起重	同上	同上	升吊杆左回转后行走	—	降吊杆右回转前行走	—	—	提升吊钩	—	—	斗门打开
作业设备类别 拉铲	同上	同上	同上	—	同上	—	—	牵引拉斗	提升铲斗	—	
作业设备类别 抓铲	同上	同上	同上	—	同上	—	—	抓斗启闭	支持抓斗	—	
作业设备类别 反铲	同上	同上	走支架左回转后行走	—	落支架右回转前行走	—	—	牵引铲斗	动臂提升	—	

(2)脚踏板作用如下：

右踏板⑤：当踏下时，主卷扬机构右卷筒制动器制动；踏板在上面时，制动器处于松开状态。

左踏板⑥：当踏下时，主卷扬机构左卷筒制动器制动；踏板在上面时，制动器处于松开状态。脚踏板的作用见表 3-5。

脚踏板作用　　　　　　　表3-5

踏板	左踏板⑥		右踏板⑤	
工作位置	踏下	放松	踏下	放松
作用机构	主卷扬机左制动器制动	左制动器松开	主卷扬机右制动器制动	右制动器松开
作业设备类别 正铲	斗杆停住	斗杆自由伸缩	铲斗悬空停住	铲斗自由下落
起重	吊钩悬空	重物自由下降	—	—
拉铲	拉斗悬空	卸土及掷斗	拉斗悬空	拉斗自由下降
抓铲	抓斗悬空	抓斗张开并下降	抓斗悬空	抓斗自由下降
反铲	铲斗悬空	翻斗	动臂及斗停住	动臂及斗自由下降

注：踏板的操纵必须与操纵台手柄相配合。

(3) 机械操纵杆的作用见表3-6。

机械操作杆作用示意　　　　表3-6

手柄号码	手柄位置示意	位置	所操纵之作用
⑦		前推 后拉	柴油机主离合器结合 柴油机主离合器脱开
⑧		前推 中间 后拉	平台上行走凸爪离合器结合 空　档 回转凸爪离合器结合
⑨		向下扳	柴油机转速增加
⑩		位置"0" 位置"1" 位置"2"	下部履带行走左右凸爪离合器均结合 左右离合器中一个脱开，挖掘机绕半径回转 左右离合器中一个脱开后固定在行走支架上，此时于原地转弯
⑪		前 后	吊杆提升卷扬机齿轮结合 吊杆提升卷扬机齿轮脱开

操纵杆⑦:是操纵柴油机主离合器的,当往前推时,离合器结合;向后拉时,离合器即脱开。

操纵时应注意:每日开始工作或装配后第一次接合主离合器时,要特别小心,手不能离开操纵杆,当一旦发现传动装置有毛病时,即可立即脱开离合器。

操纵杆⑧:是控制回转平台上的行走与回转凸爪离合器用的,当向前推时,行走凸爪离合器接合,此时回转凸爪离合器同时脱开;向后拉时,回转凸爪离合器接合,此时行走凸爪离合器也同时脱开;处于中间位置时,行走与回转凸爪离合器均脱开,即空档位置。

操纵杆⑨:是控制柴油机油量用的,即控制柴油机的转速,往下扳动,油量加大,转速增高,推至上面极限位置时,柴油机熄火。

操纵杆⑩:是操纵履带行走水平轴上的左、右凸爪离合器的,它共有五个位置。

中间位置是空档,行走水平轴上的左右凸爪在弹簧作用下处于接合状态,这时挖掘机可作前后直线行走;操纵杆向上或向下放在第一档位置时,左、右凸爪离合器中有一个脱开,这时一条履带有动力传动,另一条则随着自由转动,挖掘机可绕某一半径转向行走;当操纵杆放在上面或下面的极限位置时,左右凸爪离合器中的一个脱开并与止动块嵌住,此时一条履带的动力切断并被止动,而另一条履带则绕被制动履带作原地转向行走。

操纵杆⑪:是操纵吊杆提升卷扬机构用的,它有两个位置,拉到前面的位置,是齿轮接合,可进行吊杆的升降。推到后部的位置,是齿轮脱开动力切断,吊杆卷扬机呈制动状态。

按钮⑫:是喇叭信号按钮。

电器控制盒⑬:其板面布置见图3-2。

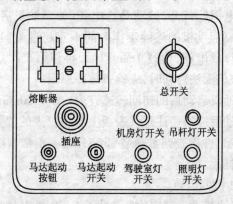

图3-2 电气开关盒板面布置示意图

3.2.2 发动机的启动方法

1. 柴油机的启动

柴油机启动前应进行以下的检查工作:

(1)主离合器操纵杆必须处在分离位置,其他操纵杆也都应处于空档位置。

(2)冷却水是否已加满(在开式冷却泵中,水源的水面应高于柴油机,使柴油机不致因停车而断水)。

(3)油底壳或机油箱是否已有足够的机油,燃油箱内的燃油是否充足。

(4)启动系统各线路接头是否正确完好,蓄电池贮电是否充足。

进行上述检查后,应将所发现的不正常现象立即消除。然后再按以下顺序进行启动:

(1)开启燃油箱开关。

(2)用手泵排除燃油系统内的空气,同时将燃油控制杆固定在相当于空运转(约700r/min)时的油门位置。

(3)将电钥匙打开,掀动马达电钮,使柴油机启动。如果掀下电钮5s(启动机的连续工作时间不宜超过15s)还不能启动,应立即释放电钮,待过1min以后,再作第二次启动,如连续进行四次仍无法启动时,应检查故障原因。

(4)柴油机启动后的初期转速宜为600~700r/min。

(5)启动后应密切注意仪表板上各项仪表的读数(特别是柴油压力表),再检查柴油机各部分有无不正常情况,如有故障应立即排除。

2. 柴油机的运转

(1)柴油机由空转转速700r/min逐渐增加到1000~1200r/min,以进行柴油机的预热运转。当出水温度达到55℃、机油温度达45℃时才允许进行全负荷运转。

(2)负荷与转速应逐渐而又均匀地增加,尽量避免突然增加负荷或卸去负荷。

(3)在柴油机运转期间,必须随时注意仪表的读数和柴油机工作的情况。

(4)新柴油机不宜一开始就以额定功率工作。在最初运转的60h内应适当地降低负荷使用,最好不超过额定功率的80%,以改善柴油机运动件的磨合情况,提高其使用寿命。大修后的柴油机第一次使用时,经过0.5~1h运转后,应停车打开检视孔盖,检查各主要运动部件的质量。

3. 柴油机的停车

(1)柴油机在停车前应先卸去负荷,然后逐渐减低转速至800~1000r/min,运转几分钟后,再行停车。

(2)在冬季停车后应及时打开所有放水阀,放空冷却系统中的全部积水,以防止冰冻。已添加防冻液的冷却液则不需放掉。

3.2.3 挖掘机的操纵方法

1. 正铲作业设备的操纵

正铲作业设备(见图 3-3)包括正铲动臂、正铲斗及斗杆、开斗底结构及联结开斗底的油缸管路、推压机构及中间涨紧装置(包括链条)、主卷扬机右端卷筒($\phi680$)、左端链轮、铲斗及动臂提升钢丝绳。

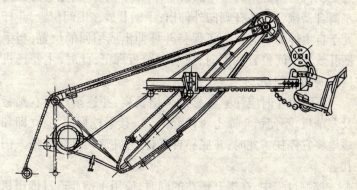

图 3-3　正铲作业设备

(1)开始工作时,首先检查操纵台上各手柄是否都处在中间空档位置,主离合器操纵杆是否处在分离位置,然后起动柴油机。

(2)把操纵杆⑦慢慢往前推,将主离合器接通。

(3)把操纵杆⑧往后拉,使回转凸爪离合器接合。在整个挖掘过程中,此操纵杆位置保持不变。

(4)扳动操纵杆⑨加大油门,增加柴油机转数。

完成上述步骤后,即可开始工作。

铲斗的起落是通过手柄Ⅰ和右踏板来控制。

向后扳动手柄Ⅰ的同时松放右踏板,此时主卷扬机构右卷筒离合器接合,右制动器松开,卷筒卷绕铲斗提升钢丝绳,铲斗向上升起;当手柄Ⅰ放回原位,同时踩下右踏板,铲斗即悬停于空中某一位置;单松放右踏板,右制动器松开,铲斗靠自重下落。

斗杆的伸缩则靠手柄Ⅱ和左踏板控制。

当后拉手柄Ⅱ(主传动装置左锥形离合器接合),斗杆通过推压机构及链条的动作而回缩;前推手柄Ⅱ时(主卷扬机构左离合器接合),斗杆则向外伸出;手柄Ⅱ放在中间位置,斗杆处于自由伸缩状态。为了保持斗杆伸出或缩回的位置,当手柄Ⅱ放置中间位置的同时,应将左踏板踩下,此时,主卷扬机构左制动器制动。

下降铲斗时应注意斗杆的伸出长度,并逐渐放松右踏板及左踏板,不使铲斗撞击履带。铲斗一接触挖掘面,应立即和缓地将它停住。此时,斗底靠自重合上,斗底闩靠自重插入闩孔。

挖掘过程中,在提升铲斗的同时,应用手柄Ⅱ通过推压机构来掌握切土厚度,要在最短时间内掘满铲斗,但不能使挖掘机过载。

铲斗装满后,将铲斗脱离掌子面,即可用手柄Ⅲ进行回转,在回转过程中,可同时调节铲斗的高度和斗杆伸出长度,以合于卸土的位置。

回转要平稳,不允许将手柄Ⅲ由一个极限位置急剧地扳向另一个极限位置,回转将结束,可提前将手柄Ⅲ放回中间位置,利用惯性继续回转,到达卸土点,可用手柄Ⅳ制动或反向扳动手柄Ⅲ制动。

卸土时,将手柄Ⅰ向右扳动,即打开斗底,卸土时,应尽量将铲斗放低,特别是带石块的土壤,以免砸坏车辆。

在返回挖掘面时,可同时下降铲斗。

2. 起重作业设备的操纵

起重作业设备包括吊杆(分 13、16、20、23m 四种长度)、吊钩及吊钩钢丝绳、主卷扬机构左端卷筒(ϕ540),如图 3-4 所示。

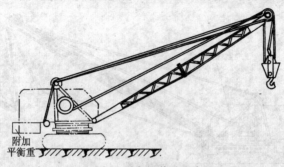

图 3-4 起重作业设备

开始工作时,步骤与正铲相同。

在起重作业时,只利用左边卷筒,当手柄Ⅱ向前推时,即将重物提升,然后扳动手柄Ⅲ向落放重物的地点回转,但必须注意踩住左踏板将重物停止。回转到落放重物地点时,慢慢放松左踏板,使重物徐徐下降。

在作业过程中必须注意:

(1)移动操纵手柄,作回转、提升或下放重物的动作时,都应非常平稳地进行,避免快速动作和急骤制动。

(2)不准提升超过该机规定的允许负荷,否则会引起事故。

(3)在提升最大限度重物时,起重机应放在水平地基上,履带下面垫入木板或枕木,一切动作都应以缓慢的速度进行。

(4)吊着重物时,不准进行吊杆变幅,回转速度保持在 1~2r/min。

3. 拉铲作业设备的操纵

拉铲作业设备(图 3-5)包括拉铲铲斗、拉斗悬挂装置、牵引钢绳导向滑轮装置、主卷扬机卷筒装置(左端为牵引卷筒 φ540,右端为提升卷筒 φ855)及牵引绳索保护装置。

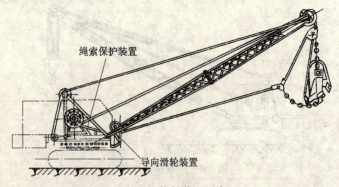

图 3-5 拉铲作业设备

拉铲作业时,踩住左踏板,用手柄Ⅰ将拉斗提升到必要的高度后踩住右踏板,轻轻放松左踏板,使铲斗处于垂直状态再放松右踏板,将拉斗降落。

铲斗落地后,放松左踏板,将手柄Ⅱ推向前,开始挖掘,这时应轻轻放松右踏板,使提升钢绳能自由地随铲斗一起移动,同时可用此踏板控制切入土壤的深度。

铲斗挖满后,松开手柄Ⅱ,踩住左踏板,放松右踏板,扳拉手柄Ⅰ将铲斗提升,为避免铲斗撒土,须随时放松或踩下左踏板来控制铲斗的倾斜角度(放出牵引钢绳,铲斗前部倾下,拉紧牵引钢绳,铲斗前部抬起)。

铲斗提升到所需高度后,用手柄Ⅲ进行回转;铲斗提升和回转也可同时进行。到达卸土点,可放松左踏板卸土,当铲斗成垂直状态时,须重新踩住;卸土完毕即返向回转,放下铲斗,开始新的挖掘。

为了增加挖掘半径,须将铲斗投向较远的地方,为此须先收回牵引钢绳,然后松开左踏板使铲斗靠自重向前摆动,当摆到最大幅度时放松右踏板使铲斗落下。也可利用挖掘机回转时所产生的离心作用,把铲斗抛远。

4. 抓斗作业设备的操纵

抓斗作业设备包括(见图3-6):1.5m³抓斗(分带齿与平口两种)、抓斗设备卷筒(左、右卷筒都为ϕ540)、稳定器、钢丝绳。

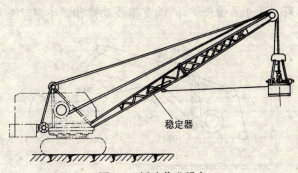

图3-6 抓斗作业设备

抓斗作业时,右卷筒上绕的是支持钢丝绳,它在卸土和抓斗呈张开状态时用以支持抓斗,也可用以提升空抓斗;左卷筒上绕的是启闭钢丝绳,它用以开启或关闭抓斗,用它可提升装着土的抓斗。

挖掘前,抓斗应在悬空位置,呈张开状态,然后将左、右踏板放松,使抓斗落下,在落到地面时,应即将左、右踏板刹住,避免钢丝绳过多的松放。

松开左、右踏板,将手柄Ⅱ向前推,抓斗开始闭合,挖掘土壤。

在提升挖满土的铲斗时,抓斗的全部重量不能转移到支持钢丝绳上,因为这会使抓斗张开。抓斗提到所需高度后,松放手柄Ⅰ、Ⅱ,并踩住左、右踏板,用手柄Ⅲ进行回转。抓斗的提升可与回转同时进行。

回转到卸土点时,踩住右踏板,放松左踏板,斗即张开卸土,卸土后仍用支持钢丝绳将张开的抓斗吊在空中作反向回转,以开始下一个作业循环。

5. 反铲操纵

反铲作业设备(图 3-7)包括:卷筒(左 $\phi 540$,右 $\phi 855$)、动臂、斗杆及 $1.2 m^3$ 带齿铲斗、前支架及动臂和铲斗钢丝绳。

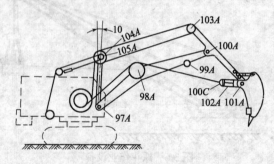

图 3-7 反铲作业设备

挖掘机以反铲装置工作时,右卷筒绕以动臂伸降钢丝绳,左卷筒绕以牵引钢丝绳。

前支架前倾角约为 10°。

挖掘时,踩住左踏板,放松右踏板,后拉操纵杆①,右卷筒卷绕钢丝绳,动臂连同铲斗被提起;放回操纵杆①,踩住右踏板,此时斗子悬空,可回转至挖土位置,落斗挖土。

落斗主要依靠左右踏板来控制,松开左踏板,铲斗向外摆动,向外摆动的速度及幅度由左踏板松放程度所制约。估准落斗点,铲斗外送时,松开右踏板,动臂及斗子下落,适时地踩下左踏板。当斗齿入土时,即踩下右踏板,然后松放左踏板,前推操纵杆②,同时松开右踏板,牵引钢丝绳收绕,动臂钢丝绳放出,进行挖土。挖土深度一般由右踏板控制,挖掘时,应选择最理想的挖掘深度,即既不使发动机或牵引钢丝绳超载,又能在最短时间内装满铲斗。

铲斗挖满,即可后拉操纵杆①,同时松开踏板,提升动臂及铲斗,铲斗离开土壤,即可转向。在回转中,通过提升动臂和牵引铲斗两个动作,把铲斗调节到适宜的卸土高度,在此高度,铲斗应向里收到位。铲斗的空间位置一调节好,即固定住,准备卸土。

回转到卸土位置,即拉动操纵杆①,并放松右踏板,动臂上升,同时放松左踏板,牵引(左)卷筒消除制动,铲斗依靠自重外摆翻斗卸土。

在卸土时应注意,动臂上升的速度是不变的;左踏板松放的快或慢,直接影响到铲斗的外摆距离及高度。因为铲斗外摆是以斗杆与动臂的铰接点为中心作弧形摆动;操作时,要依动臂的提升速度恰到好处地控制左踏板,匀速而又保持一定高度地使铲斗向运土工具中翻斗卸土。要得到较满意地向运土工具中装卸土壤,还必须要求运土工具(如汽车)停放在合理而适当的位置,这样可减少撒土到运土工具外,并有利于安全作业。

6. 挖掘机的行走

(1)将操纵杆⑧推向前面,此时回转台上的行走凸爪离合器接合。

(2)将铲斗提升到离地约 1m 地方后踩下踏板停住并将踏板用勾销固定。

(3)将手柄Ⅳ向后拉,此时回转台被制动,行走制动器松开。

(4)将操纵杆⑩根据行走方向要求(直行、转向或原地转向)放在相应的位置。

(5)操纵手柄Ⅲ进行行走。

在行走时应注意：

(1)在斜坡上行走,不准将锥形离合器松开(即手柄Ⅲ放在中间档位进行滑行)。

(2)在长距离行走时,须每隔 1h 停车对行走机构进行检查并注润滑油。

(3)在寒冷天气的冰冻地方行走时,必须在履带板上安马刺,履带板上备有安装孔。

7. 吊杆或铲臂(反铲为前支架)的升降

(1)将操纵杆⑧放在中间位置,即回转、行走凸爪离合器被分开,都在空档位置。再将手柄Ⅳ推向前,刹住回转台。

(2)将操纵杆⑪拉到前面位置,以接合吊杆变幅机构的动力传动齿轮。

(3)用手柄Ⅲ操纵吊杆的升降。

(4)吊杆(或铲臂)升降到所需位置后,将操纵杆⑪推到后面位置以脱开传动齿轮。

在升降吊杆(或铲臂)时须注意：

(1)在悬空吊着重物(或铲斗悬空)时,禁止进行吊杆(或铲臂)的升降。

(2)在吊杆(或铲臂)升降完毕没有完全停止以前,不得搬动操纵杆⑪,尤其在起升吊杆后,吊杆存在下落势能,蜗轮蜗杆机构尚未产生自锁作用,此时若急速扳动操纵杆⑪,脱开动力传动齿轮,就可能产生倒扒杆(倒臂)事故。

(3)铲臂变动角度范围应控制在 45°~60°之间。

3.3 挖掘机、起重机的保养、调整及故障排除

3.3.1 挖掘机、起重机的技术保养

机械使用到一定的时期后,由于零件相对运动产生的相互摩擦以及腐蚀,结果就造成了零件的磨损和蚀损。为了减少零件之间的磨损,使之能正常的进行工作,且不发生任何意外的故障,提高机械的使用寿命,在很大程度上取决于驾驶员对机械细心的保养。

1. 润滑系的保养

6135G 型发动机机油更换周期在正常使用情况下,运转 300~350h 就须更换一次,使用条件良好,则可延长至 450~500h,而新的柴油机第一次更换机油应在工作 60h 后进行。更换发动机机油,应在柴油机热运行后放出,即在停车后立即进行更换。此时,机油中大部分杂质处在悬浮状态,因而可随同废机油一起排出。为了排除沉积在油底壳内的脏物及杂质,可注入 15L 的混合油(50%柴油和 50%机油混合)。然后启动发动机,以中速运转 2~3min。在发动机运转时,必须注意机油压力表读数,其压力不得低于 0.1MPa。发动机停熄后,立即打开油底壳、机油滤清器、机油冷却器的放油塞,将混合油放尽,然后注入新油(油底壳容量约 25L)。

加入的新机油应是经过滤网过滤的清洁机油。油底壳的油尺上刻有"静满"、"动满"与"险"三字及相应的刻线。当发动机运转时应保持油面在"动满"刻线位置。如接近"险"字时,应立即添加机油。新柴油机添加机油时,油平面应保持在"静满"位置。

柴油机每运转 200h 后,机油滤清器应清洗一次。

清洗绕线式粗滤器时,可松开盖上的4个螺母,连盖取出滤芯,再松开底面的螺钉将滤芯拿下,放在柴油内清洗,再用压缩空气吹净。刮片式粗滤器拆卸法与绕线式相似,滤芯浸入柴油中,转动手柄刮下污垢,再用压缩空气吹净。当刮片式粗滤器芯子积垢过多,不易清洗时,可将螺母旋下,逐片拆出,浸入柴油彻底清洗,但不得将滤片碰毛。然后按原次序逐片装入。装配时,必须严格按次序及片数装配,否则会影响滤清效果。装好后手柄应旋转自如。

刮片式滤清器在柴油机启动前或连续运转约4h后,应顺盖上箭头方向转动手柄,由于滤芯的转动,刮片面可刮去留在滤片外表面的污垢,使滤清器在较长时间内不必拆洗而仍能工作。

滤清器每次清洗后,重装时要注意各部分的密封垫是否良好,尤其是粗滤器内外芯子端面处的密封圈,如有损坏时,即需换新的。精滤器转子装上后必须能运转自如,无阻滞现象,以免降低转子工作时的转速,影响滤清效果。

水冷式机油冷却器应定期清洗,在拆装时应注意使封油圈保持原来的装配位置,否则会造成油水混合。当封油圈用久老化或发粘时,应更换新件。

2. 冷却系的保养

冷却系的工作性能直接影响到发动机的正常运转,如果冷却系保养不当,则会引起发动机过热。

柴油机的冷却水应用软水,以雨水、自来水或清洁的河水为宜,井水含有较多杂质并使柴油机水腔内产生较多的水垢,影响冷却效果,而造成故障,故不宜使用。

冷却系应定期清洗。目前广泛采用磷酸盐来清洗水垢。清洗方法最好在几个班次中进行。先取下节温器,再加入含有磷酸三钠(Na_3PO_4)的冷却水(在每升中加入 5~10ml 的磷酸三钠溶液),每隔 12h 再加一次同量的磷酸三钠溶液,一般加 1~2 次将冷却水放出,并以清水冲洗即可。

在发动机工作时,要注意检查冷却系有无渗漏现象,如水箱有泄漏可用锡焊修补;若个别管子严重损坏而无法焊时,允许将该管堵塞,但堵塞管数不宜过多,否则,水温将增高。水泵溢水孔如果出水成流,就应更换水泵的封水圈。

要注意保护好节温器,不要碰伤皱纹管或让污物堵塞,以免妨碍它的正常工作。没有节温器,会导致柴油机冷却水温度过低,不利于柴油机的正常运转。因此,节温器损坏后应及时修复或换掉,不要随便取消。

传动风扇的三角皮带,应经常注意它的松紧度,太紧了会加剧轴承的磨损,太松了会降低风扇的风量,影响冷却效果。三角皮带张力正常时,在皮带中段加 30~50N 压力时,皮带应能压下 10~20mm。

水箱的散热片外表面被尘土堵塞时,可用木片刮除,或用水冲洗,然后擦干。

3. 燃油供给系的保养

燃油供给系中的零件,精密度很高,有些是经过研磨的耦合件。为使供给系正常地工作,首先应保证燃油的清洁和使用规定牌号的燃油。燃油品质低劣,会引起迅速积炭、雾化不良、零件加剧磨损等。为保证燃油的清洁,在使用前应经过相当长时间(72h)的沉淀处理,或用绸布进行过滤,以滤去燃油中的机械杂质。

(1)燃油滤清器的保养

柴油机每工作 50h,应打开滤清器外壳底部的放油塞,以排除燃油内的水分和杂质沉淀物。每工作 100h,应拆开滤清器拿出滤芯(筒式毛毡)进行清洗,清除外壳内的沉淀物,若是纸质滤芯应更换新的。拆滤清器只要将盖上的带放气螺塞的空心螺丝拧下,外壳及滤芯便可一并取下;装复时要注意滤芯底部和外壳与盖之间的密封垫圈是否完好、密封,如果损坏不起密封作用应更新。

如果使用经过沉淀及滤清的燃油,可每隔 200h 清洗一次。

(2)喷油嘴和喷油泵的保养

从柴油机工作情况判断需要检查喷油器时,可拆下喷油器。拆前要把各接头周围擦干净,拆开油管后,用干净的布或纸把各管口包扎好,以免脏物侵入。

需要拆卸喷油器排除故障时,在拆卸过程中,应特别注意零件不要沾上任何不洁物。不允许零件表面有压伤或擦伤。油针体在任何时候不允许用虎钳夹持,即使垫上铜皮的钳口也不行。

将喷油器的各零件(除喷油嘴外)在干净的柴油或汽油中洗涤。喷油器体上的凹槽用刷子清洗并以压缩空气吹净。仔细地将紧帽内外表面上的积炭清除。

清洗喷油嘴可用铜丝布蘸煤油或柴油刷洗,去掉油嘴头上的烟渣。用直径 1.7mm 的铜丝清理油针体的油路。喷孔如果堵塞,可用探针清理。油针在柴油内浸过后,用专门的铜丝刷子刷洗针部,然后在纯净的煤油中清洗并吹净。

喷油器在装配过程中首先要保持高度清洁。

6135G 型发动机的喷油压力为 17 ± 0.5 MPa。装复后的喷油器可在试验器上进行雾化试验与压力调整。喷油压力调到 17MPa,以每分钟 10 次的速度均匀地揿动试验器手泵,油嘴不应有渗漏滴油现象。以每分钟喷油 60~70 次的速度进行雾化试验时,油雾应细匀,雾束的任何切面中的油粒应均匀分布,不得有看得见的油滴飞溅。雾束方向的锥角约为15°~20°,燃油的切断应及时并有特殊的清脆响声,喷油器达到上述条件即为符合使用要求。

喷油泵总成在工作1000h或掉换零件装配完毕后,必须进行调整,这对柴油机的技术性能有重要意义。

6135G型发动机喷油提前角以曲轴转角计为28°~31°。按照供油顺序,任何相邻的两个分泵的开始供油时间的相隔角度偏差不得超过±30′。

在额定转速下各分泵最大供油量差别不得超过3%。在低转速时,最小供油量差别保持在30%内。

最大供油量调整是将调速手柄拉至最大转速位置,使喷油泵凸轮轴转速固定在750r/min,泵油400次,最大喷油量应为50mL。

(3)燃油系中空气的排除

燃油系中进入空气,会引起发动机启动困难,在工作中,会造成发动机功率下降。因此,一发现燃油系中进入空气,应立即排除,并找出原因,加以消除。

在发动机启动前,用输油泵手泵泵油排除空气,先打开滤清器上的排气螺钉,当流出的油不带气泡即把螺钉拧死,再打开喷油泵上的放气螺钉,油中不带气泡,即把放气螺钉拧紧。如果用起动机带动发动机进行排气,应将供油量放到最大供油位置,并打开滤清器和喷油泵体上的放气螺钉,当喷出的油不带气泡即将放气螺钉都关死,把流出的油擦干净即可正式启动。

若在工作中发觉油路系统进入空气,只需将两处放气螺钉打开,静听发动机运转是否趋向平稳,如果平稳了,即把放气螺钉关闭。

油路中空气一般是从输油泵前至油箱部分管路进入。管路中有裂缝、小孔洞或管接头松动等都会引起燃油系中进入空气。应仔细检查,给予排除。

4. 空气滤清器的保养

6135G型发动机是用的纸质空气滤清器,在柴油机工作500~1500h后进行保养(在多尘区应提前保养)。保养时,将滤芯取出,轻轻敲其端面,或用压缩空气(压力不大于0.5MPa)从滤芯内部向外吹,或用毛刷轻轻刷剔沾污表面,即可清除滤芯上的灰尘污物。如发现滤纸破损或脏污严重时,则须换新。保养时切忌用油或水清洗。

5. 电起动系统的保养

(1)蓄电池的保养

1)要保持蓄电池外部清洁,不得有油污、灰土等脏物,因此,应经常用水冲洗。

2)每格电池的透气孔要保持畅通,不得有堵塞现象;导线连接柱要紧固,连接柱上要涂敷黄油以防连接柱、导线、螺栓等氧化锈蚀。

3)添加蒸馏水(或电解液)。添加时要注意观察液面和极板的位置,一般液面要高出极板顶部10~15mm。

4)要注意检查电液密度,电液密度太低在冬季有可能冻结;电液密度太高,则极板容易硫化。一般在充足电时,电液密度应为1.28(15℃)。

5)要经常保持蓄电池处在充电状态,因此在工作时要注意发电机是否向蓄电池充电。充电电流一般为蓄电池容量1/10~1/8。

6)要预防蓄电池极板的硫化现象。不使蓄电池放电后长期搁置不充电。不使用比重过高的电解液,不使液面长期处于低于极板的情况下工作。

(2)起动机的保养

1)经常检查起动机紧固件的连接是否牢固,导线接触是否紧密,清除积污,涂以少许润滑脂,以防锈蚀。

2)经常检查导线绝缘有无损坏。

3)定期拆去防尘带,检查整流子表面是否光洁,炭刷在刷架内是否有卡阻现象,炭刷弹簧压力是否正常,并清除积尘。若发现炭刷磨损过多,整流子表面烧毛严重和其他故障,应拆下修理。

(3)发电机的保养

1)发电机安装时,要使三角皮带有适当的张力。

2)发电机两端装有滚珠轴承,轴承的润滑剂采用钙基复合润滑脂,并要确保不含杂质。轴承的润滑脂使用约1000h后更换一次,润滑脂以填充轴承空间2/3为合适。在注入新润滑油前,必须在清洁的汽油内清洗所有的零件并使其干燥。

3)在运转时,整流子表面会出现均匀光泽的紫红色的氧化薄膜,它具有良好的耐磨性,不能用砂皮打去。如果有烧黑斑迹,可用"0"号木砂纸打光。如整流子表面沾有油污,则用清洁的布块蘸少许汽油揩净。

4)炭刷磨损过多,会引起弹簧压力逐渐减弱。由于工作时的振动,炭刷与整流子接触面会引起火花,所以应更换新的炭刷。炭刷在刷框内应可自由起落,不被卡住。炭刷和整流子之间接触面不应小于炭刷面积的3/4。

5)转子在转动时,不应与其他零部件相擦触。如发现轴承有径向松动,应更换新轴承。

对于硅整流发电机不须特别维护,平时只须用皮老虎或压缩空气吹去电机中灰尘,保持通风道畅道,观察炭刷与滑环接触情况,检查炭刷磨损和各紧固件的紧固情况即可。

硅整流发电机前后端盖上装有滚球轴承,轴承的润滑采用复合钙基润滑脂,润滑脂在使用 3000h 后,需更换一次。更换时,填充量要适当,后盖轴承内润滑油不宜过多,过多容易溢出溅在滑环上,造成接触不良影响电机性能。

硅整流发电机必须和电压调节器、蓄电池配合作用。接线要正确牢靠,正负极性切不可接错或接反,不然将损坏发电机及电压调节器。

6. 液压操纵系统的保养

(1)往油压系统加油时,必须经过带网漏斗,从油箱上回油管处注入。整个油压系统的容量是 45L。

(2)从油箱侧孔检查油箱内油位的高低。由于油受高压后逐渐分解,因此在工作三个月之后必须将油排尽更换新油,排油可从油箱下部排出,同时须把蓄压器底部的油孔打开。

(3)回油管路上的网状滤油器每经三个月至少要打开一次(从油箱侧孔取出),取出以后用汽油或其它溶液清洗,如有损坏须更换新件。同时用汽油清洗油箱,在装油箱侧孔盖子时,要在接触面处涂薄层润滑油。

(4)滤油器一年应该清洗 2~3 次,如果工作时在油泵与蓄压器间的压力是 4MPa,而自蓄压器到操纵台的管路中压力很快下降,而且长时间不能升到 4MPa 时,说明蓄压器内滤油器太脏需清洗。

(5)拆装油压系统的元件时,必须特别小心并注意清洁,应把手、工具、容器洗干净,用清洁的油清洗拆下的零件并按顺序放在清洁软质的垫板上,特别注意操纵阀的阀杆等高精度的零件,不得落地或落在金属面上,尤其注意不使脏物落入油压系统内部。

油压系统用油要具有适应外界空气温度的粘度,能长时期在工作压力及温度作用下不分解或不改变性能,要求清洁、不含杂质。不允许用未经过滤的脏油、废油或粘度不合适的油。

具体用油如表 3-7 所示。

表 3-7

工作环境温度	油液粘度	适 用 油 类
-30℃～0℃	$E50 = 1.8°$	变压器油 SYB1209-60
0℃～+15℃	$E50 = 2.8°～3.2°$	"20"号机械油 SYB1104-60 "22"号透平油 SYB1201-60
+15℃～+30℃	$E50 = 5.5°～7.5°$	"40"号或"50"号机油 SYB1104-60
高于+30℃时	$E100 = 2.3°～3°$	"19"号压缩机油 SYB1216-602 "15"号车用机油 SYB1151-59

如果没有表 3-7 中牌号的油,准许用二种或几种油根据一定的比例混合起来代替使用。

当温度低于 -20℃ 时,可以用甘油与酒精的混合物。在使用甘油前或使用后,必须将液压系统严格地清洗干净,因为甘油与其他油混合,经过长期工作,会形成凝固体而破坏了油路系统的工作,造成油泵及滑阀的过早磨损,使工作压力不稳定及压力减小。

7. 各级技术保养及其内容

(1)每班保养(在每班工作前、工作中或工作完毕后进行)

1)检查发动机的燃料是否充足。

2)检查水箱的水是否充足。

3)检查发动机油底壳的机油是否充足。

4)检查操纵系统油箱的油是否充足。

5)检查发动机的工作情况,不得有漏水、漏油、漏气和不正常的敲击声音。低速和高速均需运转良好。

6)检查钢丝绳的状况,特别是连接的紧固情况。

7)检查蓄电池、发电机、喇叭、照明灯等是否完好。

8)检查各种仪表指示是否正常。

柴油压力表	$0.06 \sim 0.1$ MPa
机油压力表	$0.16 \sim 0.3$ MPa
温度表	$75 \sim 85$ ℃
操纵油压力表	$3 \sim 4$ MPa

电流表指针应指示在充电位置。

9)各部加注润滑油料:按照各润滑图表中规定的润滑周期、润滑部位和使用的油料进行。

10)检查各机构的工作情况:各离合器、制动器,回转、行走机构,起重臂、滑轮、吊钩等。并进行操作试验,如发现故障,应及时排除。

11)清除机械上的尘垢、油污。

(2)一级保养(挖掘机 50h,起重机 100h)

1)进行每班保养的全部项目。

2)清洗柴油滤清器、空气滤清器和机油滤清器。

3)放出燃油箱内的沉淀物和水。

4)检查高压油泵的机油量。

5)检查调整风扇皮带的松紧度。

6)排除漏油、漏水和漏气现象。

7)检查蓄电池的电压和电液浓度(蓄电池充足电的电液比重在温带地区为 1.285,寒带冬季为 1.31,热带夏季为 1.24)。

8)检查各齿轮箱和减速箱的油面,如缺油应添加,如油已变质则应换新油。

(3)二级保养(挖掘机、起重机都为300h)

1)进行一级保养的全部项目。

2)清洗发动机润滑系(更换机油时间一般间隔300h左右,视工作条件及机油变质情况可延长或缩短)。

3)检查和调整发动机的气门间隙。

4)清洗燃油箱。

5)刷洗换向锥齿轮、回转台大齿圈和主动齿轮、卷筒大齿轮、其他明齿轮。并加上新的润滑油脂。

6)检查起动机、发电机的安装和工作情况,必要时进行紧固调整。

7)检查各制动器的工作情况,发现故障及时排除。

8)检查发动机支架、水箱支架、锥形离合器摩擦块、换向器水平轴支架及主卷扬轴轴承支架等的固定情况。如有松动应加紧固。

9)检查调整平衡滚轮的间隙(一般间隙为0.5~1mm,最大不得超过2mm)。

10)检查斗杆与鞍座间间隙:正常间隙不超过2mm,此间隙可通过增减滑板上的垫片来调节。

11)检查开斗底机构:斗栓插入闩孔20mm,斗底开闭灵活。

12)检查调整链条垂度。

(4)三级保养(挖掘机900h,起重机1200h)

1)进行二级保养的全部项目。

2)研磨发动机的气门。

3)清除进气管、排气管、燃烧室和活塞顶积炭。

4)检查喷油嘴的工作情况,必要时调整喷油嘴的喷油压力。

5)清洗冷却系统。
6)检查发电机和起动机,必要时更换已损坏零件。
7)检查和调整各离合器及制动器。
8)检查并调整行走链条和履带的紧度。
9)检查所有齿轮箱内的油面及油的粘度。
10)检查清洗液压操纵系统,更换液压油料。
(5)四级保养(挖掘作业1800h,起重作业2400h)
1)进行三级保养的全部项目。
2)检查发动机运转情况,更换活塞环。
3)检查和调整燃油泵及调速器的工作情况。
4)检查和调整换向机构锥形齿轮的啮合间隙。
5)检查调整行走和回转爪形离合器。
6)检查履带行走爪形离合器和制动器的工作情况。
7)检查调整和拆修传动链条、摩擦片、制动带、皮碗、垫料、护油圈、轴承等。
8)检查起重臂、吊钩、滑轮和钢丝绳。
9)检查和拆修行走主动轮、引导轮、支重轮和随动轮。

除技术保养外,还应定期修理。修理分中修和大修。中修时间间隔为:挖掘机3600h,起重机为4800h。大修时间间隔为:挖掘机为7200h,起重机为9600h。

3.3.2 挖掘、起重机的冬季保养

挖掘起重机在冬季施工中,要特别注意防冻保温。如果忽视了冬季使用机械的特殊要求,就会影响机械的正常工作,甚至发生恶性机械事故。故做好机械的冬季保养,有其重要意义。

1. 冷却系的冬季保养

在冷却水中加入防冻剂,其成分见表3-8。发动机在正常

工作时,其冷却液的温度应保持在 75~85℃。

酒精和水混合的冷却液 表 3-8

溶液成分的百分比(按体积)		变性酒精溶液		本酒精溶液	
水(%)	酒精(%)	溶液的冰点(℃)	溶液的相对密度	溶液的冰点(℃)	溶液的相对密度
90	10	-3°	0.988	-5°	0.987
80	20	-7°	0.978	-12°	0.975
70	30	-12°	0.968	-19°	0.963
60	40	-19°	0.957	-29°	0.952
50	50	-18°	0.943	-50°	0.937

酒精溶液的冰点较水为低,其冰点的高低是根据酒精在溶液中所占成分的多少而定,所以必须定期检查冷却系统中的溶液,务使酒精和水保持适当的比例,因为酒精在发动机正常温度下能够挥发。

当采用防冻液作为冷却液时,必须遵守下列规则:

(1)采用闭式水箱。在冷却系中加入防冻剂时,必须比冷却系容量少加 6%,因为低温的混合剂受热时会有膨胀。

(2)为了加速发动机的暖热,在灌注之前允许将混合剂在盖好的容器中加热到 80℃。

(3)挖土机每工作 25~35h,应检查冷却系中混合剂的质量,必要时向冷却系中添加新的冷却液。

当没有防冻剂而气温达 -30℃时,容许用水作为冷却液,但必先用 60~80℃的水预热。将放水阀都打开,让水流进水箱。然后将放水阀都关闭,加入 80~90℃的水,停数分钟,使整个机体得到预热,再放出变冷的水,加入热水,即可启动发动机。

挖掘机在野外作业时,发动机和水箱应罩上保温套,在工作时要经常注意冷却系中的水温,水温不应低于70℃。

当发动机长时间停车时,须将冷却水放出,否则会因水在结冰时的体积膨胀而冻裂缸体、缸盖、水套、水泵、散热器等。

2. 燃油系的冬季保养

当周围空气温度低于-5℃时,应当采用冬季用柴油或在冬季用柴油中加入煤油,其加入量为:

温度为-20~-30℃时	10%
温度为-30~-35℃时	25%
温度为-35℃时	50%~70%

在灌注以前须将煤油与柴油混合好。混合的目的是为了降低柴油的粘度,使之能很容易地从燃油中流入输油泵。

3. 润滑系的冬季保养

进入冬季,润滑系应注入冬季用机油。必要时,注入冷发动机内的机油,可预热到70~80℃,预热温度不超过80℃,超过80℃会使机油的润滑性能变坏。

当挖掘起重机需要长时间停车时,应当在发动机停止后立刻放出油底壳内的机油。

在放出、保管、预热机油时,应保持机油的清洁。

4. 其他部分的冬季保养

在周围空气温度低于-20℃时,减速箱内的齿轮油应采用冬季润滑油润滑。

3.3.3 挖掘机的调整

挖掘机工作时,各机构的零件会被磨损和拉伸,配合件之间的规定间隙会受到破坏。各部机构的调整,其目的就是恢复配合件之间的正常间隙。

各部调整如表3-9所列。

挖掘机各部机构调整表

表 3-9

图号	调整内容	调整方法	示图	调整的机构	调整量	注
3-8	杠杆操纵系行程调整	将拉杆的锁紧螺母放松,到所需间隙拉杆时将锁紧螺母拧紧	 拉杆 锁紧端部 螺母接头	1. 柴油机主离合器纵杆	视操纵放便,当操纵杆固定时,保证离合器完全脱开	
				2. 吊杆提升卷扬机操纵杆	滑动齿轮脱开时与大齿轮侧面间隙5～7mm	
				3. 平台上部回转行走凸爪离合器操纵杆	空挡位置时二个离合器全部脱开,并注意二边间隙均匀	
3-9	工作油缸行程调节	将顶杆夹住,放松锁紧螺母,旋动顶杆至所需位置后,将锁紧螺母拧紧	 顶杆 油缸 锁紧 叉头 螺母	1. 主传动装置锥形离合器油缸(共三个)	离合器的行程均为7mm时结合应较平稳不打滑	
				2. 左右踏板油缸		视操纵灵活

257

续表

图号	调整内容	调整方法	示 图	调整的机构	调 整 量	注
3-10	摩擦制动带长度调节	将锁紧螺母松开，然后用调节螺母进行调节，完毕后拧紧锁紧螺母锁紧	调节螺母 锁紧螺母 (a) 锁紧螺母 调节螺母 (b)	1. 主卷扬机制动带（2根）	松闸后闸带和闸轮的间隙为 0.3～1mm	
				2. 回转机构制动带	松闸后闸带和闸轮的间隙为 0.3～1mm	
				3. 行走机构制动带	松闸后闸带和闸轮的间隙为 0.6～2mm	
3-11				吊杆提升机构制动带	调整后弹簧长度 L 应在 42～45mm 内	
3-12	制动带均匀脱开均匀性的调整	将锁紧螺母松开后，进行调节，然后将压紧螺母拧紧固定	调节螺母 锁紧螺母 制动带	主卷扬机左右制动带	均匀间隙为 0.3～1mm	

续表

图号	调整内容	调整方法	示图	调整的机构	调整量	注
3-13	工作油缸返程弹簧调节	将压紧螺母松开后，进行调节，然后将压紧螺母拧紧固定	(a)	主卷扬机左右卷筒离合器	应使活塞返回灵敏	
3-14			(b)	回转机构制动器	应使活塞返回灵敏	
3-15			(c)	开斗油缸	应使活塞返回灵敏	
3-16			(d) 锁紧螺母 调节螺母 锁紧螺母	主传动装置离合器调节左右任意一边即可	圆盘行程在6～7mm内应使离合器脱开结合灵敏	
3-17			(e)	主卷扬机左右制动器	制动器结合时，弹簧各圈不应相碰	

续表

图号	调整内容	调整方法	示图	调整的机构	调整量	注
3-18	离合器结合摩擦带均匀性调节	将锁紧螺母松开,旋动螺栓调节,然后用螺母固定		主卷扬机左右离合器	均匀间隙 0.3~1mm	
3-19	斜面操纵阀全部操纵行程调节	方法同上		斜面操纵合全部操纵油阀	间隙应调整到接合时极平稳,不产生打滑现象	
3-20	平台托滚间隙调整	将螺栓拧松,转动法兰盘在所需间隙后,拧入螺栓固定		回转平台托轮	间隙不大于 1mm	

续表

图号	调整内容	调整方法	示图	调整的机构	调整量	注
3-21	链条与履带板的调节	将锁紧螺母拧松以调整螺栓进行调节后,拧紧锁紧螺母固定	(a) 72D 64A	1. 滚子链条($t=50.8$)	松边的下垂度为15~20mm	如超过此调节范围时可取去若干节缩短链条
				2. 推压机构中间链条	松边的下垂度为15~20mm	同上
				3. 推压机构斗杆链条	下垂度为15~20mm	同上
3-22		方法同上,但须注意导向轴左右调整导螺栓同时调整,以防止轮轴发生倾斜	(b) 锁紧螺母 调节螺母	履带爬行主动轮(调节链条张紧度)	松边下垂度为15~35mm	
3-23		方法同上	(c) 调节螺母 锁紧螺母	履带导向轮(履带张紧程度链条应在主动轮走即履行好之后进行)	上导轮之间履带下垂度40~60mm	

续表

图号	调整内容	调整方法	示图	调整的机构	调整量	备注
3-24	主传动装置伞齿轮啮合调整	左、右齿轮与垂直齿轮的啮合均匀可通过移动水平轴来调整,方法是将固定螺栓拧去,取下压板,旋转螺母来移动水平轴,使左、右二边啮合均匀,然后将压板放上,用螺栓固定	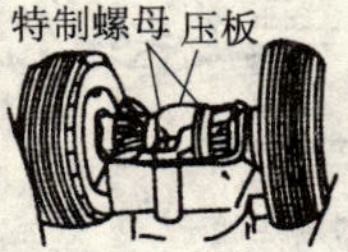 (特制螺母压板)(a)	水平轴	使左、右啮合均匀	
3-25	主传动伞齿轮啮合调整	啮合度的调整可改变垫片的厚度(只需将轴承盖取下即可进行调整)	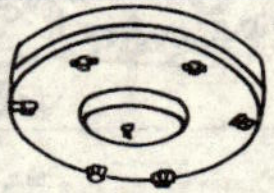 (b)	垂直伞齿轮	啮合间隙不超过0.6~0.8mm	
3-26	履带行走凸爪离合器调整	1. 调节螺母,可以使右两端的距离活动二个离合器话动爪的距离相等 2. 调节弹簧与拉杆结合并保证操纵杆在零位时,离合器保持结合状态	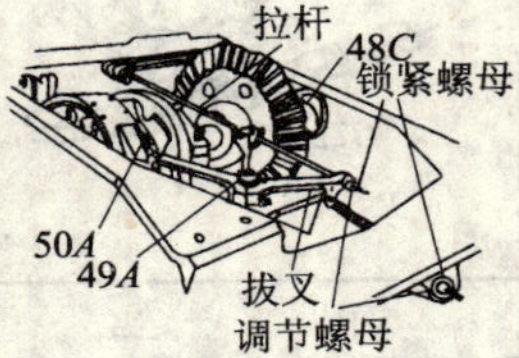 拉杆 锁紧螺母48C 拨叉 调节螺母 50A 49A	行走凸爪离合器	应使离合器脱结结合灵敏	

262

续表

图号	调整内容	调整方法	示 图	调整的机构	调 整 量	注
3-27	行走抱闸调整	平时只调整螺栓4,当大修时先根据图3-20来调整,高度为50mm,然后调整底座内的限位螺栓,调整叉子和螺栓4来达到调整量的要求	调整螺栓 油缸活塞 (a)		油缸活塞和调整螺栓的垂直调整距离为50mm左右,抱闸的铰链1应偏后一些,干铰链2~3的连线,这样一方面能很好的抱死,同时调整时带磨损的抱闸时翘也可增长一些。在松闸后,闸带的间隙为0.6~2mm,同时抱闸时活塞应距下死点3~5mm	
3-28			限位螺栓1 铰链2 3 螺栓4 (b)	行走抱闸		
3-29	液压操纵系统压力的调整	取下视孔玻璃,拧动锁紧螺母,螺杆上的圆柱帽向下移动压力增高,向上移动压力降低。调整后将锁紧垫片锁紧	锁紧螺母 细杆螺栓	联合贮油箱	调整到贮油箱的输出4MPa	

263

3.3.4 挖掘、起重机的润滑

定期润滑挖掘机各机构的润滑部位,对保证机械的正常工作,延长机械的使用寿命有重要意义。

润滑油应使用不含杂质的规定油液,并且每一种油都要放在专用的封闭油桶内,防止灰尘、脏物和水等落入油内,润滑油被灰尘砂子或水弄脏,对于被润滑件(特别是滚动轴承)有不良影响。水不但能引起润滑油变质,且能使轴承生锈;如果有砂土落入轴承内则必须停止挖掘机的工作,把轴承中的砂土清除并用煤油洗涤后加注新油方可恢复工作。

初次加油润滑轴承,或在长期停止工作后加油润滑轴承的时候,应该利用新油把陈油全部挤出。对于新机械,需要每班进行润滑的部件,在第一个星期内每一班至少应当用上述方法润滑一次,不需要经常润滑的地方在第一个星期内也应当用上述方法润滑2~3次以上。润滑油容器必须放在室内,禁止把油桶放在露天下,油桶上必须标明油的种类,不许用一个油桶装各种各样的油。

挖掘机上的轴承与零件,由于结构与负荷不同,所以工作条件也不同,因此其润滑的周期和使用润滑油的种类都不相同,必须严格按润滑表(表3-10)的规定进行,表内所列润滑油牌号均遵照石油工业部部颁标准。润滑部位,见图3-8~图3-22。

润 滑 表　　　　表3-10

润滑部位	图号	被润滑机构名称	润滑点	润 滑 油	润滑方法	润滑周期
1B	3-30	减速机齿轮及轴承	1	汽车齿轮轴 SYB1103—602	由加油孔塞2注入,至油堵1处。排油由油堵4处排出	根据须要经常补充,经工作720~960h后全部更换

续表

润滑部位	图号	被润滑机构名称	润滑点	润滑油	润滑方法	润滑周期
2B	3-30	从减速机构到主传动装置的齿轮	1	同上	由加油孔盖5注入到油堵6处,排油由油堵7排出	根据需要经常补充,经1000~1200h后更换
3B	3-30	换向机构齿轮	1	同上	由加油孔盖10注入,至轴下部高度排油经孔9	根据需要补充,经1000~1500h后全部更换
4A	3-30	锥形离合器拨叉杠杆销轴	2	夏季:2号钙基润滑脂,SYB1401—59或2号复合钙基润滑脂SYB1407—59;冬季:1号钙基润滑脂或1号复合钙基润滑脂	压入式注油器	每工作720h
5C	3-30	钳形离合器操纵杠杆之连杆	2	40号或50号机油SYB1104—60	油壶流注	每工作1000h
6C	3-30	主传动装置,操纵杠杆活动关节	6	同上	同上	同上
7D	3-30	主传动垂直明齿轮传动,回转机构上部齿轮、中间齿轮及行走上部齿轮	2	石墨润滑脂SYB1405—59	木刮板	每工作1000h

续表

润滑部位	图号	被润滑机构名称	润滑点	润滑油	润滑方法	润滑周期
8A	3-30	主传动垂直轴下部轴承	1	1号、2号钙基润滑脂SYB1401—59,1号、2号复合钙基润滑脂SYB1407—59（冬用1号、夏用2号）	压入式注油器	每工作720h
9C	3-30	吊杆提升机构操纵拉杆活动关节销轴轴承	6	40号或50号机械油 SYB1104—60	油壶浇注	每工作100h
10B	3-31	吊杆提升机构蜗轮传动	1	汽车齿轮油SYB1103—602	由上部孔8（图39）处注入，至轴下端由油堵1排油	根据需要补充，每工作720～960h全部更换
11A	3-33	行走链轮轴支点	2	1号、2号钙基润滑脂SYB1401—59,1号、2号复合钙基润滑脂SYB1407—59（冬用1号、夏用2号）	压入式注油器	每次64h加一次，在长距离行走时，每小时加一次
12A	3-31	中央主轴	1	1号、2号钙基润滑脂SYB1401—59,1号2号复合钙基润滑脂SYB1407—59（冬用1号，夏用2号）	压入式注油器	每工作8h

续表

润滑部位	图号	被润滑机构名称	润滑点	润 滑 油	润滑方法	润滑周期
13A	3-31	行走抱闸杠杆销轴	1	同上	同上	每工作120h
14A	3-31	行走水平轴的右半轴轴承和左半轴轴承	2	同上	同上	每工作64h加一次，长距离行走时，每小时加一次
15A	3-31	履带导向轮轴	2	1号、2号钙基润滑脂SYB1401—59,1号、2号复合钙基润滑SYB1407—59(冬用1号、夏用2号)	压入式注油器	每工作64h加一次，长距离行走每小时加一次
16A	3-31	支重轮	12	同上	同上	同上
17A	3-31	履带托轮轴	4	同上	同上	每工作120h加一次，长距离行走每小时加一次
18B	3-31	行走机构伞齿轮传动	1	汽车齿轮油SYB1103—602	由孔2注入至孔2的位量，经孔3排油	根据需要加注，经工作1200~1500h后全部更换
19A	3-31	履带驱动轮外轴承	2	1号、2号钙基润滑脂SYB1401—59,1号、2号复合钙基润滑脂SYB1407—59(冬用1号、夏用2号)	压入式注油器	每工作64h加油一次，长距离运行每小时加一次

续表

润滑部位	图号	被润滑机构名称	润滑点	润滑油	润滑方法	润滑周期
20A	3-31	履带驱动轮内轴承	2	同上	同上	同上
21D	3-32	回转主动齿轮及大齿圈	1	石墨润滑脂SYB1405—59	木刮板	根据需要加油,至少每工作100h加一次
22A	3-32	行走机构水平轴中间段轴承	2	1号、2号钙基润滑脂SYB1407—59,1号、2号复合钙基润滑脂SYB1407—59(冬用1号、夏用2号)	压入式注油器	每工作64h加油一次。长距离行走时,每小时加一次
23A	3-33	行走立轴下部轴承	1	同上	同上	每工作720h
24A	3-32	回转托轮轴	4	同上	同上	每工作16h
25A	3-32	回转支承滚轮轴	24	同上	同上	每工作120h
26D	3-32	吊杆提升机构活动齿轮	1	石墨润滑脂SYB1405—59	木刮板	每工作100h
27A	3-32	吊杆提升机构蜗杆上部轴承	1	1号、2号钙基润滑脂SYB1401—59,1号、2号复合钙基润滑脂SYB1407—59(冬用1号、夏用2号)	压入式注油器	每工作120h

续表

润滑部位	图号	被润滑机构名称	润滑点	润 滑 油	润滑方法	润滑周期
28C	3-32	吊杆提升机构活动齿轮花键轴	1	45号或50号机油 SYB1104—60	油壶浇注	每工作100h
29A	3-32	吊杆提升卷筒轴承	2	1号、2号钙基润滑脂SYB1401—59,1号、2号复合钙基润滑脂SYB1407—59（冬用1号,夏用2号）	压入式注油器	每工作120h
30A	3-32	回转机构垂直轴下轴承	1	同上	同上	同上
31A	3-34	主传动装置水平轴左支点	1	同上	同上	同上
32A	3-34	伞齿轮及链轮轴承	3	同上	同上	同上
33A	3-34	锥形离合器拨叉轴承	3	同上	同上	同上
34C	3-34	锥形离合器活动部分花键结合	2	40号、50号机油 SYB1104—60	油壶浇注	每工作100h
35D	3-34	主卷扬机与主传动装置之间明齿轮传动	2	石墨润滑脂 SYB1405—59	木刮板	根据需要,但不少于每工作100h加一次

续表

润滑部位	图号	被润滑机构名称	润滑点	润 滑 油	润滑方法	润滑周期
36C	3-35	行走机构上部传动离合器操纵杠杆销轴,拉杆活动关节及轴承	5	40号、50号机油 SYB1104—60	油壶浇注	每工作100h
37A	3-35	主卷扬机左右制动器杠杆销轴	4	1号、2号钙基润滑脂 SYB1401—59,1号、2号复合钙基润滑脂 SYB1407—59(冬用1号、夏用2号)	压入式注油器	每工作32h
38C	3-35	主卷扬机左右制动器杠杆活动关节	2	40号、50号机油 SYB1104—60	油壶浇注	每工作100h
39C	3-35	行走水平轴凸爪离合器垂直操纵拉杆卡环和销轴	3	40号、50号机油 SYB1104—60	油壶浇注	每工作100h
40C	3-35	行走制动器垂直拉杆卡环	1	同上	同上	同上
41A	3-35	中间齿轮轴承	1	1号、2号钙基润滑脂 SYB1401—59,1号、2号复合钙基润滑脂 SYB1407—59(冬用1号,夏用2号)	压入式注油器	每工作720h

续表

润滑部位	图号	被润滑机构名称	润滑点	润 滑 油	润滑方法	润滑周期
42A	3-35	行走机构上部齿轮轴承	1	同上	同上	同上
43C	3-35	行走制动器操纵杠杆活动关节及销轴	2	油壶浇注	油壶浇注	每工作720h
44A	3-36	主卷扬机左右摩擦制动圆盘轴承	2	压入式注油器	压入式注油器	每工作720h
45A	3-36	主卷扬机左右座轴承	2	同上	同上	同上
46A	3-31	主离合器操纵杆销轴	1	同上	同上	每工作64h
47C	3-31	主离合器操纵拉杆活动关节	4	油壶浇注	油壶浇注	每工作100h
48C	3-26	行走水平轴凸爪离合器滑动花键	2	同上	同上	同上
49A	3-26	行走水平轴凸爪离合器操纵杠杆销轴	2	压入式注油器	压入式注油器	每工作120h

续表

润滑部位	图号	被润滑机构名称	润滑点	润滑油	润滑方法	润滑周期
50A	3-26	凸爪离合器活动块卡环	2	同上	同上	同上
51A	3-37	双足支架水平滑轮销轴	2	同上	同上	每工作240h
52A	3-37	双足支架垂直滑轮销轴	1	同上	同上	同上
53D	3-37	双足支架横梁拉环销轴	2	石墨润滑脂SYB1405—59	木刮板	根据需要,但应高于工作100h
55C	3-36	主卷扬机离合器操纵杠杆关节	6	40号、50号机油SYB1104—60	油壶浇注	每工作100h
56A	3-36	主卷扬机离合器操纵杠杆销轴	2	1号、2号钙基润滑脂SYB1401—59,1号、2号复合钙基润滑脂SYB1407—59(冬用1号,夏用2号)	压入式注油器	每工作16h
57A	3-38	回转制动器杠杆销轴	1	同上	同上	同上
58C	3-38	回转制动器杠杆活动关节	4	40号、50号机油SYB1104—60	油壶浇注	每工作100h

续表

润滑部位	图号	被润滑机构名称	润滑点	润滑油	润滑方法	润滑周期
59A	3-38	回转机构上部齿轮轴承及轴上端轴承	1	1号、2号钙基润滑脂SYB1401—59,1号、2号复合钙基润滑脂SYB1407—59（冬用1号，夏用2号）	压入式注油器	每工作720h
正 铲 设 备							
60A	3-33	头部滑轮（用于动臂提升钢绳的一对）	2	同上	同上	每工作240h
61A	3-33	头部滑轮（用于铲斗提升钢绳的一对）	2	同上	同上	每工作720h
62A	3-33	斗底耳环销轴	2	同上	同上	每工作64h
63C	3-33	开斗底机构杠杆销轴及活动关节	6	40号、50号机油SYB1104—60	油壶浇注	每工作100h
64A	3-21	推压传动机构张紧拉轮轴承	3	1号、2号钙基润滑脂SYB1401—59,1号、2号复合钙基润滑脂SYB1407—59（冬用1号，夏用2号）	压入式注油器	每工作240h

续表

润滑部位	图号	被润滑机构名称	润滑点	润滑油	润滑方法	润滑周期
65A	3-33	推压机构中间双链轮轴承	1	同上	同上	同上
66A	3-33	推压轴承	2	1号、2号钙基润滑脂SYB1401—59,1号、2号复合钙基润滑脂SYB1407—59(冬用1号,夏用2号)	压入式注油器	每工作16h
67A	3-33	推压机构鞍形座轴承	2	1号、2号钙基润滑脂SYB1401—59,1号、2号复合钙基润滑脂SYB1407—59(冬用1号,夏用2号)	压入式注油器	每工作16h
68D	3-33	推压机构齿轮齿条	2	石墨润滑SYB1405—59	木刮板	每工作100h
69D	3-33	斗杆与鞍形座滑导面	2	同上	同上	同上
70A	3-33	铲斗滑轮轴承	1	1号、2号钙基润滑脂SYB1401—59,1号、2号复合钙基润滑脂SYB1407—59(冬用1号,夏用2号)	压入式注油器	每工作720h

续表

润滑部位	图号	被润滑机构名称	润滑点	润滑油	润滑方法	润滑周期
71A	3-33	铲斗滑轮销轴	1	同上	同上	每工作64h
72C	3-21	链轮和链条齿面	3	40号、50号机油 SYB1104—60	油壶浇注	每工作100h
73E	3-33	动臂提升钢丝绳	1	钢丝绳油	刷子	每工作240h
74E	3-33	铲斗提升钢绳	1	同上	同上	同上
拉 铲 设 备						
75A	3-39	导向滑轮架销轴	2	1号、2号钙基润滑脂SYB1401—59,1号、2号复合钙基润滑脂SYB1407—59（冬用1号,夏用2号）	压入式注油器	
76A	3-39	旋转滚珠轴承	2	同上	同上	每工作720h
77A	3-39	导向滑轮架垂直导向滑轮轴承	4	同上	同上	同上
78A	3-39	长形水平导向滑轮轴承	2	同上	同上	同上
79A	3-42	翻斗滑轮销轴	1	同上	同上	每工作16h
80E	3-42	提升钢绳	1	钢丝绳油	刷子	每工作64h

续表

润滑部位	图号	被润滑机构名称	润滑点	润滑油	润滑方法	润滑周期
\multicolumn{7}{c}{起 重 设 备}						
81C	3-40	起重吊钩横梁及绳套销轴活动关节	3	40号、50号机油 SYB1104—60	油壶浇注	每工作100h
82E	3-40	起重钢绳	1	钢丝绳油	刷子	每工作240h
83A	3-40	起重吊钩滑轮轴承	1	1号、2号钙基润滑脂SYB1401—59,1号、2号复合钙基润滑脂SYB1407—59(冬用1号,夏用2号)	压入式注油器	每工作24h
84A	3-40	起重吊钩止推轴承	1	1号、2号钙基润滑脂SYB1401—59,1号、2号复合钙基润滑脂SYB1407—59(冬用1号,夏用2号)	压入式注油器	每工作24h
抓 斗 设 备						
85A	3-41	拉杆销轴	4	1号、2号钙基润滑脂SYB1401—59,1号、2号复合钙基润滑脂SYB1407—59(冬用1号,夏用2号)	压入式注油器	每工作16h
86A	3-41	拉杆上部销轴	2	40号、50号机油 SYB1104—60	油壶浇注	每工作24h

续表

润滑部位	图号	被润滑机构名称	润滑点	润 滑 油	润滑方法	润滑周期
87A	3-41	横向滚轮销轴	2	同上	同上	同上
88A	3-41	纵向滚轮销轴	2	同上	同上	同上
89A	3-41	抓斗上部滑轮销轴	1	同上	同上	同上
90A	3-41	抓斗下部滑轮销轴	1	同上	同上	同上
91A	3-41	下部横梁销轴	2	同上	同上	同上
92A	3-41	斗颚销轴	2	同上	同上	同上
93E	3-43	启闭钢绳	1	钢丝绳油	刷子	每工作64h
94E	3-43	支持钢绳	1	同上	同上	同上
95C	3-44	滑轮销轴	3	40号、50号机油 SYB1104—60	油壶浇注	每工作100h
96C	3-44	稳定器销轴	4	同上	同上	每工作100h
反 铲 设 备							
97A	3-7	动臂底脚轴承	2	1号或2号钙基润滑脂冬用1号,夏用2号	压入式注油器	16h
98A	3-7	牵引过桥滑轮	2	1号或2号钙基润滑脂冬用1号,夏用2号	压入式注油器	720h

续表

润滑部位	图号	被润滑机构名称	润滑点	润滑油	润滑方法	润滑周期
99A	3-7	钢丝绳档滚	2	同上	同上	64h
100A	3-7	动臂斗杆铰连轴	2	同上	同上	8h
101A	3-7	铲斗滑轮轴套	1	同上	同上	16h
102A	3-7	铲斗滑轮	1	同上	同上	720h
103A	3-7	斗杆滑轮	1	同上	同上	240h
104A	3-7	支架大滑轮	2	同上	同上	720h
105A	3-7	支架小滑轮	2	同上	同上	240h
106C	3-7	钢丝绳限位滚子	4	40号或50号机油	油壶浇注	8h

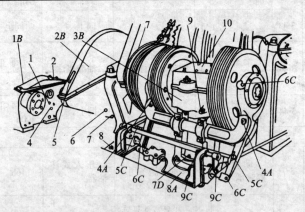

图 3-8 润滑表图
1、6、8—检查塞;2、5、10—加油孔塞;4、7、9—放油塞

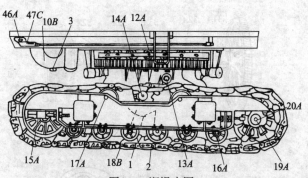

图 3-9 润滑表图
1、3—放油孔;2—加油孔

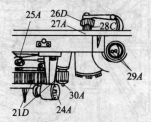

图 3-10 润滑表图

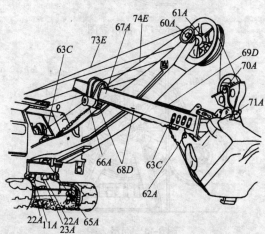

图 3-11 润滑表图

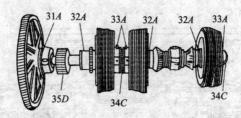

图 3-12 润滑表图

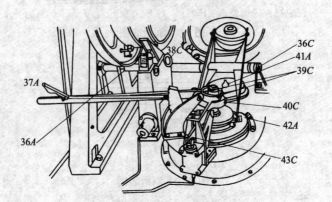

图 3-13 润滑表图

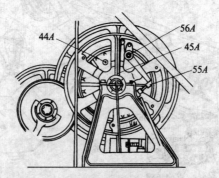

图 3-14 润滑表图

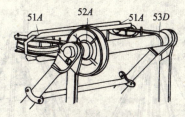

图 3-15 润滑表图

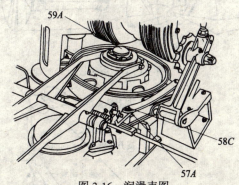

图 3-16 润滑表图

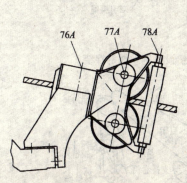

图 3-17 润滑表图

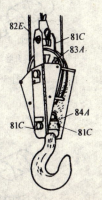

图 3-18 润滑表图

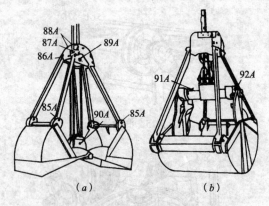

图 3-19 润滑表图

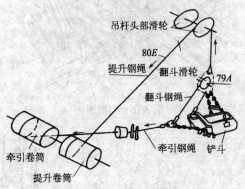

图 3-20 拉铲设备钢丝绳的穿绕

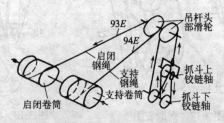

图 3-21 支持与启闭钢丝绳的穿绕

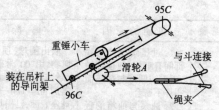

图 3-22 稳定器钢丝绳的穿绕

3.3.5 挖掘、起重机一般故障排除

机械的部件和零件在使用过程中逐渐磨损,配合性质被破坏,零件的形状和尺寸的改变,以及维护、使用不当,都会导致机械的性能下降,使机械发生故障。

机械的磨损有自然磨损和事故性磨损两类。自然磨损是在正常使用条件下出现的自然现象,这是无法避免的,但可以设法减轻。事故性磨损是由于对机械的维护不当和操作不良或设计制造上的缺陷而造成的。此种磨损或损坏是可以避免也是应该避免的。

在机械使用过程中,会遇到各种各样的机械故障。如何正确的分析故障原因并迅速地排除故障是非常重要的。下面以 W-1001 型挖掘机的常见故障为例加以说明。但是故障情况往往是复杂的,要真正掌握一些原因的分析和故障排除的知识和本领,必须在实际工作中去摸索和积累。油压系统工作中常见故障,见表 3-11。

油压系统工作中常见故障　　　表 3-11

序号	故障现象	可能的原因	排除方法
1	油泵不出油	1. 系统中进入空气	各部联接处如有松动处加以紧固,管路中的密封垫和油管如有损坏破裂,进行更换修复
		2. 轴承磨损严重	换新轴承
		3. 油液过粘	换上规定的油料

续表

序号	故障现象	可能的原因	排除方法
2	油压系统中油压全部消失或部分消失	1. 过压阀顶针与底部间有脏物,使顶针被卡住,或圆球与球座面损坏不密合 2. 油泵与油箱的吸油管之间的连接不紧密,吸入空气 3. 油箱中油位低 4. 油泵内叶片被卡住 5. 由液力分配阀接出的管路有损坏与渗油 6. 油泵与液力分配阀的联结管路中进入空气	取出圆球,顶针检查,清除脏物,用"00"号砂纸修磨损坏顶针与底部表面,用锥形研磨器加 M14(GS1—59)研粉修研球座表面,已损坏圆球必须换新,新球用汽油清洗并稍加润滑,排除空气,紧固已松动的连接处 加油 拆开油泵用清洁汽油清洗 焊修或更换已损坏管路 松开液力分配阀上的连接螺帽把空气放出
3	油压不能增加到正常工作压力	1. 油箱中的油位低 2. 油质不良 3. 过压阀与阀座不密合 4. 皮碗老化不封油或活塞卡死在过压阀打开的位置 5. 过滤器太脏	加油 换油 修磨或更换 拆洗更换 清洗或更换
4	蓄压器到操纵台的油路中油压迅速降低并恢复缓慢	1. 过滤器太脏 2. 管路损坏或渗油	清洗或更换 紧固、焊修或更换
5	油压系统压力过高	活塞被卡死在下部位置	清洗、除去磨伤及其他毛病
6	分离主离合器油压立即降到"0"	止回阀失灵、油倒流	研磨阀座或更换圆球及弹簧

续表

序号	故障现象	可能的原因	排除方法
7	操纵阀打开后阀杆被卡住	阀杆与阀体间有脏物进入	可来往扳动手柄,必要时更换该操纵阀
		注:此故障可能引起事故,因手柄已扳到断开位置而被操纵机构仍未脱开。如提升动臂,动臂就可能被翻到挖掘机身后去。倘遇此情况,应立即分离主离合器,切断动力,并使用制动器	
8	操纵阀工作不平稳	1. 导杯或阀杆移动不灵活 2. 弹簧或其他零件损坏	清洗或用 TON 牌研剂轻研几下,阀杆与阀体最大配合间隙为 0.015mm。换新,装配前用汽油洗涤并加润滑
9	压力表指示不正确	表有毛病	检修、更换(压力表座上有开关查看油路压力时,可将开关打开,平时工作应将开关关死,可避免表的过早损坏)
10	工作缸漏油	皮碗磨损,封油不良	换新皮碗
11	旋转接头漏油	密封圈磨损	拧紧螺帽,若仍漏油,可加密封圈或加 1 毫米厚垫圈
12	油管接头处漏油	螺母松动,喇叭头裂缝	拧紧螺帽,若仍漏油,则须修理或更换喇叭头部分
13	踏板制动器油缸活塞行程太小	刹车油少,有空气进入缸内	添加刹车油,拧松缸体上的排气塞,踩几次踏板,将缸中空气挤出
主离合器常见故障			
1	离合器打滑	1. 摩擦片上有油污 2. 弹簧折断或弹性减弱 3. 调的过松,压力不够 4. 摩擦片过度磨损	用汽油洗去油污 更换弹簧 用调整圈调整 更换摩擦片
2	离合器发热	1. 离合器打滑 2. 轴承内缺少适量的润滑油 3. 轴承破损	排除打滑现象 加足润滑油 检查、更换轴承

续表

序号	故障现象	可能的原因	排除方法
3	离合器分离结合时操纵太重	1. 行程太小 2. 弹簧压缩过紧 3. 推压套缺油或卡死	调整拉杆 调整 加油、检查
4	离合器分离不彻底或咬死	1. 调的过紧 2. 工作过载或离合器片碎裂	调整 避免过载、破裂则更换新片
5	离合器壳内有油流入	1. 离合器轴油封损坏 2. 曲轴端面油封损坏	换油封 拆修换油封
6	离合器有响声	1. 各连接部位松动,零件间配合间隙增大 2. 轴承缺油或碎裂	紧固、调整、检修 加油或换轴承
换向机械常见故障			
1	锥形离合器打滑	1. 摩擦块上有油污 2. 间隙过大 3. 联锁拉杆行程过小	用汽油清洗,排除漏油 调整 调整
2	锥形离合器咬死	1. 摩擦鼓磨损起槽 2. 温度过高 3. 联锁弹簧失效,回油太慢 4. 摩擦块不平,过度磨损 5. 摩擦块太软	修磨光滑 停车冷却后再工作 换弹簧(离合器松开时,弹簧压缩为140mm,张力为1140N) 更换摩擦块 更换符合要求的摩擦块
3	锥形离合器接触不平稳	1. 摩擦块接触面太少不平 2. 摩擦鼓失圆 3. 水平轴弯曲花键磨损 4. 摩擦块压板螺丝松动 5. 伞齿轮转动滞涩有阻力	经修整使其接触均匀 修理圆整 校正、修整 紧固 消去滞涩减少阻力

续表

序号	故障现象	可能的原因	排除方法
4	锥形齿轮转动困难阻力较大	1. 毛毡油封过紧 2. 传动齿间无间隙、发咬	调整出适宜紧度 正确调整传动平齿轮的间隙
主卷扬机制动器常见故障			
1	制动力不足	1. 油路中有空气或缺油 2. 制动带间隙过大 3. 制动带过度磨损	排放空气,向制动系内加油 调整 换新带
2	制动器失灵	1. 间隙或行程过大 2. 钢带断裂 3. 制动带内有油污	调整 焊修或更换 用汽油清洗
3	空吊钩有时放不下来	1. 制动器或离合器的间隙太小 2. 未调出均匀间隙或制动毂失圆	调整 调整、修理
起重臂(铲臂)升降机构常见故障			
1	起重臂自动下降(倒扒杆)	1. 在起重臂变幅时,起重臂尚未停稳,就把排档脱开 2. 滑动齿轮行程小,不能全齿长啮合 3. 制动器弹簧太松或失效 4. 钢带或螺栓松裂 5. 蜗轮蜗杆磨损	操作要特别小心,必须等起重臂完全停稳后再脱开传动齿轮 调整拉杆 调整弹簧(弹簧在张紧状态时长度为42mm)弹簧失效须更换,更换制动器 检修或更换
行走机构常见故障			
1	行走不能转弯	1. 锥形离合器打滑 2. 转弯操纵杠杆调整不当 3. 爪形离合器和止动器磨损	调整修理 调整 检查修理

287

续表

序号	故障现象	可能的原因	排除方法
2	行走爪形离合器自动跳出	磨损严重,拉簧太松和调整不当	检修调整
3	行走回转档爪形离合器接合不良或自动退档	零件松动或凸爪磨损	紧固、修理

3.4 起重机、挖掘机施工技术

3.4.1 起重机施工技术

1. 准备工作

开工时,施工现场应具备下列条件:

(1)施工现场障碍物必须清除,有碍施工操作的高压线、照明线必须拆除或迁移,或采用防护隔电确保施工安全的措施。

(2)施工现场、构件堆放场地应平整,并有排水措施,采用履带式起重机安装时,行驶路线、场地地基强度应在 1MPa 以上。场内局部暗塘、填坑、防空洞等应事先提供资料,并在地表面作出明显标志,以便采取措施。

(3)按照施工方案规定,准备好运输道路、构件堆置场、动力、照明线路、供水管路、工具材料仓库、工人休息室、照明设备等设施。

(4)需用的绳索、吊具及木楔(或钢楔)、垫铁、垫木、焊条、螺栓等已准备好。

(5)吊装工程所需机械工具设备进入现场后按规定进行

组装,开工前应进行检查与试吊工作。

(6)构件应有出厂合格证,混凝土强度须符合设计要求,外形尺寸在规定范围内无严重扭曲,无断裂及其他损坏现象,柱、梁等构件已弹出安装基准线等。

(7)施工人员应熟悉建筑结构情况和各种构件的重量以及吊装程序和方法。

2. 起重机的使用

(1)履带式起重机的特点

履带式起重机操作灵活,使用方便,车身能回转360°,可以载荷行驶,在一般平整坚实的道路上即可行驶和工作,是目前建筑结构安装工程中的主要起重机械,但是这种起重机的稳定性较小,故操作时应严格遵守安全规程,不宜超载荷吊装。吊杆变幅机构如采用蜗杆蜗轮(有自锁制动作用)减速的起重机,还应在蜗杆的联轴节上装置辅助制动器,以免在工作时吊杆自动下落而造成事故。此外,履带起重机行走时,履带对路面的破坏性大,行走速度又慢,故在市内和较长距离的转移,都需要用平板拖车或铁路平车进行运输。履带式起重机的用途如下:

1)建筑安装工程中,柱子、梁、屋架等的就位安装;

2)材料的装卸以及短距离的运送;

3)箱件的整理、堆装、翻转;

4)附加设备可用作打桩、开破冻土等。

(2)一般概念

1)技术用语(图3-23)

起重臂长度(L)——起重臂下交点轴中心至臂顶端滑轮轴中心间的距离。

起重量(Q)——起重臂处在某一种仰角时能安全吊

起的重量。

回转半径(R)——吊钩对地面的垂直线至起重机中心轴的中心线间的距离。

有效高度(H)——吊钩离地面的最大高度。

起重臂仰角(α)——起重臂与通过起重臂下支点轴中心的水平线间的夹角。

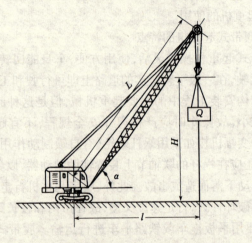

图 3-23 起重机技术用语代号示意

2)起重高度与起重量的关系

一切移动式起重机都具有一定的防止倾覆的能力。起重臂仰角大一些,所吊的重量就大一些,起重臂仰角小一些,所吊的重量就少一些。起重高度与起重量究竟存在着怎样的关系呢?作为起重机驾驶员来说,必须弄清这一问题。由图3-24可得出下面的结论:

起重量与起重臂仰角成正比;起重臂仰角与跨度成反比;跨度与起重高度成反比。

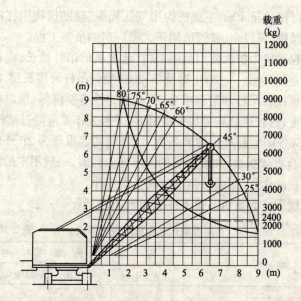

图 3-24 起重高度和起重量比例表

3) 几种常用的履带式起重机

在厂房吊装工程中常用的履带式起重机的型号有 W-501、W-1001、W-2001、W-2002 和一些进口履带吊车。

① W-501 型起重机的最大起重量为 10t,液压操纵,吊杆一般可接长到 18m,该起重机车身小、自重轻、速度快,可在较狭窄的地方工作,适用于吊装跨度在 18m 以下,安装高度在 10m 左右的小型车间和做一些辅助工作(如装卸构件)。

② W-1001 型起重机的最大起重量为 15t,液压操纵,和 W-501 型起重机相比较,该型起重机车身较大,速度较慢;但由于它有较大的起重量和可接长的吊杆,因此,可用于吊装 18~24m 跨度的厂房。

③ W-2001 型和 W-2002 型起重机,其最大起重量为 50t。

吊杆可接长至40m,主要机构用气压操纵,辅助机构用杠杆和按钮操纵,可以全回转,适用于大型厂房的吊装工程。

起重机为扩大使用范围,常将起重机的吊杆接长,或在吊杆顶上装鸟嘴。W-2001型及W-2002型的吊杆可接长到40m。起重机接长吊杆和装鸟嘴后,机身稳定性有所降低,所以应增加配重,行驶道路应更加平整坚实,并且工作前应经过试吊。

W-501型起重机加装鸟嘴后,鸟嘴的起重量为2t,外伸距2m。自重450kg。加装鸟嘴的吊车在工作时,一般用主吊钩吊装较重的构件,用副吊钩吊装较轻的构件。

履带式起重机的技术性能如表3-12所示。

常用履带式起重机的技术参数　　表3-12

项目		起重机型号								
		W-501			W-1001			W-2001(W-2002)		
操纵形式		液压			液压			气压		
行走速度 km/h		1.5~3			1.5			1.43		
最大爬坡能力(度)		25			20			20		
回转角度(度)		360			360			360		
起重机总重(t)		21.32			39.4			79.14		
吊杆长度(m)		10	18	18+2①	13	23	30	15	30	40
回转半径	最大(m)	10	17	10	12.5	17	14	15.5	22.5	30
	最小(m)	3.7	4.3	6	4.5	6.5	8.5	4.5	8	10
起重量	最大回转半径时(t)	2.6	1	1	3.5	1.7	1.5	8.2	4.3	1.5
	最小回转半径时(t)	10	7.5	2	15	8	4	50	20	8
起重高度	最大回转半径时(t)	3.7	7.6	14	5.8	16	24	3	19	25
	最小回转半径时(t)	9.2	17	17.2	11	19	26	12	26.5	36

①18+2表示在18m吊杆上加2m鸟嘴。相应的回转半径、起重量、起重高度各数值均为副吊钩的性能。

3. 一般结构吊装

施工前,应作好下列各事项:

1)在施工前,应先赴工作地点了解一下现场情况,规划好机械开行路线,观察有无障碍和工作地面的好坏,及时做好准备工作;

2)机械到达工作现场时,按其工地性质、构件存放地点综合研究出一个最适当的停车地点,尽可能避免在吊装工作中行走;

3)起吊重物前,应了解构件的重量,若构件重量超过起重机最大起重量时,应采用大型起重机或采取其他措施;

4)在开始起吊前,驾驶员应与安装工人联系,会商在吊装工作中应注意的事项。

一般工业厂房有预制钢筋混凝土构件和钢构件两种,厂房一般的吊装顺序是吊柱子就位,校正柱子(并固定牢固),再吊装行车梁、联系梁,起扳就位屋架、天窗架、屋面板运入吊装区域卸车就位,然后吊装屋架、支撑、天窗架及屋面板等。图3-25表示一般厂房结构。

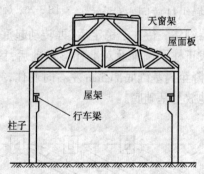

图3-25 厂房结构示意图

(1)柱子的吊装

为了把柱子吊起并安装到一定的位置上或插入基础中,

应当先把柱子吊成垂直状,再升到一定的高度,然后转送到基础处安装。

安装柱子的方法,应根据柱子的大小、施工时的条件和选用的起重设备而定,一般有下列几种方法:

1)旋转法(见图3-26)

当柱子绑好索具并挂好吊钩,先将回转制动器刹住,开始稳步起升柱子,由于旋转吊法的柱子下端基本保持不动(如图3-27),只有柱子上端逐渐升起。当柱子上升到45°左右时(据柱子起吊位置而定,有时起吊后),可松开回转刹车器,让起重机自行回转,继续升钩,当柱子吊直后根部离地在20~50cm时,收起重钩制动器刹住,操纵杆放回空位,并

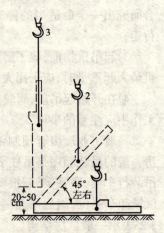

图3-26 旋转吊装法

将回转制动器刹住。待柱子稳定后,再转动起重臂,把柱子送到基础处。拨正柱子位置及对准杯形基础后,稳步松开制动器,使柱子下降至离基础底部5cm左右时刹住,等对准基础中心线再缓慢地放至基础底。

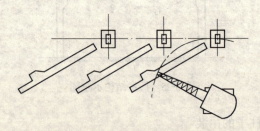

图3-27 柱子旋转吊法

在柱子初步校好后要松钩时,如起重臂在 75°以上时,须先将起重臂下降至 75°以下,方可松钩。

2)滑行法

这种方法是在场地条件比较困难或者双机抬吊的情况下方才使用,见图 3-28。起吊时,吊钩位置保持不动,柱子的下端在地下滑行。

在起吊柱子至垂直位置的过程中,要防止柱子碰撞到起重机的起重臂。

采用滑行法时,需将回转制动器刹住。起吊时,起重臂始终位于柱子的吊点上空(图 3-29)。

图 3-28　双机抬吊滑行法

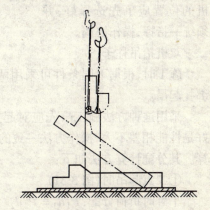
图 3-29　滑行吊装法

3)斜吊法

吊装较小的柱子或当起重机械的吊杆受到长度的限制而无法将构件垂直起吊时,可采用斜吊法,如图 3-30 所示。

用上述方法吊装柱子时,必须在柱子下部拴好溜绳或将控制棒缚在柱子上,当柱子吊直,处在杯口上部时,用人力拉紧溜绳或推动控制棒,使柱子插入杯口,当柱子进入杯口约

30cm时,将吊钩制动住,再旋转起重臂将柱子拨正,柱子继续下降至离杯底约5cm时,再制动住吊钩,对准中心线将柱子放到杯底。

4)双机抬吊法

双机抬吊法主要是指用两台吊车协同配合起吊重型柱子或屋架的施工方法。

采用双机抬吊法时,每台起重机的荷重不得超过该机最大起重量的80%。起重机的位置应事先选择好,并须统一指挥,操作协调。

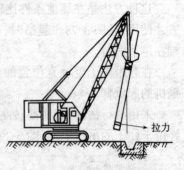

图3-30 斜吊法吊装

双机抬吊柱子:

施工时,根据不同条件可采用两点绑扎回转起吊或一点绑扎起吊。

采用这种方法施工事先应对起重机进行适当的选择,最好是性能相差不大,操作方法一致的,并应对载荷进行分配计算。其分配计算方法如下:

①二点起吊时(图3-31)

平卧时负荷分配:$P_1 d_1 = P_2 d_2 \quad P_1 + P_2 = W$;

竖立时负荷分配:$P'_1 d'_1 = P'_2 d'_2 \quad P'_1 + P'_2 = W$。

②一点起吊时(图3-32 翻身应用两点)

$$P_1 d_1 = P_2 d_2 \quad P_1 + P_2 = W$$

采用两点绑扎时,一般起重能力大的起重机抬上面,因为上面的一般要超过柱顶,因此所需的起重臂较长。

柱子的平面布置,除遵守一般基本原则外,还应按不同绑扎方法,决定布置方法。

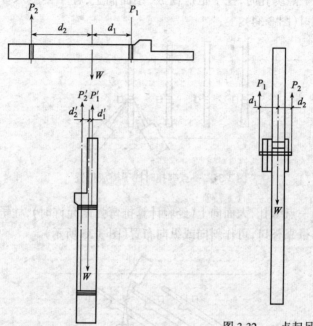

图 3-31 二点起吊时负荷的分配

图 3-32 一点起吊时负荷的分配

两点绑扎时,柱子一般是横放的,即与纵轴线成 90°角,并使柱子的两个绑扎点与杯口分别在两台起重机固定的回转半径的圆弧上,因此,起重机行驶路线中心至柱轴线的距离要与预定回转半径要求一致(图 3-33)。

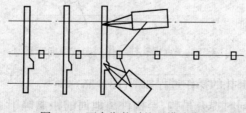

图 3-33 两点绑扎时柱子横放位置

一点绑扎时,柱子也应横放,小面向上,柱子牛腿尽量靠近杯口(图 3-34)。

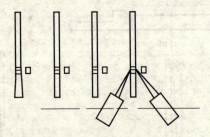

图 3-34　一点绑扎时柱子横放位置

一点绑扎,大面向上(经验计算抗弯强度允许时),柱子牛腿尽量靠杯口,可作斜向或纵向布置(图 3-35 所示)。

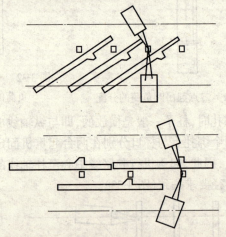

图 3-35　一点绑扎柱子作斜向或纵向布置

两点绑扎的操作过程如下(图 3-36):
双机同时提升吊钩,至构件离地面的距离等于 $D + 0.2m$

时,停止提升。

D——下绑扎点至柱底的距离。

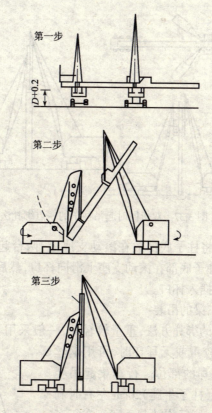

图 3-36 双机同时起吊柱子的两点绑扎法

两台吊车同时向杯口旋转,此时绑在下面的起重机只旋转而不提升,上面的起重机在旋转的同时慢慢提升吊钩,直至柱子由水平升为垂直位置。

两台起重机在统一指挥下,同时以最慢的速度落钩,将柱子插入杯口。

一点绑扎的起吊过程如下(图3-37):

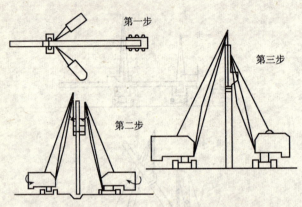

图 3-37　双机同时起吊柱子的一点绑扎法

起吊前将柱子底部放在滚动支座上,两台起重机同时提升吊钩,使柱子底部在滚动支座上滑向杯口,然后回转起重臂将柱子竖起插入杯口。

(2)行车梁的吊装

行车梁的绑扎方法,重量较轻的,一般采用耳环吊装(图3-38)。重量较重或无耳环时,可用钢丝绳捆扎在吊耳的部位。行车梁起吊至超过搁置处(柱子牛腿)20cm左右时刹住起重臂杆,然后旋转起重臂。在行车梁转送至安装位置时,防止碰撞柱子,以免影响柱子的垂直度和质量。在行车梁下降时要平稳缓慢,如速度过快或急刹车时,冲击较大,严重的会使耳环发生断裂造成事故。

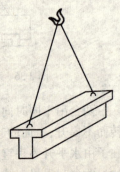

图3-38　行车梁的吊装

(3)起扳扶直屋架

捣制屋架时,为了节约木模,因此将屋架平卧捣制。由于平卧捣制后占地较多,往往需要几榀叠捣。由于叠捣,屋架之间有粘结力,在起扳时要特别注意。在起扳屋架时,首先吊钩的中心需对准屋架上弦中心(图3-39(a)),接着将回转制动器刹住,然后将起重索收紧。为减少振动和粘着力,需先略微升起重臂,待上下屋架之间离缝后,再逐步升起吊钩,当屋架起扳到25°～35°时(图3-39(b)),松开回转制动器,任其自行回转。屋架扳至离地面30～50cm(图3-39(c))须把吊钩、回转制动器刹住,待屋架稳定后,再将屋架转送至停放位置。

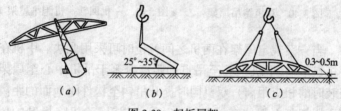

图3-39 起扳屋架

(4)双机抬吊屋架

根据起吊前起重机和屋架的相对位置可分为两台起重机跑吊和一台回转一台跑吊。

两台起重机跑吊,如图3-40所示。

当屋架在跨内一侧就位时,应采用两台吊车跑吊,双机同时提升吊钩至构件距地面的距离等于屋架竖立就位高度+0.2m时停止提升。甲机带屋架向后斜退至最后停机点,然后乙机带屋架向前进直至双机在跨内将屋架提升至柱顶的位置。在屋架下弦高于柱顶以后,乙机负重行至最后停机点,双机在统一指挥下,对准柱顶安装线缓慢就位,经临时固定校正后脱钩。

一机回转一机跑吊如图 3-41 所示。

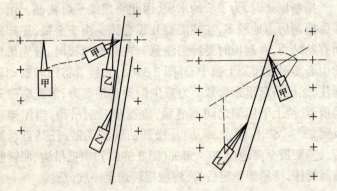

图 3-40 双机跑吊屋架　　图 3-41 一机回转一机跑吊屋架

当方案规定屋架在两机之间就位时可采用此法。甲机在停机点不动(甲机中心至吊点的距离应等于吊机中心至屋架安装时的相应距离),双机同时提升吊钩至构件距地面的距离等于屋架竖立就位高 + 0.20m 时停止提升,乙机将提升的屋架经机前绕过引向左侧。在此过程中,甲机随同乙机作回转相应配合,待屋架两端都位于相应的柱间,双机同速提升屋架高于柱顶后,乙机继续负重缓行就位,双机在统一指挥下,对准柱顶安装线缓慢就位,经校正固定后方可脱钩。

(5)屋盖吊装

屋盖包括屋架、支撑、天窗及屋面板等。起吊屋架前将起重机停在跨度中心,向停放屋架的一边回转起重臂,并使吊钩对准屋架中心线。当绑扎好索具起吊前,先将吊钩钢丝绳张紧,然后制动住,待拆除临时固定屋架用的支撑、夹具等物件,没有障碍后,再提升屋架。离地面 0.3~0.5m 时,再制动住,检查起重机的平稳、绳索紧固情况,确认良好后再起升屋架。

在起升回转屋架的过程中,需注意避免屋架两端碰撞行车梁。当屋架超过柱顶 30~50cm 时停住(图 3-42)。按照质量要求,对好安装位置,缓慢轻放至柱顶,然后安放临时支撑,校正垂直度,屋架两端进行焊接,焊牢松钩时,如起重臂仰角过大,需先下降起重臂后再松钩。

屋架安装好,吊屋面板时,将起重臂转至屋面板停放处。由于屋面板一般都堆放在柱子旁边,因此在起吊屋面板时,应注意不使屋面板碰撞行车梁及柱子。提升的屋面板超过安装高度 1~1.5m 时,将吊钩制动住,待高空人员让开或注意后,听从指挥再回转机身将屋面板送至安装位置。回转要平稳,防止屋面板摆动以确保安全,下降屋面板时要小心轻放。

安装屋面板的程序,一般是从屋檐逐步到屋脊,同时要对称交叉进行安装,如图 3-43 所示。

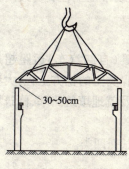
图 3-42 屋架吊装

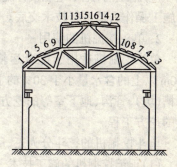
图 3-43 屋面板的安装

3.4.2 单斗挖掘机的施工技术

1. 准备工作

施工前,必须对施工机械行驶道路、挖填方区域进行平整,作好排水系统措施以及清理障碍后的处理工作,为机械正常安全施工创造条件。

(1)汽车运输道路宽度:单行道(最小循环道)为4m,双行道7m。

(2)无论挖、填方区,平整场地时,对于草皮、杂物、耕土层、泥炭层、水塘淤泥、树根等,应按设计要求进行处理。

(3)清除障碍物时,对于高压线、电缆、地下管道的防护及枯井、窑洞、文物、界碑等在清除后用土回填夯实,防止机械施工时发生安全质量事故。发现文物应及时报有关部门处理。

(4)现场生产大型临时设施如工具间、材料库、危险品库、修理间应按施工组织设计搭设,提交使用。

(5)应将材料,燃、润油料按计划进场。

(6)施工人员食宿生活福利设施准备就绪,现场保卫工作落实。

(7)施工前,施工组织设计编制人或单位工程负责人向全体施工操作人员进行技术交底。

2. 单斗挖掘机的使用

单斗挖掘机适用于配合运输工具(自卸汽车)运距超过800m以上的含水量小于30%的Ⅰ~Ⅳ类土的挖方工程;大型基槽(坑)、管沟、地下室等的挖方,以及就地填筑路基、修筑堤坝的挖方工程。

单斗挖掘机的铲斗分为正、反、拉、抓四类。

(1)正铲挖掘机的施工技术

正铲一般用于挖掘机底平面以上,工作面高度不小于1.5m的Ⅰ~Ⅳ类土壤。

正铲斗容量的选择,应根据不同的工作面高度和土质情况而定。正铲工作尺寸见图3-44。

比较经济地选择斗容量的规定,见表3-13。

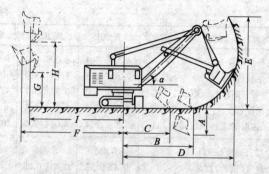

图 3-44 正铲工作尺寸示意图

斗容量选择表　　　　　　　表 3-13

铲斗容量 (m³) \ 工作面高度 (m) \ 土壤类别	1.5	2.0	2.5	3.0	3.5	4.0	5.0
Ⅰ~Ⅱ	0.5	1.0	1.5	2.0	2.5	3.0	—
Ⅲ	—	0.5	1.0	1.5	2.0	2.5	3.0
Ⅳ	—	—	0.5	1.0	1.5	2.0	2.5

常用正铲挖掘机性能见表 3-14。

正铲挖掘机工作尺寸及主要性能　　表 3-14

指标	型号	W-501		W-1001		W-2001	
铲斗容量(m³)		0.5		1.0		2.0 2.5 3.0	
铲臂长度(m)		5.5		6.8		8.6	
斗柄长度(m)		4.5		4.9		6.1	
铲臂倾角(°)	α	45	60	45	60	45	60
地面下挖掘深度(m)	A	1.5	1.1	2.0	1.5	2.2	1.8
地面上最大挖掘半径(m)	B	4.7	4.35	6.4	5.7	7.4	6.25
地面上最小挖掘半径(m)	C	2.5	2.5	3.3	3.6		
最大挖掘半径(m)	D	7.8	7.2	9.8	9.0	11.5	10.8

续表

指　　标	型号	W-501		W-1001		W-2001	
最大挖掘高度(m)	E	6.5	7.9	8.0	9.0	9.0	10
最大卸土半径(m)	F	7.1	6.5	8.7	8.0	10	9.6
最大卸土半径时的卸土高度(m)	G	2.7	3.0	3.3	3.7	3.75	4.7
最大卸土高度(m)	H	4.5	5.6	5.5	6.8	6.0	7.0
最大卸土高度时的卸土半径(m)	I	6.5	5.4	8.0	7.0	10.2	8.5
铲斗滑轮提升速度(m/s)		0.45		0.496		0.538	
斗柄推压速度(前伸/回缩)		0.43/0.57		0.404/0.88		0.415/0.476	
铲斗提升力(t)		11.2		16		30	
提斗钢绳作用力(t)				8			
斗柄作用力(推压/回缩)		11.64		14.36/9.7		34.4/28.6	
回转100°时每分钟挖掘量(斗)		3		3		2～3	
挖掘机工作重量(t)		20.5		41		77.5	
对地面的平均压力(MPa)		0.062		0.091		0.127	

正铲的开挖方法有正向开挖、侧向开挖、中心开挖几种。

正向开挖——挖掘机沿挖方中间挖土，运输机械倒驶停在机后装土，开挖工作面大，但因机臂转角大，因而生产效率低，只限于用来挖掘进口处(图3-45)。

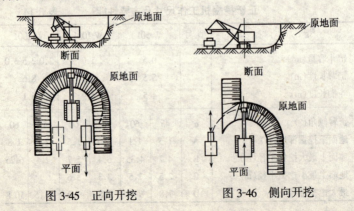

图3-45　正向开挖　　　　图3-46　侧向开挖

侧向开挖——沿挖方一侧挖土,运输机械停在机身的侧面,与挖掘机的行驶路线平行(图 3-46)。这种开挖方法回转角度小,能避免运输工具的倒驶,生产效率较高。

中心开挖——挖掘机先从挖方区的中心开挖(图 3-47(a)),当向前挖至回转角度超过 90°时,则转向两侧开挖(图 3-47(b)),运土车呈"八"字形在挖掘机两侧停放装车。

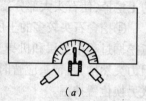

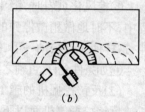

图 3-47 中心开挖法

此种开挖法移位方便,回转角度小,一般均在 90°以内,然而挖土区的宽度最好在 40m 以上。否则,由于工作面小,装土车不能靠近挖掘机两侧装车,回转角度将会增大。

根据不同土质的几种挖掘方法:

1)上下轮挖法

若土质不坚硬,土层较高,铲斗铲土很短距离即可装满时,则可先将土层下部的土挖深 30~40cm,挖过后,再挖土层上部的土。上下轮流,阻力小,土不是硬挤入斗的,所以卸土比较容易。如土质松软,容易引起塌方,应注意安全。

2)顺铲法

如土质坚硬,挖土时间长,而又不易挖满斗时,应采用此法。即铲斗挖土时,一斗接一斗地顺序挖掘,每次只要移挖 2~3 个斗齿位置宽度的土。此时每次挖土只有两个面受到阻力,易于挖掘。

挖掘坚硬土的操作方法,除顺铲法外,还可采用下列方法。

①铲斗斗齿应锋利,吃土要浅,可利用装车间隙,打开斗

底,用斗齿破松土层。

②对于挖掘硬土,无轮是一侧或两侧装车,挖掘宽度都不宜过大,最好只用斗柄伸缩行程的二分之一进行工作。

③挖孤石时,不要硬挖,先让开石头,把上面和左右两侧的土挖掉,使石头大部分暴露在土层外面再挖掘。

④挖含石头较多的土层时,挖掘速度不能太快,同时要注意挖掘过程中土层和机身受力情况,倾听发动机声音,如挖掘阻力突然增大,铲头应暂时向上挖掘,并下移铲斗后再向上挖或另换位置挖掘。

⑤挖风化页岩时,铲斗不要一直向上,应使铲斗在挖掘过程中,不时地做稍微停顿的动作,在停顿同时适当向下移动铲斗,这样使土层松动一下,挖掘就比较容易。

⑥如条件允许,可辅之以爆破,先将土层破松,再进行挖掘。

(2)反铲挖掘机的施工技术

反铲挖掘停机面以下的土,适宜在Ⅰ~Ⅲ类土中开挖基坑和沟渠。

常用反铲挖掘机性能,如表 3-15 及图 3-48 所示。

反铲挖掘机工作尺寸及主要性能 表 3-15

指　　标	型号	W-501		W-1001
铲斗容量(m)		0.5		1.2
铲斗宽度(m)		1.06		
动臂长度(m)	A	5.5		7.4
斗柄长度(m)	B	2.8		3.445
动臂倾角(度)	α	45	60	
开始卸载半径(m)		50	3.8	6.2
结束卸载半径(m)		8.1	7.0	9.9
开始卸载高度(m)		2.3	3.1	3.6
结束卸载高度(m)		5.2	6.14	6.9
往运输工具中卸载的半径(m)		5.6	4.4	

续表

指　　标	型号	W-501	W-1001
最大挖掘深度(m)		$\beta=45°$时　5.56 $\beta=30°$时　4.0	7.3
最大挖掘半径(m)		9.2	
提升钢绳速度(m/s)		1.05	
牵引钢绳速度(m/s)		0.96	
工作重量(t)		20.5	
对地面的平均压力(MPa)		0.062	

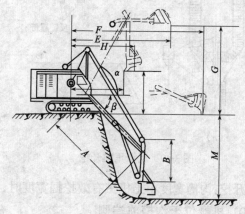

图 3-48　反铲工作尺寸

反铲开挖的方法有如下几种：

1)正向开挖(沟端开挖)：最大挖掘宽度可达机械有效挖掘半径的两倍，铲臂转角保持在 45°~90°即可将土卸于沟边或装入运输车辆，如图 3-49 所示。

为了能很好地挖掘沟槽两边的边坡或挖直立的(90°)边坡，在开挖时，反铲的一侧履带应靠近边线(距边线约 20 ~ 30cm)向后移动(图 3-49(b))。

若沟槽不太宽,而挖掘深度又较深,反铲可停在沟槽中间开挖,这样可以挖至最大深度。

如果开挖宽度为反铲有效挖土半径的两倍时,汽车只能停在机身后装土,回转角度增大。在此情况下,可采用"之"形位移来挖掘(图3-49(c))。

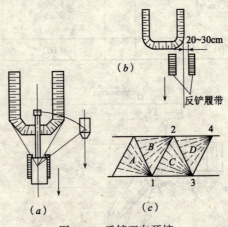

图3-49 反铲正向开挖

2)侧向开挖:沟槽宽度小于机械有效挖掘宽度时,可采用此法(图3-50)。机械位于沟槽前端侧面,随着沟槽的掘进,机械沿着沟槽边线往后移动,铲臂回转角度平均在45°左右即可卸土。

3)当挖掘深度小于4m且开挖的沟槽较宽时,可采用分段开挖方法(图3-51)。

(3)拉铲挖掘机的施工技术

拉铲使用范围同反铲,可用于开

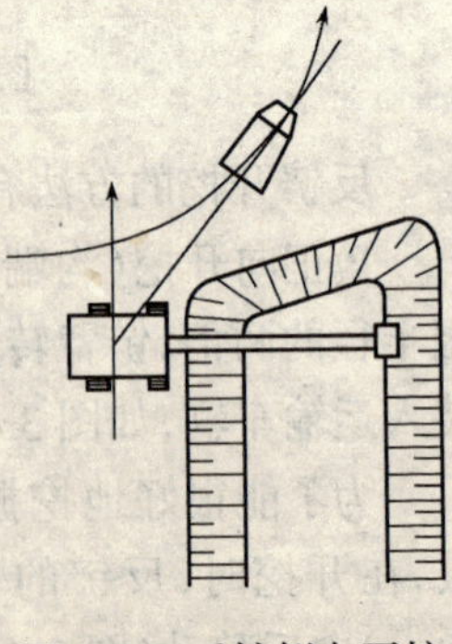

图3-50 反铲侧向开挖

挖较大的基坑、沟渠、挖取水中泥土,以及填筑路基、修筑堤坝等。

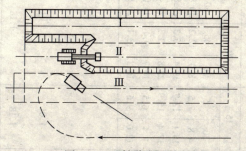

图 3-51 反铲分段开挖

常用拉铲挖掘机性能见表 3-16。

拉铲(图 3-52)开挖方法有以下几种:

1)正向开挖(沟端开挖):拉铲沿沟槽基坑中间后退移动,开挖沟槽宽度不限,一次开挖的宽度可达到拉铲挖掘半径的两倍。如使回转角度小,较适宜的工作面宽度对两面装土为

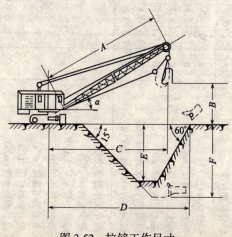

图 3-52 拉铲工作尺寸

拉铲挖掘机工作尺寸及主要性能

表 3-16

指标	型号		W-501				W-1001				W-2001					
铲斗容量 (m³)			0.5				1.0				2.0		1.5		1.0	
铲臂长度 (m)			10		13		13		16		15		20		25	
铲臂倾角 (度)	α		30	45	30	45	30	45	30	45	30	45	30	45	30	45
最大卸土高度 (m)	B		3.5	5.5	5.3	8.0	4.2	6.9	5.7	9.0	4.8	7.5	8.0	12.2	10.8	15.9
最大卸土半径 (m)	C		10.0	8.3	12.5	10.4	12.8	10.8	15.4	12.9	15.1	12.7	19.4	16.3	23.8	19.8
最大挖掘半径 (m)	D		11.1	10.2	14.3	13.2	14.4	13.2	17.5	16.2	17.4	15.8	22.8	20.3	27.4	25.3
横向移行时挖掘深度 (m)	E		4.4	3.8	6.6	5.9	5.8	4.9	8.0	7.1	7.4	6.5	10.7	9.4	14.0	12.5
纵向移行时挖掘深度 (m)	F		7.3	5.6	10.0	7.8	9.5	7.4	12.2	9.6	12.0	9.6	16.3	13.1	20.6	16.5
循环操作标准次数 III级土壤 (斗/h)							144									
爆开的IV~V级土壤(斗/h)							120									
牵引钢绳作用力(t)							10									
牵引钢绳速度(m/s)			0.96				0.797				1.01					
提升钢绳作用力(t)							66									
提升钢绳速度(m/s)			1.05				1.240				1.18					
工作重量			19.1		20.7		42.06		42.42		77.84					
对地面的平均压力(N/m²)			5.9		6.37		9.2		9.3		12.5					

1.7R,对单面装土为 1.3R。若就地弃土不需装车时,一般均应配备推土机送土。因为拉铲正向开挖,挖出的土甩不远。用此法挖掘边坡比较好控制,能挖得比较整齐,和反铲一样,能挖较陡的边坡。

在挖掘宽度超过 1.7R 时,可采用如反铲"之"字形移位法挖土,如图 3-49(c)所示。挖掘机按 1、2、3……点顺序停机,汽车停两侧先后挖完 A、B、C……工作面的土。使用此法,挖出的沟壁整齐,坡度正确,操作时铲斗不易翻滚,生产效率较高(图 3-53)。

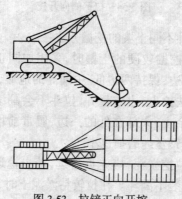

图 3-53 拉铲正向开挖

2)侧向开挖(沟侧开挖):拉铲沿基坑一侧移动,挖掘的深度与宽度都受到限制,一次挖掘宽度最大只能和挖掘半径相等,一般取 0.8R。如果需要挖得比较宽一些,可利用惯性作业,将铲斗甩出去,即需将铲斗收紧,然后迅速放松,利用惯性力把铲斗甩到较远处。一般 3m 深坑用 10m 长臂,可甩至 14m 左右远;13m 臂长可甩出去 18m 左右。用甩斗法机身稳定性差。因此在用 13m 长的铲臂拉土时,需要配重。拉铲用侧向挖土边坡不易控制,卸土较远,但回转角度大。若开挖沟槽较宽,可分别在沟槽两侧开挖,或挖完一次后挖掘机向后退移一个工作宽度挖掘。侧向开挖,一般只在旧有沟槽、河道需要加深加宽时,无法采用正向开挖方式,或者所挖土不需运走,只就地堆放以及填筑路堤等工程中采用(如图 3-54)。

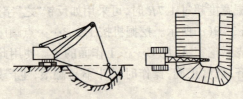

图 3-54　拉铲侧向开挖

拉铲对几种不同土壤的挖掘方法:

1)顺铲法:挖掘较硬的土壤时,采用如同正铲的顺铲法。挖掘时,先拉两边,保持两边低、中间高的地形,然后顺序向中间拉挖。用此法拉土,边坡整齐,拉斗不会翻滚,且拉土过程中斗内撒出的余土,大部在低的一边,履带前堆集较少,驾驶员视线好,铲斗钢丝绳磨损也小。

2)在水中拉挖淤泥,应先近后远,若先挖远处,会使淤泥和水搅混变稀,装不满斗。在拉较粘淤泥土时,翻斗的速度应尽量快些,使土突然卸下,否则土粘斗底卸不尽。

汽车装运淤泥,易从车厢后面流出,应在装车时于车厢后面装一斗较干的泥土,以防淤泥外流影响环境卫生和汽车行驶速度。

挖卸粘淤泥时,为便于使车卸尽,可在车厢内撒铺炉渣(或粗砂),或先装带水淤泥,而且尽量靠车厢后面装。

拉铲操作技术如下:

1)挖土时,各个动作应连贯或同时进行,铲斗拉满土,在起斗的同时即进行回转动作。当铲斗接近汽车或卸土点时即准备卸土、铲斗刚回转到汽车的车身上空或卸土点即可下卸,卸土后立即回转至挖土点同时下落铲斗挖土。

2)在挖土过程中,应看好下一斗的挖土位置,以便做到落斗准确,同时应根据土质预估装满铲斗需要甩出去多远。否则,甩近了铲斗装不满,甩远了既增加挖土时间,又浪费油料。

拉铲斗快要落地时,应用左右两个控制踏板掌握,使铲斗缓慢下落,使斗齿与地面成45°角插入土中,斗子不易被砸坏。

在拉土当中,估计斗拉不满时,可将提升钢丝绳向上提升一点,使铲斗倾斜,加深切土厚度,使铲斗很快装满。

装车时,如汽车等装的少,就拉远处的土,等装的车多,则拉近处的土,以此来加快装车速度。

3)卸土要平稳,适当放低铲斗,不使土撒在汽车外面。

4)勤清铲斗,利用装车空隙时间,清除斗中粘结余土,既保证铲斗有效拉土容积,又便于将土卸尽,尤其是对拉挖含水量较大的粘土时,更应做好这一点。

(4)抓铲挖掘机的施工技术

抓铲主要用于开挖土质松软、施工面狭窄而深的基坑、沟槽、水井、河泥等土方工程,或用于装卸碎石、矿石等材料。

抓斗使用的铲臂与拉铲相同。工作开始时,松去启闭用钢丝绳,以支持钢丝绳吊着斗子,让斗张开,放到挖掘面上。放斗应略快,以便斗齿插入土中。挖掘时,应放松支持钢丝绳,收拢启闭钢丝绳(图3-55(a)),这时依靠抓斗本身重量,在土中挖成两弧形,此二弧合并成一个半圆形,装满后,同时收动两根钢丝绳,但支持钢绳须略松,如图3-55(b)所示,铲斗提升回转。回转至卸土点,刹住支持钢绳,松放启闭钢丝绳(也可刹住启闭钢绳,收动支持钢绳),抓斗即张开卸土,如图3-55(c)所示。接着在抓斗张开状态回转下斗,进行下一个工作循环。抓铲工作尺寸见图3-56。

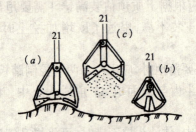

图 3-55 抓斗挖掘形式
(a)开挖;(b)挖完提升;(c)倾卸
1—启闭钢丝绳;2—支持钢丝绳

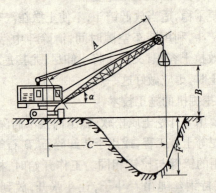

图 3-56 抓铲工作尺寸示意

抓铲在土质松软的地区施工时,机械停放位置不能靠坑边太近。挖淤泥时,抓斗易被淤泥吸住,提斗时须注意,不能用力过猛,以免倾覆,抓铲机身需加配重。

常用抓铲挖掘机性能见表 3-17。

抓铲挖掘机工作尺寸及主要性能　　表 3-17

指　标 型号	W-501				W-1001					
抓斗容量(m³)	0.5				1.5					
铲臂长度(m)	10				13			16		
铲臂倾角(°)					60	45	30	65	55	50
回转半径(m)	4	6	8	9	8.05	10.75	12.8	8.3	10.7	11.8
卸载高度(m)	7.6	7.5	5.8	4.6	8.5	6.5	3.8	11.5	10.2	9.5
挖掘深度(m)					1.0	3.3	6.0	1.0	3.8	4.5
工作重量(t)	21.5				41.57			49.90		
对地面平均压力(MPa)	0.062				0.091			0.092		

3.4.3　土方的开挖顺序和方法

1. 用正铲挖掘深路堑

利用正铲挖掘深路堑时,一般是把路堑沿着横断面分成多段小堑壕,按着侧向挖土法来进行,如图 3-57 所示。

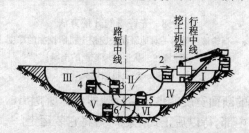

图 3-57　正铲侧向挖掘深路堑时的挖掘顺序横断面
1~6—运输工具位置；Ⅰ~Ⅵ—挖土机挖掘位置

开始时,先在小堑壕Ⅰ内挖掘,等到挖至路堑的尽头(在长度上),再转到小堑壕Ⅱ去继续按同样方法挖掘。其余均照此类推,一直到挖好为止。至于每一小堑壕要划分多少,应根据挖土机、运输车的大小及运输路线的位置来确定,以尽可能深及宽并达到挖掘次数最少为原则。第一条运输线沿路堑边缘开辟,其余的则都利用前次开挖的堑壕。所挖的第一条小堑壕Ⅰ的深度,较以后各条为浅,因为开始的车辆是停置在路堑边缘上的,如果挖的太深,则挖土机的最大卸土高度就不够了,因此土就卸不到车上去。

如果因路堑边缘不平,有碍车辆行驶,或是路堑总深度与划分的小堑壕深度不成倍数时,则可在路堑应挖范围内近边缘处,先挖成一条浅壕,作为运输线,此壕名为先锋壕。如图3-58所示。

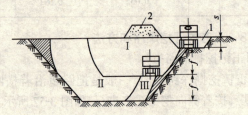

图 3-58　先锋壕的开挖方法

s—运输壕深度;f—对地平面来说挖土机所挖掘的深度

1—运输壕;2—从运输壕挖出的土壤;

Ⅰ、Ⅱ、Ⅲ—挖土机的挖掘顺序

此壕的断面宽度能供车辆行驶即可。所挖出的土暂时堆在路堑的中部,待以后正式挖掘时再将它装运走。

至于挖掘机在路堑的纵断面上(指在路堑的长度上)的挖掘顺序,要根据下列几个因素来决定:即施工处的原来地形,运输车辆的行驶情况,土的性质及其他。如图 3-59 所示,一般有四种形式。如土可从路堑的两头运出(即两个方向运输)时,可采用 59(b)及 59(d)所示的挖法。59(b)所示的各条小堑壕的斜坡是逐渐减少的,而 59(d)所示各条小堑壕从上到下部都是平的。如土只能由一边运出,则采用59(a)及59(c)两种挖掘断面。59(a)所示的上下各条堑壕都是向下并同一方向倾斜,而且相互平行,59(c)所示的坡度则逐层减少。

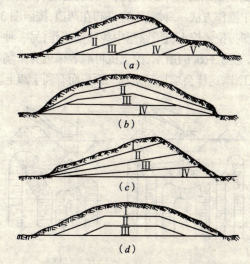

图 3-59 挖掘路堑纵断面的顺序及形式

(a)—一边出土时纵向的水平工作面;(b)—两边出土时逐渐减少坡度的纵向工作面;
(c)—一边出土时逐步减少坡度的纵向工作面;(d)—两边出土时纵向平行工作面

挖掘机是从地平面线开挖的,待第一条堑壕Ⅰ挖到头,再挖到Ⅱ、Ⅲ……,依此类推。

运用上述开挖方法应注意下面几点:

(1)当挖掘到近于水平面的地段(如图 3-59 中(b)的Ⅲ及图 3-59(d)的中部)时,应挖成稍微上升的坡度,以便地下水和雨水的排除。

(2)机械在斜坡上移动要没有坍塌的危险,因此要求有排水设备或土渗水的可能。

2. 用拉铲挖掘路堑

运用拉铲挖掘路堑时,应按路堑及机械类型来决定施工方案,同时还要考虑到在一边卸土或两边卸土的情况。

如果路堑横断面积不大,挖掘一次就能挖成的话,这时有下面两种施工操作方法:一种是土容许卸在两边,按照图 3-60(a)所示方法,此时,拉铲挖土机沿路堑中线移动工作;另一种是土只能卸在一边,如图 3-60(b)所示,挖土机可顺着偏近弃土场一边的地方移动来工作,这样会增加卸土场的面积而有利于卸土。

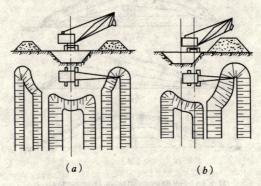

图 3-60　拉铲挖掘路堑
(a)拉铲在两边卸土以一次行程开挖路堑;
(b)拉铲在一边卸土以一次行程开挖路堑

对较宽的路堑挖掘工作,则可分两次或更多次来进行,如图 3-61 所示。

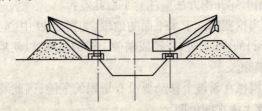

图 3-61　拉铲以二次行程挖掘路堑

此时应注意,挖掘机必须始终平行于路堑纵向中线移动。

3. 拉铲按"之"字形移动挖掘宽路堑或基坑

对宽路堑的挖掘工作如使用一般挖土机,通常每处要挖二、三次,而采用步履式挖掘机则很快就能完成,如图 3-62 所示。

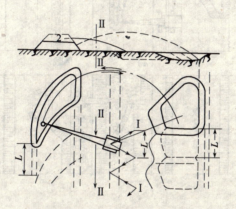

图 3-62 拉铲按"之"字形施工

因为沿"之"字形路线移动,就不需另外花费机械转移的时间。因此,采用此法可增加挖掘机的生产率。

4. 拉铲分层填筑铁路路基

用拉铲填筑铁路路基时,可以两边取土来分层填筑路基,如图 3-63 所示。先从较远的地方取土填筑路基底层,此后取土的地方逐渐向路基接近。取土坑每处只挖一次,每次挖出的土逐渐地分层向上填筑。挖土机沿着路基纵向移动,等到填到一段的末端,再转到另一边。

如果有两部挖土机时,则可交叉来填筑。最上层因为宽度已减小,只需一边取土就可把它填成。

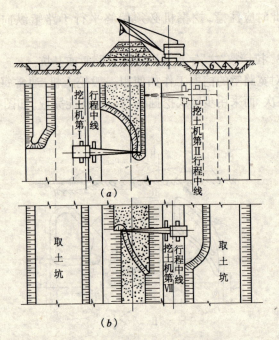

图 3-63 拉铲填筑铁路路基的工作顺序
(a) Ⅰ、Ⅱ挖土行程；(b) Ⅶ挖土行程

当挖土机的工作向另一段移动时,压路机则可在已填好的一段作分层压实工作。

5. 拉铲挖掘圆形深坑

开挖地下储油罐工程,可以采用拉铲挖掘。

(1)挖掘深度在 5m 以内时,拉铲可在边线外顺圆周转圈拉土,如图 3-64(a)所示。图中Ⅰ、Ⅱ、Ⅲ、Ⅳ为拉铲挖土机停放位置。挖土时,形成四周低中间高,这样铲斗不会翻滚。

(2)当挖到 5m 以下时,则需要配合人工,在坑内沿圆坑周围边坡往下挖一条宽 50cm、深 40~50cm 的槽(如图 3-64

(b)所示),然后进行开挖。拉土时,将铲斗甩到槽内,使斗齿倾斜立在槽内,挖圆坑中间的土,一直拉到与槽底平。接着再用人工在周围向下挖槽,然后再拉挖,如此循环,一直挖到设计标高为止。人机可在不同工作面轮换施工,避免相互等待。

(3)至于挖掘机最后有一部分拉不到的地方,如图3-64(c)所示,需要开挖一个缺口才能将余土挖尽。

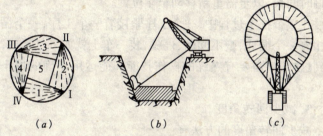

图3-64 拉铲挖掘圆坑的方法

拉铲挖圆坑,如土质好,最深可挖到10m左右,但工效很低。因此对比较深的圆坑,施工前,可先用推土机或拉铲将停机位置地面适当降低再开挖,当挖到接近设计标高后,再用挖出的土就地填平。

在挖掘中,挖土机的停放点离坑边的远近,应根据土质来决定。

3.4.4 提高生产率的技术措施

1. 正确选择挖土方法

正铲挖掘机施工技术的中心开挖法、顺铲法、上下轮挖法、反铲及拉铲施工中的"之"字形移位挖法,都是比较合理的挖土方法,采用这些方法,可以减少每斗土的工作循环时间,从而提高了挖土机的工效。

2. 提高装车速度

挖土的每一工作循环都是由挖掘—回转—卸土—返程四个工序构成。在操作时,动作要做到稳、准、快。铲斗一挖满,随即离开土层回转,在回转中,估测运输车辆的高低远近,调节铲斗的空中位置,铲斗一进车厢,即开启斗底卸土。在使用反铲或拉铲时,同样,铲斗一进车厢,即反斗卸土。返程落斗,要迅速、轻放、准确,斗子落的不是地方,将造成铲斗挖不满,挖掘时间长,以至需重新移动铲斗位置。

在整个挖土过程中,一个工序紧接着一个工序,一个循环紧扣着一个循环,毫不间断、停顿,装一车土就如一气呵成,要做到这样,就需要有熟练的操作技能和能运用正确的挖土方法。

3. 减少回转角度

减少回转角度的方法有:

(1)采用较合理的挖土宽度。挖土宽度过大,则增加了回转角度。过小,将增加挖掘机的移动次数,如果在两侧装车,但土质不太坚硬时,挖土宽度可以大些。

(2)利用装车的间歇时间松土、运土移近;车多时挖近处土,车少时挖远处土。

(3)运输车辆的停放位置有利于减少挖掘机的回转角度,如正铲采用中心开挖法和侧向开挖法。反铲工作时,汽车可停于如图 3-65 所示的位置;拉铲在沟槽时,如土质坚硬,工作面较大,汽车可在已挖槽底行驶,可将汽车停放在下面装车,如图 3-66 所示。回转角度很小,铲斗稍微提起,即可卸土装车,但要注意安全,防止铲斗碰坏汽车。

4. 增加铲斗的装满率

在挖土时,铲斗装满以后,应立即停止挖掘,但每斗土都应达到堆容量。对轻质土,可采用加大容量的铲斗或在原铲斗后壁和两侧用板料加高。铲斗内积有余土要及时清除。

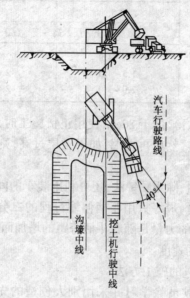

图 3-65 反铲挖沟壕并装车

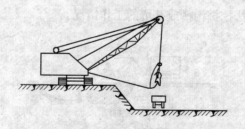

图 3-66 拉铲在沟槽底装车

采用正铲施工时要有一定的比较经济合理的挖土高度,如表 3-18 所示。

挖土高度参考数值　　　　　表 3-18

土壤类别	斗容量 (m³)	
	0.5	1.0
	土层高度 (m)	
Ⅰ~Ⅱ	1.5~4.0	2.0~5.0
Ⅲ	1.5~4.5	2.0~5.0
Ⅳ	2.0~5.0	2.5~6.0

如果土层太薄,低于80cm,使用正铲施工时,可先用推土机推集一些土堆,然后再挖掘;如果土层过高,则应用分层挖掘法施工。

挖掘硬土时,除用顺铲法,还可利用装车的间歇时间破松土层。在挖掘时,最好只用斗柄伸缩行程的二分之一进行挖掘,因为斗齿上的力量是随着斗柄跨距的增加而降低,这就影响到铲斗装满的速度。

5. 采用先进的施工方法

挖掘机驾驶员除学习并采用别人创造的先进施工方法外,自己也应在实际工作中摸索和创新。图 3-67 表示反铲采用先进方法挖掘沟槽或基坑的工作情况。

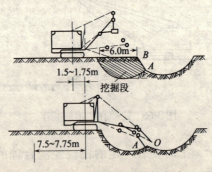

图 3-67　反铲挖掘沟槽的方法

反铲斗每次向外抛出,在每处分层挖到全部深度。然后机械向后移动 6~7m,使机械在新的位置上把反铲斗抛出最远时正好落在前一次已挖好地段的最近边缘上(图中 B 处),待新的地段挖到全部深度时,就在两个挖好的地方(连接处)留出一块突出处(图中 B 处),于是再将机械向前移动 1.5~1.7m,反铲斗再抛出一次时,就可将突出处挖掉,此后机械仍后移,继续新的挖掘工作。

拉铲的甩斗挖掘法,如图 3-68 所示。拉铲停在图中位置 Ⅰ 时,将基槽挖到设计标高,然后再将机械移至 6~7m 停置图中 Ⅱ 的位置上,Ⅱ 的位置是这样确定的,使铲斗恰好落在斜坡的点 Ⅰ 位置上,以便挖掉土壤 2,最后用甩斗的方法挖掘位置 3 的土壤。这样开挖方法,在保证完成生产定额的前提下,能够减少挖掘次数,提高生产率。

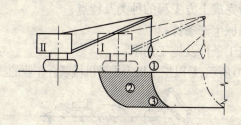

图 3-68 拉铲甩斗施工

对横断面宽而深的路堑,如其挖出的土壤在两侧边缘堆放不下,可分作三次行程来挖掘。第一次机械先沿中心线移动,把从工作面 1 所挖出的土壤堆卸在两边,而此工作面 1 的断面积约等于总断面积的 1/2。此后机械可把第一土堆调开,接着挖掘工作面 2 及 3(图 3-69)。

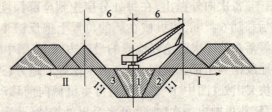

图 3-69 拉铲挖宽而深的路堑

3.4.5 联合作业的施工组织

在土方工程施工中,如果土方量很大,而且施工条件比较复杂,需要挖土、填土和压实,就必须用多种机械配套施工。

在机械配套施工中,要有一种机械负担施工过程中的主要工序,该机械叫做主导机械,而其他机械的生产率应根据主导机械来选择。

一套施工机械的组成,主要根据以下几方面来考虑:

(1)所完成土方工程的种类及特点;

(2)机械生产条件;

(3)施工条件及施工期限。

图 3-70 所示,是以挖土机为主导机械联合作业的三种情况。

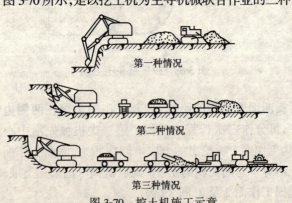

图 3-70 挖土机施工示意

配套机械联合施工举例如下：

(1)挖土机和推土机的联合作业(图3-71)，在靠近铁道的第一道沟用拉铲挖掘机挖掘，挖掘中预留一个站台，以便停留拉铲挖掘机。

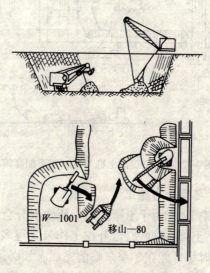

图 3-71　正铲、拉铲和推土机配套施工

正铲挖土机挖出的土壤，卸于机旁的坑底，再用推土机推至站台旁，供拉铲装车，堆积土松软，保证拉斗装土又快又满，同时，拉铲回转角度小，生产效率高。

(2)挖土机、自卸汽车和推土机联合施工(图3-72)，正铲挖土机开挖后的余土用推土机垂直于路堤中心线推运至边坡处，以便下一次开挖时将土运走。这样的开挖方式，保证了挖土机的最小回转角，而且也保持了修筑面的平整度，便于运土车辆的通行。

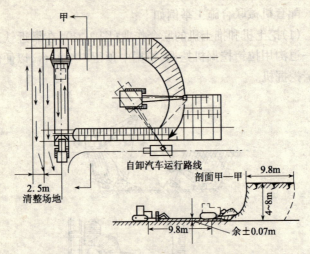

图 3-72 挖土机、推土机与自卸汽车配套施工

3.4.6 冬季土方施工

在寒冷季节中,由于土壤孔隙中所含水分会结成冰,使土壤(特别是粘土)冻结变硬,给开挖工作带来很多困难。因此,在安排施工时尽可能在冬季来临前完成。如必须在冬季施工时,则应集中力量,分片分段连续挖填、碾压,使土壤无冻结机会。

土壤冻结前,应先将土层较薄处施工完毕。

对于当日不施工区域的草皮、耕土层,应尽量保留借以保温防冻。

在挖土面积不大时,可利用保温材料直接覆盖的方法进行防冻,如用树叶、炉渣、锯末、稻草等覆盖。铺盖保温材料厚度要均匀,保温面积应大于开挖面积。在挖掘时,保温材料可分片拆除。

对于大面积土方工程的防冻,应在冰冻前,用松土机或犁耙将土壤表层翻松 20~30cm,并将约 15cm 厚的土壤耙平(对含水量较大的粘土,应在翻松后予以晾干,再耙碎铺平)。翻松范围应超出开挖边界,如冻结深度为一米,则应在开挖边线加宽一米的范围翻松。

当开挖基坑或管沟时,为防止修建基础和其他结构下的基土遭受冻结,在基底应留一层厚为 30~50cm 的土不挖,并用松土或保温层覆盖防冻,待进行下道工序时再行挖除。

用机械开挖冻土:冻土厚度在 25cm 以内,斗容量为 0.5~1.0m³ 的正铲或反铲可以直接开挖。

破碎冻土的方法可以用机械冲击破冻或用炸药爆破。

如土方工程量不大且冻土厚度在 0.5m 以下时,可用起重机吊钩上装设的楔形锤来冲击土层,加以松动。

重锤有楔形和球形两种(图 3-73),用铸铁或铸钢铸成,铸铁楔形锤的夹端应包钢板,以防折断。锤重及起吊高度视冻土的厚度而定,一般不宜小于 3t。当冻土深度为 0.8m 时,用 3t 重锤,起吊高度 8m,冲击 3 次即可破碎;冻土深度为 1.4m 时,用 4t 重锤,起吊高度为 12m,冲击三次即破碎。重锤在冲击时,应有定向绳,特别是使用楔形锤施工,当重锤接近地面时,应拉紧定向绳,使重锤成一角度倾斜插入冻土,将冻土击松劈开(图 3-74)。

重锤击松冻土时,应先在开始破土处挖一先锋壕,或用火堆将冻土融化一块,以使破松的土能向一边挤去。

采用锤击法施工,破碎与挖运要密切配合,如图 3-75 所示。当天破松的冻土要当天挖完,以免再遭冻结。

当开挖大量的土方和冻土深度大于 0.5m 时,最好用爆破法进行松土。用爆破法是最为经济合理的。爆破法就是用炸药装入药孔、横孔或药坑内进行爆炸,炸松冻土。

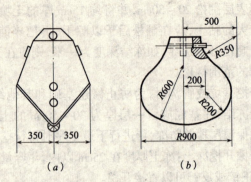

图 3-73 楔形锤和球形锤
(a)楔形锤;(b)球形锤

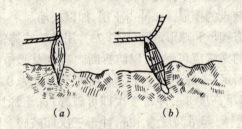

图 3-74 楔形锤劈开冻土法
(a)楔入冻土;(b)劈开冻土

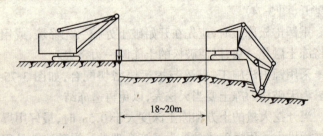

图 3-75 一面破碎一面挖掘冻土

3.5 QTZ63塔式起重机

3.5.1 QTZ63塔式起重机概述

QTZ63塔式起重机是按最新颁布的塔机标准《塔式起重机型式基本参数》设计的新型起重机械。本机为水平臂架、小车变幅、上回转自升式塔机,具有固定、附着、内爬等多种功能。独立式起升高度为42.4m,附着式起升高度达102.4m,能满足32层以下高层饭店、办公大楼,居民住宅以及其他高塔形结构物的建筑安装施工。本塔机最大工作臂长达50m,额定起重力矩630kN·m,最大额定起重量为6t,作业范围大,工作效率高,如图3-76所示。

QTZ63塔机的起升机械采用变极三速电机驱动,通过滑轮系统可变换倍率,可获得6种工作速度:最大速度为80m/min,最慢速度6m/min,从而实现了高速轻载,低速重载,以及理想的空钩速度和慢就位速度,有利于提高塔机的效率。回转机构采用双速电机——液力耦合器——行星齿轮减速器传动方案,结构紧凑,起制动平稳可靠。

本塔机的自升加节采用液压顶升,使起升高度能随着施工建筑物的升高而加高,但塔机的起重性能在各种高度下仍保持不变。司机室设在塔机上部,视野开阔,操作舒适方便。

QTZ63塔机设有各种安全保护装置,包括:起重力矩限制器,最大起升重量限制器,起升高度限位器,回转限位器和变幅限位器及风速仪等,从而保证了塔机安全可靠的运行。

本塔机总的装机容量为38kW,电气操纵系统按国外塔机的先进水平设计制作,可靠程度高,便于掌握和维修。

QTZ63型塔式起重机性能可靠,参数先进,造型美观,以适用范围广,价格适中为其突出特点。其售价远低于目前使用较多的大中型塔机,而其参数却与之相当甚至更优,这就给用户提供了一种性能好,工作效率高,而又经济实惠的新机种。

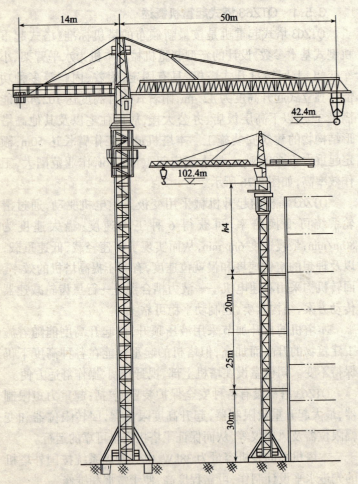

图 3-76 QTZ63 塔式起重机外形图

3.5.2 起重机构造简介

QTZ63塔式起重机由金属结构、工作机构、液压顶升系统,电气控制及安全装置等组成,现按各部分简介如下。

1. 金属结构

金属结构主要包括:底架、塔身、起重臂、平衡臂、回转塔架、顶升套架、塔顶及附着装置等。

(1)底架

底架由十字底梁、底架节、底节及四根撑杆组成。十字底梁由一根整梁和两根半梁用螺栓连接而成;底架节位于十字梁的中心位置,用高强螺栓与十字梁相接,底架节两侧放置压重;底节位于底架节上,用高强螺栓与底节连接,其四角布置有可拆卸的撑杆连接耳座;四根撑杆为两端焊有连接板的槽钢对焊结构,上、下连接板分别用销轴与底节和十字梁四角耳板相连,整个底架的装拆运输都十分方便。

(2)塔身

塔身由上下塔身两部分组成,其截面尺寸为 1.6m × 1.6m。下塔身有 4 个标准节,其中包括一个有特殊标记的下塔身 B 节,基本型(独立式)上塔身有 9 个标准节。所有标准节高度均为 2.5m。上、下塔身标准节主弦杆由角钢和封板焊接成,构成一个三角形截面的小箱形,但两者封板厚度不同,外观差别是:上塔身标准节只有两个连接套。

实际上,塔身是一个由角钢组焊而成的空间框架,为便于制造、运输和安装,将整个塔身分解成若干个塔身标准节,然后用高强螺栓连接起来,标准节具有互换性,改变上塔身标准节节数,起重机可达不同的起升高度。起重机按独立式工作时,除底架节和底节各一个、下塔身 4 节外,尚需 9 个上塔身标准节。此时起升高度为 42.4m。附着式工作时,如在独立式基础上再增加 24 个上塔身标准节,附着装置 3 个,起升高度为 102.41m。第一道附着高 30m,第二道高 55m,第三道高 75m。塔身悬臂段工作高度不得超过 25m。

(3)起重臂

起重臂横截面为等腰三角形。上弦杆、斜腹杆和水平腹杆采用无缝钢管和角钢,两根下弦杆为槽钢。下弦杆的上表面和外侧面处于同一水平面和垂直面内,以兼作牵引小车的运行轨道。

整个起重臂由 8 节组成,彼此没有互换性,必须按顺序排列。各节之间均以销轴相连,装拆运输方便。

(4)平衡臂

平衡臂是由槽钢和角钢组焊而成的平面框架。上面设有走道和栏杆,用于安装和检修。全臂分为前后两节,节间用销轴连接。电控柜布置在平衡臂前方,起升机构设在臂的后方,其尾部放置平衡重。平衡臂根部用销轴与回转塔身相连,尾部通过两根双拉杆和塔顶相接。

(5)回转塔架

回转塔架包括塔顶、回转塔身、上下支座、回转支承及挂靠在其上的司机室。

塔顶为方锥形结构,下端用 12 个高强度螺栓与回转塔身相连,顶部通过刚性组合拉杆与起重臂及平衡臂相连。为了装拆起重臂和平衡臂拉杆,塔顶上部设有工作平台和滑轮,后方主弦杆装有力矩限制器。

回转塔身是一个类似于塔身标准节的钢结构构件,上下分别用高强度螺栓与塔顶、上支座相连。其前方设有起重量限制器,右侧挂有司机室。

上、下支座为板结构。上支座下端面用 36 个 M24 高强度螺栓与回转支承内圈固定,而回转支承外齿圈由36个M24高强螺栓固定在下支座上端面上,成为塔机可回转部分和不能转动的塔身部分之间的过渡部件。上支座左侧装有回转机构。回转机构下端的小齿轮与回转支承外齿圈啮合,驱动回转部分转动。上支座四周设有工作平台和栏杆,司机室底部也座落在上支座上,便于操作和维修人员进出。下支座下端与顶升套架以及最高处塔身标准节连接。

司机室挂靠在回转塔身右侧,其前方突出于回转塔身外面,四侧均设有玻璃窗,视野良好。室内设有左右操纵台和各种信号装置,司机坐在专用司机座椅上,舒适又轻松地操纵整台塔机的正常运行。

(6)顶升套架

顶升套架主要由套架、平台和液压顶升装置等组成,用来完成塔身的顶升加节。

套架套在塔身外部,其内侧布置有16个可调滑块。顶升时滑块与塔身主弦杆外侧贴合,起导向支承作用。

套架的上端用螺栓与下支座相连。其前方上半部设有腹杆,装有两根引入导轨,以便塔身标准节的引入。顶升油缸吊装于套架后面的横梁上,液压泵站固定在套架平台上。顶升时,工作人员在平台上操纵液压系统,进行顶升作业,引入标准节和紧固塔身连接螺栓。

(7)附着装置

附着装置由一套环梁和三根撑杆组成,通过它们将起重机锚固在建筑物上,以增加塔身的刚度和整体稳定性。撑杆长度可以调整,以满足塔机中心距建筑物在3.5~4.0m范围内变化的需要。在特殊情况下,如塔机中心距建筑物超过4m,则三根撑杆必须按具体情况另行设计。

2. 工作机构

起重机的工作机构包括：起升机构、回转机构和小车牵引机构，分别简介如下：

(1) 起升机构

起升机构用于物品的起吊。由电动机、变速箱、液压推杆制动器及卷筒组成。

驱动电机为变极、三速电机，通过弹性联轴器与 ZQ50 型圆柱齿轮减速箱高速轴联接，从而使起重机获得轻载高速、重载低速的良好性能。联轴器处设有液压推杆制动器，制动平稳可靠。

在卷筒轴末端，布置有起升高度限位器。当吊钩将超出允许高度处时，能自动停止起升机构的运行。

(2) 回转机构

回转机构由电动机、液力耦合器、制动器、行星、齿轮减速器和回转小齿轮组成，传动比大，结构紧凑，起制动平稳。当减速器输出端上的小齿轮绕回转支承外齿圈转动时，带动回转塔架左右回转。制动器为常开式，当在较大风力下作业，为使吊钩起落准确，在起重臂停止回转后，可使用制动器刹住小齿轮的转动，从而使起重臂停留在准确位置，但起重臂不工作时，回转制动器必须保证在常开状态。

(3) 小车牵引机构

小车牵引机构用于牵引载重小车往复，实现带载变幅。

牵引机构安装在起重臂的第一节臂内，主要由电机、蜗轮减速器、卷筒和变幅限位器组成。因蜗轮减速器具有自锁性，故未另设置制动器，调整变幅限位器，可以控制起重小车的最大幅度和最小幅度。

3. 液压顶升系统

液压顶升系统由泵站和顶升油缸组成。启动泵站电机，齿轮油泵工作，通过操纵阀控制油缸的伸缩，完成塔机的顶升加节作业。

本泵站为塔机专用，结构十分紧凑，吊装和固定都很方便。工作压力17MPa，额定流量为8.7L/min。

电机启动后带动油泵运转。当手动操纵阀处于中位时，溢流阀处于卸荷状态，压力油经溢流阀和精滤器回油箱。

当手动操纵阀处于上位时，压力油经单向阀和换向阀进入油缸小腔，同时一股高压油进入平衡阀，控制油口以打开平衡阀，油缸大腔回油，经平衡阀和换向阀回油箱，油缸回缩。

当手动操纵阀处于下端位置时，为油缸顶升状态。此时，压力油经单向阀和换向阀进入平衡阀，并顶升平衡阀中的单向阀而进入油缸大腔，而油缸小腔回油，经换向阀流向回油箱。

系统中的平衡阀具有防止顶升过程中因管路爆裂或其他原因引起的泄漏而造成顶升力突然下降的作用，从而确保了顶升作业的安全。

顶升系统

工作压力：17MPa；

额定压力：20MPa；

油缸直径：ϕ150mm；

活塞杆直径：ϕ105mm；

油缸最小长度：1920mm；

油缸最大行程：1450mm；

顶升速度：0.49m/min。

4. 绳轮系统

本塔机有两套独立的绳轮系统，即起升钢丝绳系统和小车牵引钢丝绳系统。

(1)起升钢丝绳系统

起升钢丝绳由起升机构卷筒放出,经塔顶滑轮和起重量限制器上的导向滑轮,进入牵引小车及吊钩滑轮组,最后固定在起重臂头部绳轮上。

小车上有四个固定滑轮,吊钩上有两个固定滑轮和一个活动滑轮。活动滑轮可以顶在小车车架下部横梁上,也可以用销轴固定于吊钩夹板中间。通过改变活动滑轮的位置,即可实现2倍率变4倍率。起吊3t以下重物时,可使用2倍率或4倍率,如起吊3t以上重物时,则只能用4倍率。

(2)小车牵引钢丝绳系统

小车牵引机构设在起重臂根部第一节臂内。由牵引机构卷筒按两个方向引出两根牵引钢丝绳,一根通过臂根导向滑轮后,固定在小车后部的调节螺栓上;另一根经起重臂上弦杆下及头部的四个导向滑轮固定于小车前方的调节螺栓上。绕绳时必须张紧到合适程度。如使用一段时间钢丝绳发生松弛,可以用调节手轮再行张紧。

为防止牵引钢丝绳断裂后小车自行溜车,在牵引小车上设有断绳自翻卡板保护装置。

3.5.3 电气驱动系统及操作注意事项

1. 起升机构

起升机构由 YZTD250M2—4/8/32 三相变极三速电机驱动,YW23型电力液压制动器制动起升主电机为全封闭自扇风冷三速电机,电动机的三速运行是通过操纵台来控制接触器以此改变电动机的绕组接法,实现转速改变。操作电机起停换档时,必须按低、中、高三档次序进行,并且换档之间至少停留3~5s,绝不允许越档操作,三速电机低速主要用于塔吊的起动和慢就位,中速主要用于中负荷运行,高速只能承担轻负荷,主要用于空钩升降。

2. 回转机构

回转机构由 YZR132M2—6 型绕线式电机驱动,通过联动操纵杆的左右摆动,控制不同的接触器短接位于电阻箱内的电阻,通过联动实现电机的变速运行。

回转点动时,只能用慢档,在回转未停稳前,不得突然打反车,也不得使用刹车制动。

回转机构设有一套常开式电磁带式制动器,它只能在回转完全停止后才能使用,严禁起重臂处于回转状态下使用制动装置,松开制动装置 3~5s 后,才能开动电机。

3. 小车变幅机构

小车变幅机构采用 YD132M2—4/8 双速电机驱动,由联动操纵台左操纵杆的前后摆动控制小车内外的双速变幅。大幅度运行用快速启动时,应按慢、快次序关掉慢档后停留 3~5s 才切换到高速档,反之亦然。变幅点动时只能用慢速档。

4. 安全装置

(1)起升高度限位器

起升高度限位器是通过装在起升卷筒轴一端的减速机构和限位开关实现,起升机构运行时,轴端减速机随之转动,当吊钩超过规定的起升高度时,限位开关被触发,切断起升电机电源并制动,不能向上提升(但可下降)。

(2)回转限位器

回转限位器是通过装在上支座前方并与回转支承外齿圈相啮合的一套机构和限位开关来实现。当塔机起重臂向左(或向右)回转,超过360°时,限位开关被触发,从而切断回转电机电源,不能再向左(或向右)回转,但可向相反的方向回转。

(3)变幅限位器

变幅限位器是通过装在变幅卷筒轴一端的减速装置和限位开关来实现,当小车在变幅运动中超出最大幅度或最小幅度时,限位开关被触发,变幅运动不再运行。

(4)超重量限位器

超重量限位器由一套弹簧变形装置和两个行程开关组成,超重量的大小转换为弹簧的变形量和拉杆的位移的大小,当起升载荷达到最大额定重量的105%时,行程开关被触发,切断起升电机电源,不能提升只能下降,并且向司机发出指示性的喇叭报警信号。

(5)起重力矩限位器

塔机塔顶后侧主弦杆上装有超力矩限位器,超力矩限位器由变形装置和行程开关组成,当超重力矩达到额定的105%时,行程开关被触发切断起升电机与变幅电机电源,吊钩不能向上或向外变幅,只能下降或向内变幅,并且发出喇叭报警信号提醒司机和装载人员注意。

(6)风速仪

当风速超过规定工作时的风速时,通过传递,电笛发出信号,告示司机停止工作。

5. 电气保护和信号装置

(1)各系统机构装有自动空气开关,设有脱扣器可自动切断电源。

(2)零位保护:塔机运行前,必须把各操纵杆手柄置于零位,按下起动按钮时,总接触器才能吸合,然后才能开动各机构。否则,总接触器不能吸合,从而防止塔机通电后的误动作。

(3)熔断器保护:照明控制电路中装有熔断器,实现短路保护。

(4)电笛:本机装有报警电笛,塔机运行前,由司机通过操纵台上的按钮控制电笛声响,以此通知地面人员注意;另外当塔机运行中有超重,超力矩操纵或超风速时,发出报警信号。

(5)障碍指示灯:为使起重机和其他物体不发生碰撞,塔机顶部和起重臂前端及平衡臂后端各装有一个红色障碍灯,以指示塔机最大外廓尺寸位置。注意,在夜间停机时,亦接通障碍灯。

(6)电源指示装置:联动操纵台板上装有电源指示灯和电压表,接通电源后,指示灯发亮,电压表指示数进入司机室内的电压值,通过电压转换开关,确定三相电源的平衡情况。

(7)备用电源:驾驶室内电气箱面板上装有一多相插座,冬天引接取暖器,夏天接风扇。

6. 电气安装注意事项

(1)本塔机采用五线制供电,零线不与塔身连接,塔身要用专设的接地线可靠接地,接地系统由使用单位装设,接地电阻值不大于 4Ω。

(2)安全范围:有架空输电线的场所,起重机的任何部位与输电线的安全距离,应符合表 3-19 的规定,以避免起重机结构进入输电线的危险区。如果条件限制,不能保证表 3-19 中的安全距离应与有关部门协商,并采取安全防护措施后方可架设。

表 3-19

电压(kV) 安全距离(m)	<1	1~15	20~40	60~110	220
沿垂直方向	1.5	3.0	4.0	5.0	6.0
沿水平方向	1.0	1.5	2.0	4.0	6.0

(3)安装完毕通电前,用摇表测试各部分对地的绝缘电阻,电动机绝缘电阻不得低于 0.5MΩ,主回路和控制器线路中亦不低于 0.5MΩ。

(4)供电:起重机的各段供电电缆的芯线截面面积不低于原设计值。配电电缆也不小于原配电电缆,电源电压降不得大于 3%,应尽量设置专用的配电柜。

3.5.4 塔式起重机的使用

1. 使用规定

(1)投入使用的起重机,必须是能正常工作的起重机,起重机不允许带病使用,尤其不允许拆除安全保护装置使用。同时,塔机的使用须严格按说明书的规定进行。

(2)起重机的使用应定机定人,专人负责。非持证安装维修人员及无证司机,未经许可不得登上塔机。操纵室内限载 150kg。

(3)起重机司机必须进行一定的训练,(通过施工工地该地方劳动部门培训)取得操纵合格证。同时应详细了解本塔机的构造与性能,严格执行本机的保养、使用及安全操作规程。无证司机不得擅自操作。司机必须要做好塔机每天的作业记录及对塔机的保养情况记录,否则,一旦发生事故,视为司机未保养与操作有误处理。

(4)起重机必须安装在符合设计图纸要求的混凝土基础上。

(5)起重机的安装与拆卸应严格按说明书规定进行。不得违章装拆,不得改变装拆顺序。

(6)起重机必须有良好的电气接地措施,接地电阻不大于 4Ω。雷雨时严禁在塔架附近走动。

(7)起重机经过大修或转移场地重新安装后,必须严格检查各部件的可靠性,传动部件有无干涉,金属结构有无损坏,电气设备与安全保护装置是否正常工作,必须按说明书的规定进行试运转后方可投入使用。发现缺陷应立即排除。

(8)起重机的工作环境温度为-20~40℃。

(9)起重机工作时,风力不得大于6级,整机安装或拆卸时,风力不得大于4级。如遇到雷雨,大暴雨和浓雾等天气,起重机应停止工作。如天气预报有10级以上大风时,塔机应用缆风绳加固。起重臂高度大于50m时,塔顶应安装风向风速仪。

(10)起重机停止工作后,应保证起重臂随风自由转动。

(11)夜间工作时,工地现场须具备良好的照明条件。

(12)起重机应避开高压线安装。起重臂、平衡臂、吊钩与一般动力线或照明线有交叉时,应采取安全措施后才可作业。

(13)在多台塔机的施工现场,应防止空中干涉。

(14)塔机出现临时故障需检修时,必须切断地面总电源,不允许带电作业。

(15)操纵室内禁止存放润滑油,棉纱以及其他易燃易爆物。用电炉取暖时更应注意防火。

(16)牵引小车一侧的工作围栏只容许站立一人,携带常用的钳工工具。

(17)在有正反转的机构中,按反向时,必须使电机停止,惯性力消失后,才能开动反开关运动,严禁突然开动正反开关。

(18)严格操作顺序,如有快慢档位的机构,必须从慢到快,停止时由快到慢依次进行,严禁越档操作,并使每过到下一个档位的时间约为3~5s。

(19)在离开操纵室前,应检查各操纵开关是否回到零位,室内电源开关是否断开,然后将门锁好,下塔机后断开总电源。

2. 起重机顶升作业

(1)进行顶升作业时,必须有专人指挥。操纵液压系统和紧固塔身螺栓等应配专人负责。非有关人员不得登上操纵平台,擅自启动泵阀开关和其他电气设备。

(2)顶升作业应在白天进行,如遇特殊情况需夜间作业时,必须有充分的照明。

(3)只允许在4级风以下进行顶升作业。如在作业过程中突然风力加大,须立即停止作业,并紧固螺栓,使标准节与标准节、标准节与下支座连成一体。

(4)顶升前必须先放松塔身上的垂直电缆,电缆放松的长度大于需顶升的总高度。顶升后将电缆捆在塔身上。

(5)顶升过程中,必须使回转机构制动刹住,以保持起重臂处于顶升套架的引进门方向,平衡臂在顶升油缸上方位置,小车位于15.7m幅度处。如为其他臂长,小车位置见表3-20。顶升过程中严禁作回转及其他动作。严禁在起重臂及小车尚未处于正确位置时起动顶升油缸。

液压顶升时小车位置表 表3-20

起重机臂长(m)	小车位置(幅度)(m)
30	吊一标准节26(距臂架铰点25.2)
36	吊一标准节24.1(距臂架铰点23.3)
42	26.6(距离架铰点25.8)
50	15.7(距臂架铰点14.9)

(6)顶升过程中,如出现故障,须立即停车检查,在未排除故障前,不得继续进行顶升。

(7)每次顶后,必须做好检查收尾工作:保证各连接螺栓按规定紧固好,爬升套架滑块和塔身主弦杆间隙正常,液压操作阀回到中位,切断液压系统电源,并拨掉电源插头捆在爬升套架上;顶升油缸缩回活塞杆并使顶升横梁两侧销轴落在踏步槽内。最后松开回转制动器,使起重臂回转180°再紧一次螺栓。

3. 起重机的操作

(1)起重机司机在得到地面指挥信号后,方可进行操纵。在正常工作情况下,操纵应按指挥信号进行,但对特殊情况的紧急停车信号,不论任何人发出,都应立即执行。操纵前必须响铃,操纵时应集中精力,随时观察吊钩的运行情况和位置。

(2)司机必须严格按起重机性能表中之规定工作,不允许超载。在听到报警时的提示性音响后,尤其要注意观察塔机运行情况,小心操作。

(3)起重机不得斜拉和斜吊物料。禁止用来拔桩及其他类似工作。

(4)起重机运行时,扶梯和平台上禁止有人,不得在运行中调整或维修塔机。

(5)起重机工作时,严禁闲人靠近起重机作业范围。吊臂下不得站人。

(6)液压系统溢流阀压力、电气、机械及各安全保护装置的调整值不允许随意变动。

(7)在两台或多台起重机同时工作时,塔机距离应大于两者最大工作幅度之和,起重臂也应有高度差,以防止互相碰撞。

(8)起重机停车后,吊钩应提升到比周围最高障碍物高3m以上的高度;小车停在距塔身中心20m幅度处;回转制动器放松;塔顶及平衡臂,起重臂端红色障碍灯亮。

4. 起重机的试运转

(1)起重机在安装调试后,应进行试运转。

(2)空负载试运转

通过空负载试运转来检查各种机构装配是否正确,各行程开关运作是否可靠,电气控制是否正常。

1)吊钩在起升高度范围内全行程升降两次。达到最大起升高度时,检查高度限位器动作是否可靠。

2)起重臂向左、右方向各回转两次,每次均需检查该方向的回转限位的可靠性。

3)小车做前、后方向满行程变幅各两次,每次均检查该方向的变幅限位的可靠性。

(3)额定负载试运转

通过额定负荷试运转、检查机构工作是否正常,各超载保护装置是否可靠。

幅度为50m时,吊重1.30t,幅度12.76m内起吊6t。

3.5.5 塔式起重机的维护保养

应当经常对起重机进行检查、维护和保养。机械传动部分应有足够的润滑;对易损件定期检查、维护或更换;对各连接螺栓,尤其是有振动的零件,如标准节连接螺栓,回转机构的固定螺栓等,要经常检查是否发生松动。如有须及时拧紧。回转支承与上、下支承座的连接螺栓,标准节连接螺栓,底架撑杆连接螺栓、标准节连接螺栓,均是高强度螺栓,不可代用。

1. 日常保养

(1)每次工作前保持塔机的清洁,及时清扫各机械部件的杂物和污物。

(2)每次工作前检查各减速器机壳内的润滑油位。如低于规定油面高度,应及时加油补充。各传动滑轮应经常上油,保持良好的润滑条件。

(3)每次工作前检查各机构制动器,必须工作可靠,制动灵活。摩擦面上不应有污物存在。

(4)每次工作前检查各安全装置是否动作可靠、灵活。绝不允许带病运行。

2．工作机构的维护保养

(1)减速器、外啮合齿轮等的润滑,以及液压油均应按规定进行补充和涂抹。换油时应清除机壳或油箱内的各种污物。加油时应注意油的清洁。

(2)每天检查钢丝绳有无磨损和断丝。磨损程度或断丝数量超过有关规定时应及时更换。钢丝绳在使用时每月至少润滑两次。

(3)各传动机构必须有防护罩,不可随意卸掉。

(4)各标准节连接螺栓,在安装后,应采取回转起重臂方法,在主弦杆受压时才检查螺栓的松紧程度。如发现松动,应及时作补充拧紧,并达到相应规格螺栓的预紧力。

(5)经常检查各机构运转是否正常,有无杂音。如发现异常须及时排除。

(6)安装、拆卸和调整回转机构时,应注意保证回转机构轴线与回转支承轴线平行。

3．液压顶升系统的维护保养

(1)使用的液压油应严格按要求进行加油和更换。换油时先要清洗油箱内部。建议使用上稠30或兰稠30液压油。也可以用20号(冬季)和30号(夏季)机械油。严禁使用变质油和废油。

(2)溢流阀压力已经生产厂调定,不允许随意调节。泵站运行时,可关闭压力表以保护压力表和延长压力表使用寿命,但在两次顶升之间应用油压表检查压力是否正常。

(3)每次顶升前检查各油管接头是否严密,不应有漏油现象。

(4)要经常检查滤油器有无堵塞。当手动换向阀处于中位,压力表显示压力值>0.3MPa 时,必须拆下滤油器,用干净煤油或汽油清洗干净。发现损坏必须更换。

(5)油泵、油缸和控制阀如发现漏油应及时予以处理。

(6)总装或大修后,初次启动油泵时,应先检查油出口和入口是否接反,电机转动方向是否正确,吸油管路是否正确,吸油管路是否漏气。然后用手盘车,最后在规定转速内启动试运转。

(7)冬季启动时,应开动多次,待油温上升和控制阀动作灵活后,再正式运转使正常情况下油温为 0~65℃。

(8)往油箱中加油时,须经120目以上过滤器过滤。

(9)当液压系统发生故障时,须停车且压力降到零时才能进行维修。

4. 金属结构件的维护保养

(1)运输中应不使结构件变形,碰撞损坏。如有构件发生屈服变形应予修复或更换。

(2)使用期间,每星期检查、保养和维护。结构件不得出现大量锈蚀。锈蚀严重的部件一定要更换。

(3)经常检查结构件的连接螺栓、焊缝、销轴以及构件是否损坏、变形或松脱。有不安全隐患应立即采取措施,不允许拖延勉强使用。

(4)每隔1~2年应除锈喷漆一次。

(5)塔机每移动装拆一次,都应更换所有高强度螺栓及拆动过的螺栓。

5. 电气系统的维护保养

(1)经常检查所有电线,电缆有否损坏,发现破皮应及时包扎和更换损坏部分。

(2)发现电机过热应及时停车,排除故障后才允许再继续工作。

(3)电控箱、配电箱要经常保持清洁。应经常清扫电气设备上的灰尘。

(4)各安全装置的行程开关触点开闭必须可靠。触头弧坑应予磨光。

(5)每年摇测保护接地电阻两次,应保证不大于 4Ω。

(6)为防止漏电,每隔一定时间应检查绝缘电阻,不得低于 $0.5M\Omega$。

4 地下连续墙施工机械

4.1 地下连续墙的施工过程

近年来,高层建筑、地铁及各种大型地下设施日益增多,其基础埋置深度大,再加上周围环境和施工场地的限制,无法采用传统的施工方法,地下连续墙便成为深基础施工的有效手段。地下连续墙可以用做深基坑的支护结构;亦可既作为深基坑的支护又用做建筑物的深基础,后者更为经济。

地下连续墙的优点是刚度大,既挡土又挡水,施工时无振动,噪声低,可用于任何土质,还可用于逆作法施工。其缺点是成本高,施工技术较复杂,需配备专用设备,施工中用的泥浆要妥善处理,有一定的污染性。

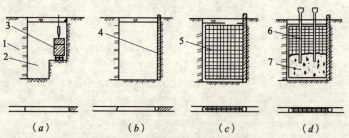

图 4-1 地下连续墙施工过程示意图
(a)成槽;(b)插入接头管;(c)放入钢筋笼;(d)浇筑混凝土
1—已完成的单元槽段;2—泥浆;3—成槽机;
4—接头管;5—钢筋笼;6—导管;7—浇筑的混凝土

地下连续墙的施工过程,是利用专用的挖槽机械在泥浆护壁下开挖一定长度(一个单元槽段),挖至设计深度并清除沉渣后,插入接头管,再将在地面上加工好的钢筋笼用起重机吊入充满泥浆的沟槽内,最后用导管浇筑混凝土,待混凝土初凝后拔出接头管,一个单元槽段即施工完毕(图4-1)。如此逐段施工,即形成地下连续的钢筋混凝土墙。

4.2 地下连续墙的施工工艺

地下连续墙在成槽之前先要沿设计轴线施工导墙。导墙的作用是挖槽导向、防止槽段上口塌方、存蓄泥浆和作为测量的基准。导墙多呈板墙、L或倒L形,深度一般在1~2m,顶面高出施工地面,防止地面水流入槽段,内墙面应垂直,内外导墙墙面间距为地下墙设计厚度加施工余量(40~60mm),导墙顶面应水平。导墙多为现浇钢筋混凝土的,它筑于密实的黏性土地基上,墙背侧用黏性土回填并夯实,防止漏浆。导墙拆模后,应立即在墙间加设支撑,混凝土养护期间,起重机等不应在导墙附近作业或停置,以防导墙开裂和位移。

挖槽是地下连续墙施工中的主要工序。槽宽取决于设计墙厚,一般为600mm、800mm、1000mm。挖槽是在泥浆中进行,一般常用的挖槽设备为导板抓斗、导杆抓斗(图4-2)和多头钻成槽机(图4-3)。挖槽按单元槽段进行,挖至设计标高后要进行清孔(清除沉于槽底的沉渣),然后尽快地下放接头管和钢筋笼,并立即浇筑混凝土,以防槽段塌方。有时在下放钢筋笼后要第二次进行清孔。

泥浆是在挖槽过程中用来护壁,防止槽壁塌方的。在用多头钻成槽时还利用泥浆的循环将钻下的土屑携带出槽段。

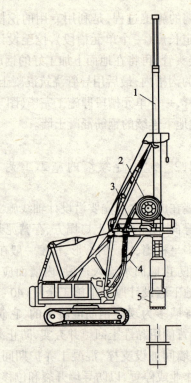

图 4-2 导杆液压抓斗构造示意图
1—导杆；2—液压管线回收轮；3—平台；
4—调整倾斜度用的千斤顶；5—抓斗

泥浆的配制和在成槽过程中保持其应有的性能，对顺利成槽非常重要。我国常用的膨润土泥浆，由膨润土、掺合物和水组成。掺合物有多种，视需要掺加。泥浆对相对密度、黏度、含砂量、失水量和泥皮厚度、pH 值、静切力、稳定性和胶体率等指标都有一定的要求，应经常进行检验和调整。

地下连续墙是按单元槽段施工的，槽段之间在垂直面上有接头。如地下连续墙只用作支护结构,接头只要密合不漏水即可,则可用接头管形成半圆形的接合面,能使槽段紧密相接,增强抗渗能力。接头管在成槽后,吊入钢筋笼之前插入,浇筑混凝土初凝后逐渐拔出。如果地下连续墙用作主体结构侧墙或结构的地下墙,则除要求接头抗渗外,还要求接头有抗剪能力,此时就需在接头处增加钢板使相邻槽段有力地连接成整体。

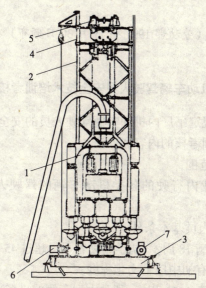

图 4-3　SF 型多头钻成槽机
1—多头钻;2—机架;3—底盘;4—顶部圈梁;
5—顶梁;6—电缆收线盘;7—空气压缩机

钢筋笼都是在施工现场加工的,为便于起重机整体(过长者亦可分段制作)起吊,需加强其刚度。插入槽段时要对准槽段徐徐下放,防止碰撞槽壁造成塌方,加大清孔的工作量。浇筑混凝土是在泥浆中进行,为此需用导管法进行浇筑。

附 录

附录1 《特种作业人员安全技术培训考核大纲》

(劳动部1991年11月30日颁布)

厂内机动车辆驾驶人员安全技术培训考核大纲

本大纲规定了厂内机动车辆驾驶人员的安全技术理论和实际操作培训考核的内容和办法

1. 适用范围

只在企业内行驶的各类机动车辆的驾驶人员(不含矿山)。

2. 驾驶人员基本条件

2.1 年满18周岁(初学驾驶者不得超过45岁)。

2.2 具有初中以上文化程度。

2.3 身高1.5m以上(驾驶大型车辆的,1.60m以上);双目视力均0.7以上(包括矫正视力);无色盲、色弱;左右耳距音叉0.50m能辨清声音方向;心、肺、血压正常;无癫痫、精神病、突发性昏厥及其他妨碍驾驶机动车辆的病症或生理缺陷。

2.4 学徒期满并具有独立驾驶的能力。

3. 培训要求

3.1 培训考核时间不少于100学时。

3.2 采用省级劳动部门指定的统一培训教材。

4. 安全技术理论培训考核

4.1 厂内机动车辆驾驶的安全规程及有关规定。

4.2 厂内交通安全标志。

4.3 安全驾驶操作技术。

4.4 机动车辆的主要构造、性能。

4.5 机动车辆的机械、电气和液压基本知识。

4.6 机动车辆的安全装置、制动装置和操纵装置的构造、工作原理及调整。

4.7 机动车辆一般常见故障的判断与排除方法。

4.8 机动车辆的一般维护、保养知识。

4.9 典型事故案例解析。

5. 实际操作培训考核

场内和道路驾驶的培训考核按 GB11342—89《厂矿企业内机动车辆驾驶员安全技术考核标准》执行。

建筑登高架设作业人员安全技术培训考核大纲

本大纲规定了建筑登高架设作业人员安全技术理论和实际操作培训考核的内容。

1. 适用范围

从事建筑施工 2m 以上的脚手架架设、拆除和建筑用提升设备的架设、拆除作业人员。

2. 作业人员基本条件

2.1 年满 18 周岁。

2.2 身体健康,无高血压、心脏病、癫痫病、眩晕症及妨碍登高架设作业的其他疾病和生理缺陷。

2.3 具有初中文化程度。

3. 培训要求

3.1 培训考核时间不少于100学时。

3.2 采用省级劳动部门指定的统一培训教材。

4. 安全技术理论培训考核

4.1 基础知识

4.1.1 力学基本知识。

4.1.2 GB3608—83《高处作业分级》。

4.1.3 建筑登高架设作业有关安全的一般规定。

4.1.4 登高架设作业中设施与电气线路的安全距离及安全防护区。

4.1.5 触电急救与现场救护。

4.1.6 典型事故案例解析。

4.2 架子工作业基本知识

4.2.1 脚手架的基本要求。

4.2.2 脚手架材料的种类、规格及材质要求。

4.2.3 绑扎材料和连接件的规格、型号、强度要求、报废标准及使用时的注意事项。

4.2.4 地锚和缆绳的规格、形式及允许载荷。

4.2.5 安全网的选择、搭设、拆除和管理。

4.2.6 各类脚手架的适用范围、构造、架设、拆除及安全措施。

4.2.7 脚手架的检查、验收、维护和管理。

4.3 建筑用提升设备拆装作业安全知识

4.3.1 建筑用提升设备拆装的基本知识。

4.3.2 索具和吊具的种类、构造、规格、允许拉力、报废标准及使用时的注意事项。

4.3.3 拆装部件重量的估算方法。

4.3.4 手动葫芦、电动葫芦、千斤顶等简易起重设备的技术。

4.3.5 GB5082—85《起重吊车指挥信号》。

4.3.6 门式升降机的结构、安装规范及拆装安全技术。

4.3.7 井架式升降机的结构、安装规范及拆装安全技术。

4.3.8 地锚和缆绳的规格、形式及允许载荷。

5. 实际操作培训考核

5.1 架子工

5.1.1 各类脚手架及防护装置的搭设和拆除。

5.1.2 脚手架材料、绑扎材料及连接件的规格、型号和辨识。

5.1.3 常用绑扎、连接的操作。

5.2 建筑用提升设备拆装作业人员

5.2.1 门式升降机和井架式升降机的安装和拆卸。

5.2.2 常用索具和吊具的规格、型号的识别。

5.2.3 起重吊运指挥信号的运用。

5.2.4 建筑用提升设备部件重量的估算。

5.2.5 简易起重设备(手动葫芦、千斤顶等)的使用。

5.2.6 常用绑扎、连接的操作。

5.2.7 地锚和缆绳的设置。

电工作业人员安全技术培训考核大纲

本大纲规定了电工作业人员的安全技术理论和实际操作培训考核的内容。

1. 适用范围

电工作业人员,含从事电工实际操作的电气工程技术人员和生产管理人员,不含电业系统及矿山企业的电工作业人员。

2. 作业人员基本条件

2.1 年满18周岁。

2.2 身体健康、无癫痫病、精神病、心脏病、突发性昏厥、色盲等妨碍电工作业的疾病及生理缺陷。

2.3 具有初中以上文化程度。

2.4 学徒期满(含改变工种者)。

3. 培训要求

3.1 培训考核时间不少于100学时。

3.2 采用省级劳动部门指定的统一培训教材。

4. 安全技术理论培训考核

4.1 电气安全基础知识

4.1.1 电流对人体的危害。

4.1.2 触电方式、触电事故发生的规律及典型事故的案例解析。

4.1.3 触电急救及现场救护知识。

4.1.4 保护接零及保护接地。

4.1.5 电气安全用具的分类、性能、使用及管理。

4.1.6 漏电保护装置的类型、原理、选择及使用。

4.1.7 我国安全电压的等级、选用及使用条件。

4.1.8 电气绝缘、屏护、安全间距和安全标志。

4.1.9 电气防火与灭火。

4.1.10 防雷保护。

4.1.11 静电的危害及防护。

4.1.12 高频辐射的危害及防护。

4.1.13 与电工作业有关的登高、机械、起重、搬运、挖掘、爆破等作业的安全技术。

4.1.14 电气安全管理的有关措施与规定。

4.2 电气运行安全

4.2.1 低压变、配电装置的控制电器、保护电器的运行安全技术。

4.2.2 户内外线路、低压电缆线路及临时供电线路的安装、维护安全技术及有关安全规定。

4.2.3 电气设备的过载、短路、欠压、失压、缺相等保护原理,常用电气设备保护方式的选择和保护装置的安装、调试技术。

4.2.4 照明装置、家用电器、移动式电器、手持式电动工具的安装、使用、检修和维护的安全技术要求。

4.2.5 本岗位电气设备的性能、主要技术参数及其安装、运行、维护、测试等项工作的技术标准和安全要求。

4.2.6 本岗位电力系统的结构图、设备编号、运行方式、操作步骤和事故处理程序。

4.3 爆炸危险场所的电气安全

4.3.1 爆炸性物质和爆炸危险场所的等级划分。

4.3.2 爆炸危险场所电气线路的一般规定。

4.3.3 爆炸危险场所电气设备的一般规定和各种类型防爆电气设备的基本要求。

4.3.4 爆炸危险场所保护接地和防雷接地的基本要求。

4.3.5 防爆电气设备的运行、维护和检修的有关规定。

5. 实际操作培训考核

5.1 触电急救。

5.2 识别导线和电缆的规格、型号。

5.3 导线的选择和连接。
5.4 正确布线。
5.5 电气安全用具的正确使用。
5.6 电气器材及仪表的识别、安装和使用。
5.7 保护电器、保护装置的选用与安装。
5.8 接地电阻的测量。
5.9 灭火器材的选择与使用。
5.10 各种防爆电器接线盒、隔离盒的安装接线。
5.11 登高作业。

金属焊接、切割作业人员安全技术培训考核大纲

本大纲规定了金属焊接、切割作业人员的安全技术理论和实际操作培训考核的内容。

1. 适用范围

从事气焊、气割、手工电弧焊、焊剂层下电弧焊、气体保护焊、等离子弧焊(切割)、碳弧焊(气割)、电渣焊、接触焊等作业人员(不含锅炉压力容器焊工)。

2. 作业人员基本条件

2.1 年满18周岁。具有初中以上文化程度。

2.2 身体健康、双目裸眼视力均在0.4以上,且矫正视力在1.0以上,无高血压、心脏病、癫痫病、眩晕症等妨碍本作业的其他疾病及生理缺陷。

2.3 学徒期满并具有独立操作能力。

3. 培训要求

3.1 培训考核时间不少于100学时。

3.2 采用省级劳动部门指定的统一培训教材。

4. 安全技术理论培训考核

4.1　常用焊接与切割方法的基本原理与安全

4.2　焊接(气割)防火与防爆

4.2.1　常用焊接(气割)气体的性质和安全要求。

4.2.2　电石的保管与使用安全规则。

4.2.3　乙炔发生站(器)的安全技术要求。

4.2.4　气瓶安全要求。

4.2.5　管理安全措施。

4.2.6　气焊与气割工具的安全要求。

4.2.7　防火、防爆与灭火技术。

4.3　焊接安全用电

4.3.1　常用电焊设备的结构和安全要求。

4.3.2　电焊工具及其安全要求。

4.3.3　焊接触电事故原因及安全措施。

4.3.4　触电急救。

4.4　特殊焊接、切割作业安全技术

4.4.1　密闭空间焊接、切割作业安全技术要求。

4.4.2　盛装、输送易燃易爆物质的常压容器、管道的补焊安全技术。

4.4.3　登高焊接、切割安全技术。

4.4.4　水下焊接、切割安全技术。

4.5　焊接、切割作业劳动卫生与防护

4.5.1　作业环境有害因素的来源与危害。

4.5.2　劳动卫生与防护措施。

4.5.3　化工设备焊接、切割作业防毒。

4.6　安全操作规程

4.7　安全防火制度

4.8　典型事故案例解析

5. 实际操作培训考核

5.1 现场安全检查及不安全因素的排除。

5.2 工件安全检查及不安全因素的排除。

5.3 防护用品与工作用具的安全检查。

5.4 按 2 级焊工技术标准进行实际考核。

5.5 触电急救。

5.6 消防器材的选择与作用。

起重机司机安全技术培训考核大纲

本大纲规定了起重机的安全技术理论和实际操作培训考核的内容。

1. 适用范围

适用于各类通用起重机司机。不适用于浮式起重机司机和矿山井下提升设备的操作人员。

2. 司机的基本条件

2.1 年满 18 周岁,具有初中以上文化程度。

2.2 身体健康,双目裸眼视力均不低于 0.7,无色盲、无听觉障碍、无癫痫病、高血压病、心脏病、眩晕症和突发性昏厥等妨碍本作业的其他疾病及生理缺陷。

2.3 学徒期满并具有独立操作能力。

3. 培训要求

3.1 培训考核时间不少于 100 学时。

3.2 采用省级劳动部门指定的统一培训教材。

4. 安全技术理论培训考核

4.1 起重机的构造、性能和工作原理。

4.2 起重机电气、液压和原动机的基本知识。

4.3 起重机主要部件的安全技术要求及易损件的报废

标准。

4.4 起重机纲丝绳的安全负荷、使用、保养及报废标准。

4.5 起重机安全装置、制动装置和操作系统的构造、工作原理及调整方法。

4.6 起重机一般维护保养知识。

4.7 起重机常见故障的判断与排除。

4.8 一般物件的重量计算和绑挂知识。

4.9 有关电气安全、登高作业安全、防火及救护常识。

4.10 GB5082—85《起重吊运指挥信号》和有关安全标志。

4.11 GB6067—85《起重机械安全规程》和起重机安全规程等有关规定。

4.12 安全操作技术。

4.13 典型事故案例解析。

5. 实际操作培训考核

按照GB6720—86《起重机司机安全技术考核标准》所规定的内容和方法进行。

起重司索、指挥作业人员安全技术培训考核大纲

本大纲规定了起重司索、指挥作业人员的安全技术理论和实际操作培训考核的内容。

1. 适用范围

参加起重作业,直接对物件绑扎、挂钩、牵引绳索,完成起重、吊运全过程的专业人员(简称起重司索或挂钩工),及直接从事指挥起重机械将物件进行起重、吊运全过程的专业人员(简称起重指挥)。

2. 作业人员基本条件

2.1 司索作业人员

2.1.1 年满18周岁。

2.1.2 身体健康,双目裸眼视力均不低于0.7,无色盲、听觉障碍、癫痫病、高血压、心脏病、眩晕、突发性昏厥等妨碍起重司索作业的其他疾病及生理缺陷。

2.1.3 具有初中文化程度。

2.1.4 具有一定的实际操作技能。

2.2 起重指挥人员

2.2.1 从事起重作业满四年以上。

2.2.2 具有初中以上文化程度。

2.2.3 有较丰富的实践经验,具有起重作业的组织能力。

2.2.4 身体健康情况同司索作业人员。

3. 培训要求

3.1 培训考核时间不少于100学时。

3.2 采用省级劳动部门指定的统一培训教材。

4. 安全技术理论培训考核

4.1 司索作业人员

4.1.1 起重作业所需的基本力学知识。

4.1.2 GB5082—85《起重吊运指挥信号》。

4.1.3 索具和吊具的性能、使用方法、维护保养及报废标准。

4.1.4 一般物件的重量计算。

4.1.5 一般物体的绑、挂技术。

4.1.6 一般物件的起重吊点的选择原则。

4.1.7 司索作业安全技术。

4.1.8 起重作业的安全规程。
4.1.9 典型事故案例解析。
4.2 起重指挥人员
4.2.1 同 4.1.1~4.1.9 的内容。
4.2.2 通用起重机的基本构造与性能。
4.2.3 起重指挥人员的安全要求。
4.2.4 起重作业各岗位职责及要求。
5. 实际操作培训考核
5.1 司索作业人员
5.1.1 选择索具、吊具,打结与绑扎。
5.1.2 起升前检查,挂钩。
5.1.3 牵引绳索,起升初始检查和就位。
5.1.4 信号运用。
5.2 起重指挥人员。
5.2.1 场地准备与检查。
5.2.2 指挥起重机就位。
5.2.3 起升前检查。
5.2.4 指挥起升、就位、松钩、收钩、回车。
5.2.5 信号运用。

附录2 施工机械的保养和修理

1. 机械设备的保养

机械设备的保养指日常保养和定期保养,对机械设备进行清洁、紧固、润滑、调整、防腐、修换个别易损零件,使机械保持良好状态的一系列工作,是减少机械磨损,延长使用寿命,提高机械完好率,保证安全生产的主要措施之一。必须坚持

"养修并重,以防为主"的原则。

(1)日常保养

日常保养工作主要是对某些零件进行检查、清洗、调整、润滑、紧固等。例如,空气滤清器和机油滤清器因尘土污染或聚集金属末与炭末,使滤芯失去过滤作用,必须经过清洗方能消除故障;锥形轴承或离合器等使用一段时间后,间隙有所增大,须经适当调整后,方可使间隙恢复正常;螺纹紧固件使用一段时间后,也会松动,必须给予紧固,以免加剧磨损。

建筑机械的日常保养分为班保养和定期保养两类。

班保养是指班前班后的保养。内容不多,时间较短。主要是:清洁零部件、补充燃油与润滑油、补充冷却水、检查并紧固零件、检查操纵、转向与制动系统是否灵活可靠,并作适当调整。

(2)定期保养

定期保养是指工作一段时间后进行的停工检修工作,其主要内容是:排除发现的故障。更换工作期满的易损部件,调整个别零部件,并完成班保养全部内容。定期保养根据工作量和复杂程度,分为一级保养、二级保养、三级保养和四级保养,级数越高,保养工作量越大。

定期保养是根据机械使用时间长短来规定的。

各级保养的间隔期大体上是:一级保养 50h;二级保养 200h;三级保养 600h;四级保养 1200h(相当于小修);超过 2400h 以上,即应安排中修;4800h 以上,应进行大修。

各级保养的具体内容应根据不同建筑机械的性能与使用要求来定。

认真做好日常保养,才能使机械设备达到原国家建委提出的下列要求：

1)机械技术状况良好,工作能力达到规定要求；

2)操纵机构和安全装置灵敏可靠；

3)搞好设备的"十字"作业：清洁、紧固、润滑、调整、防腐；

4)零、部件,附属装置和随机工具完整齐全；

5)设备的使用维修记录资料齐全、准确。

(3)冬季的维护与保养

冬季气温低、机械的润滑、冷却、燃料的气化等条件均不良,保养与维护也困难。为此,建筑机械在冬季进行作业前,应作详细的技术检查。发现缺陷,须及时消除。机械的驾驶室应给予保暖。柴油机装上保暖套,水管、油管用毡或石棉保暖,操纵手柄、手轮要用布包起来。冷却系统、油匣、汽油箱、滤油器等必须认真清洗,并用空气吹净。蓄电池要换上具有高密度的电介质,并采取保温措施。采用不浓化的冬季润滑剂。冷却系中,宜用冰点很低的液体(如45%的水和35%的乙烯乙氨酸混合液)。长期停用的机械,冷却水必须全部放净。为了便于起动发动机,必须装上油液预热器。

采用液压操纵的建筑机械,低温时必须用变压器油代替机油和透平油,不能用甘油(因为甘油与油脚混合后,会形成凝块而破坏液压系统的工作。)

(4)机械设备保养分类表,见表附录2-1。

(5)机械设备保养检查记录参考格式表,见表附录2-2。

机械设备保养分类表 附表 2-1

保养类别		保养内容	保养时间	承保人员	备注
Ⅰ.例行保养		各部位例行检查及保养	作业前后及运转中	机组人员	
Ⅱ.定期保养	一级保养	清洁、紧固、润滑及部分调整作业	作业前后及运转中	机组人员	是保证技术性能,延长使用寿命的重要环节,一般内燃机械实行一、二、三、四级保养,其他机械实行一、二级保养
	二级保养	含一保作业的全部内容,并从外部检查发动机、燃油系、润滑系、离合器、变速箱及转向、制动、液压工作装置	作业前后	机组人员	
	三级保养	除二保作业内容外,对主要部件解体检查其内部零件的紧固、间隙、磨损情况或对某一总成件施行大修理	按保养间隔期,强制进行	专业保修人员	
	四级保养	除执行三保作业内容外,以总成为单位保持总成后耐用能力的平衡,全面检查、整修、排除异常现象,恢复机械性能	按保养间隔期,强制进行	专业保修人员	
Ⅲ.停放保养		清洁、紧固、润滑、调整	每周一次	保管司机	停放一月以上
Ⅳ.走合期保养		按走合期要求进行	走合期中及走合完毕后	司机及保修人员	
Ⅴ.换季保养		更换油料及采取相应措施	入夏入冬前	司机及保修人员	可结合定期保养进行
Ⅵ.工地转移保养		全面检查、维护,必要时进行除锈、喷漆等工作	工地转移前	司机及保修人员	

机械设备保养检查记录参考格式　　附表2-2

普查日期：

统一编号	机械名称	厂型规格	总运转台时	至上次大修台时	操作人员

技　术　状　况	
发动机	
传动机构	
行走及工作装置	

保　养　状　况		
检查项目	检查标准	检查结果
紧固及调整 - 发动机机脚螺丝	每一条松动1扣,扣3分,半扣,扣1分	
高压泵固定螺丝	每一条松动1扣,扣3分,半扣,扣1分	
气泵固定螺丝	每一条松动1扣,扣3分,半扣,扣1分	
水箱固定螺丝	每一条松动1扣,扣3分,半扣,扣1分	
风箱固定螺丝	每一条松动1扣,扣3分,半扣,扣1分	
八字架固定螺丝	每一条松动1扣,扣3分,半扣,扣1分	
横轴固定螺丝	每一条松动1扣,扣3分,半扣,扣1分	
水平轴瓦架固定螺丝	每一条松动1扣,扣3分,半扣,扣1分	
制动部分固定螺丝	每一条松动1扣,扣3分,半扣,扣1分	
开口销及轴销固定螺丝	每一条松动1扣,扣1分	
油箱螺丝	每一条松动1扣,扣1分	
引导轮固定螺丝	每一条松动1扣,扣1分	
机棚固定螺丝	每一条松动1扣,扣0.5分	
油封盖固定螺丝	每一条松动1扣,扣0.5分	
操纵杆行程	失调扣2分	
履带松紧度	失调扣2分	
其他		

注：主要螺丝松动1扣,扣3分,松动半扣,扣1分,一般螺丝松动1扣,扣1分,次要螺丝松动1扣,扣0.5分

续表

	保 养 状 况		
	检查项目	检查标准	检查结果
滤清及润滑	空气滤清器	根据一保的时间长短,不清洁一处扣1~5分	
	燃油滤清器	根据一保的时间长短,不清洁一处扣1~5分	
	机油滤清器	根据一保的时间长短,不清洁一处扣1~5分	
	其他滤清器	根据一保的时间长短,不清洁一处扣1~5分	
	发动机润滑油	以油尺为准,油面低扣5分	
	变速箱润滑油	以油堵为准,油面低扣5分	
	减速箱润滑油	以油堵为准,油面低扣5分	
	后绞盘润滑油	以油堵为准,油面低扣5分	
	各黄油加油点	每一处缺油扣1分	
	各机油加油点	每一处缺油扣0.5分	
	电瓶,液面	以极板为界缺少每格扣1分	
	电瓶,清洁通气孔	不清洁,不通气扣1~3分	
机容清洁	发动机外	有死角污垢每处扣2~3分	
	驾驶室内外	有死角污垢每处扣2~3分	
	机身及附属设备	有死角污垢每处扣2~3分	
原始记录	履历书准确、及时、齐全、清楚	每项不合格扣2.5分	
	生产日报:及时、齐全、清楚	每项不合格扣2.5分	
	其他及时、齐全、清楚	每项不合格扣2.5分	

检 查 结 果		
评议项目	标准	结果
紧固及调整	40分	
滤清及润滑	40分	
车容清洁	10分	
履历书	10分	